科技大讲堂丛书

软件项目管理与案例

微课视频版

方木云◎主编
Fang Muyun

李伟　刘辉　邰伟鹏　李洁◎副主编
Li Wei　Liu Hui　Tai Weipeng　Li Jie

清华大学出版社
北京

内 容 简 介

软件项目分为定制项目、互联网项目和通用项目三种类型。本书针对定制项目介绍了项目确立、任务分解、成本估算、进度估算、人员选择、版本管理、质量保证、风险管控和执行监控等内容；针对互联网项目介绍了互联网企业的融资、价值评估、并购、运行效率和市场支配地位等内容；针对通用项目的管理，读者可参考定制项目和互联网项目的管理过程。作为项目管理的提升，本书介绍了软件企业的知识管理；针对实践和管理两部分的案例，本书分别介绍了 Project 软件的使用、SVN 代码配置管理和国内优秀软件企业的成功管理理念。

本书响应高校教材建设应体现课程思政的要求，所有案例均为国内的优秀企业和国内企业的成功项目，强调中国文化自信。

本书适合作为高等院校软件工程、计算机等相关专业的教材，也适合作为软件行业人员的参考书。

图书在版编目（CIP）数据

软件项目管理与案例：微课视频版/方木云主编. —北京：清华大学出版社，2023.3（2025.1重印）
（清华科技大讲堂丛书）
ISBN 978-7-302-58118-5

Ⅰ．①软…　Ⅱ．①方…　Ⅲ．①软件开发—项目管理　Ⅳ．①TP311.52

中国版本图书馆 CIP 数据核字（2021）第 084281 号

责任编辑：黄　芝　李　燕
封面设计：刘　键
责任校对：焦丽丽
责任印制：宋　林

出版发行：清华大学出版社
   网　　　址：https://www.tup.com.cn, https://www.wqxuetang.com
   地　　　址：北京清华大学学研大厦 A 座　　　　　邮　　编：100084
   社 总 机：010-83470000　　　　　　　　　　　邮　　购：010-62786544
   投稿与读者服务：010-62776969，c-service@tup.tsinghua.edu.cn
   质量反馈：010-62772015，zhiliang@tup.tsinghua.edu.cn
   课件下载：https://www.tup.com.cn，010-83470236
印 装 者：三河市君旺印务有限公司
经　　销：全国新华书店
开　　本：185mm×260mm　　印　　张：18　　　　字　　数：438 千字
版　　次：2023 年 3 月第 1 版　　　　　　　　　　印　　次：2025 年 1 月第 3 次印刷
印　　数：2501～3300
定　　价：59.80 元

产品编号：090240-01

　　软件可分为定制软件、通用软件和互联网软件三种类型。定制软件由某个特定客户委托,软件开发商在合同的约束下进行开发,财务系统、空中交通管制系统和卫星控制系统等软件都属于这种类型。单个定制软件虽然价格比较高,但由于销售数量是单一的,软件开发商的商业盈利空间比较小。通用软件是由软件开发商自主开发、面向市场公开销售的独立运行系统,操作系统、数据库管理系统、WPS办公软件等都属于这种类型。单个通用软件价格比较低,但由于销售数量比较大,软件开发商的商业盈利空间比较大。互联网软件架构在互联网平台上,为互联网用户提供某种免费的服务体验。当用户数量达到一定规模后,软件开发商才能获得收益,其显著特征为具有互联网特性。

　　到目前为止,世界经济发展依次经历了如下四个时代。

　　(1) 产品经济时代。产品经济又称农业经济,是在大工业时期没有形成之前的主要经济形式。当时的商品处于短缺期,即供不应求,谁控制着产品或制造产品的生产资料,谁就掌控市场和经济。

　　(2) 商品经济时代。商品经济又称工业经济,随着工业化的不断加强,商品不断丰富以致出现过剩,即供大于求。市场竞争加剧导致企业的利润不断稀薄,直到发生亏损。

　　(3) 服务经济时代。服务经济是从商品经济中分离出来的,注重商品销售的客户关系,向顾客提供额外利益,体现个性化形象。

　　(4) 体验经济时代。体验经济是从服务经济中分离出来的,追求顾客感受性满足的程度,重视顾客消费过程中的自我体验。

　　可以看出,通用软件属于商品经济阶段的产品,定制软件属于服务经济阶段的产品,互联网软件属于体验经济阶段的产品。

　　互联网企业作为一种新型企业,其产品往往不直接收取用户费用,而是靠用户黏性来让用户使用和体验其产品,当用户数量达到一定规模之后,通过植入广告等方式来获取收益。互联网项目不同于定制项目和通用项目的生产和销售,没有项目确立、招投标、合同签订和验收等环节。

　　我国每年有大量的高校毕业生进入互联网企业就业,如果软件项目管理教材还停留在定制软件项目管理的层面上,那么教材便没有跟上市场的发展变化,因此本书在传统定制项目管理内容的基础上,专门增加了互联网项目的定义、盈利模式、融资模式、资产估值、经营效率和法经济学等内容,希望高校学生早接触和早认知互联网项目和互联网企业,为今后的就业打下良好的基础。

　　党的十九大报告指出"没有高度的文化自信,没有文化的繁荣兴盛,就没有中华民族伟大复兴"。由此可见,文化自信对我国的建设与发展具有非常重要的作用。文化是一个国家和民族精神的延续,而优秀的传统文化更是一个国家和民族文化与精神层面的集中表达,具有深远的意义。文化是一个国家、一个民族的灵魂。文化兴国运兴,文化强民族强。要坚持中国特色社会主义文化发展道路,激发全民族文化创新创造活力,建设社会主义文化强国。

目前我国计算机类教材不少是直接或间接翻译国外的教材,所以教材中很多案例和思想都来自美国等西方国家。作为计算机知识传播主要载体的教材,大多体现的是欧美文化,在潜移默化地影响着我国的大学生。

计算机学科起源于美国等西方发达国家,总体来说,其基础软件和硬件的开发与应用能力都世界领先,计算机学科的教育水平也高于中国,在过去吸收国外精华的年代,确实起到了一定的作用。但在我国高速发展40年后的今天,特别是在党的十九大提出文化自信之后,若还不改变教材的内容和主旋律,那么高校就无法避免西方文化的长期渗透,无法避免学生内心崇拜西方国家。

为积极响应习近平总书记在党的十九大报告中提出的文化自信战略,加强高校课程思政建设,本书改变传统的课程内容,去除大量不必要的西方元素,更多地宣传中国优秀的管理文化、优秀的企业和优秀的企业家。

目前,软件项目管理的书籍比较多,本书的特点主要是在传统定制软件项目管理的基础上增加了两方面内容:一是介绍互联网项目和企业的管理,便于高校学生毕业后到互联网公司就业;二是加强课程思政建设,培养大学生的文化自信。

为了将软件项目管理中最优秀的知识传授给学生,本书撰写过程中直接或间接地引用了许多专家和学者的文献,在此向他们深表谢意。

在本书的撰写过程中,方木云组织编写和审核了全书,并主要编写了第1~3、第11~16章;李伟对全书进行了审阅和修订,并主要编写了第9、10章;邰伟鹏主要编写了第4~6章;李洁主要编写了第7、8章;杭婷婷主要编写了第17~19章;刘辉、仇祯、黄清、赵长鲜、曾鹏、秦家伟、郑一然参与编写了部分章节;季云云、胡雪冬、陈安怀、刘艳、王文静、丁锋、陈晓冬、高晗、何玲参与了本书配套电子课件的制作与整理,在此表示感谢。

本书配套微课视频,读者可先扫描封底文泉云盘防盗码,获得权限,再扫描书中相应章首处的二维码,即可观看并学习。本书其他资源,如课件等,请读者从清华大学出版社官网或"书圈"公众号下载。

在本书的编写过程中,作者对内容反复斟酌,力求完美。但由于作者水平有限,书中难免仍有不完善的地方,恳请读者批评指正。

作　者

2022 年 12 月

目 录

第1章

项目管理概述

1.1 软件公司

　　一般来说，软件项目的主承担方为软件公司，不同的软件公司所承担的软件项目呈现不同的特点，在策划、设计、开发、实施、监控、验收和盈利等方面各有不同，因此，在开始讲解软件项目之前，有必要先了解软件公司的定义和类型。

　　软件公司是指进行软件开发或以软件技术为基础提供相关服务和体验的公司，因此可以分为软件开发公司、软件服务公司和软件体验公司三大类。软件公司属于知识密集型的企业。

1. 软件开发公司

　　软件开发公司是根据市场或者客户的需求，对软件进行独立自主开发或二次开发，并以软件开发和销售为主营业务的公司。软件开发公司可分为通用软件开发公司和定制软件开发公司。通用软件开发公司的业务流程大致为需求分析、概要设计、详细设计、编程、单元测试、集成测试、系统测试、销售、升级演化。定制软件开发公司的业务流程大致为招投标、需求分析、概要设计、详细设计、编程、单元测试、集成测试、系统测试、验收测试、实施、维护。

　　招投标由市场销售人员完成，需求分析由需求分析师完成，概要设计由系统架构师完成，详细设计由设计师完成，编程由程序员完成，测试由测试人员完成，实施和维护由运维人员完成。市场销售人员关注各级政府、大中型企事业单位的招标网，分析并筛选出可以参与投标的项目，然后组织售前和技术人员进行标书的制作及投标；投标前和中标后需求分析师负责了解客户的需求并进行需求分析；为配合投标，系统架构师会快速搭建系统模型，便于投标过程中进行演示，提高中标的可能性。

　　通用软件产品由软件公司拥有完全的知识产权；定制软件产品可以由软件公司和客户共同拥有知识产权。通用软件产品的销售数量大，利润往往比较丰厚，但其销售税率比较高,交税多;定制软件产品因为开发周期长、投入人员多、成功风险大,利润往往比较少,但是税率比较低,交税少。迄今为止,市场上的通用软件产品主要是由美国公司开发的,要改变这种现状,我国需要在开源软件的基础上开发出自己的操作系统、数据库系统和开发工具软件。我国工业规模大、行业多,定制软件产品大部分是由我国软件公司承担的。

2. 软件服务公司

软件服务公司可分为软件外包公司、软件代理公司和软件包装公司。

(1) 软件外包公司。软件外包公司是专门承包其他软件公司软件项目中的非核心项目,利用自身优势条件进行软件项目开发的公司。软件外包公司具备一定的软件自主开发或二次开发的能力,但外包的业务一般都是非核心的项目,主要是一些技术含量不大、需要重复性劳动的工作。

(2) 软件代理公司。软件代理公司是指不具备软件自主开发或二次开发的能力,而是以软件产品的代理销售为主营业务的公司,其核心竞争力是有效的销售渠道和稳定的客户。

(3) 软件包装公司。软件包装公司是指对软件产品进行外包装设计或对软件产品进行推广宣传,促进软件品牌的传播与提升,对软件产品进行商品信息的艺术传达与表述的公司。软件包装公司可以提升软件产品在软件消费者中的亲和力,提升软件的品牌价值和使用价值。

3. 软件体验公司

软件体验公司可分为游戏软件公司、视频软件公司和门户网站公司。

(1) 游戏软件公司。将各种程序和动画效果结合起来的软件产品称为游戏软件。游戏软件公司是依托于游戏软件或软件技术对社会生活的各个方面进行有效信息传输的公司。

(2) 视频软件公司。用来编辑或者播放视频的软件称为视频软件。视频软件公司是依托于视频软件或软件技术对社会生活的各个方面进行有效信息传输的公司。

(3) 门户网站公司。提供某类综合性互联网信息资源并提供有关信息服务的应用系统称为门户网站。门户网站公司是依托于门户网站或软件技术对社会生活的各个方面进行有效信息传输的公司。

1.2 软件项目

信息产业是目前发展较快的行业之一,也是对社会影响较大的行业之一,软件项目等概念已经越来越被大家所熟悉。软件行业是一个极具挑战性和创造性的行业,而软件项目管理也是一项具有挑战性的工作,项目管理是保证项目成功的必要手段,是软件公司盈利和生存发展的依靠。

2012 年 11 月,易观国际董事长兼首席执行官于扬在易观第五届移动互联网博览会上首次提出"互联网＋"理念。2014 年 11 月,李克强总理出席首届世界互联网大会时指出,互联网是大众创业、万众创新的新工具,其中"大众创业、万众创新"正是此次政府工作报告中的重要主题,被称作中国经济提质增效升级的"新引擎"。互联网＋项目扩展了传统项目的内涵,为社会各行各业接受和利用。2015 年 3 月,全国两会上,全国人大代表马化腾提交了

《关于以"互联网＋"为驱动,推进我国经济社会创新发展的建议》议案,对经济社会的创新提出了建议和看法。他呼吁,我们需要持续以"互联网＋"为驱动,鼓励产业创新,促进跨界融合、惠及社会民生,推动我国经济和社会的创新发展。马化腾表示,"互联网＋"是指利用互联网的平台、信息通信技术把互联网和包括传统行业在内的各行各业结合起来,从而在新领域创造一种新生态。他希望这种生态战略能够被国家采纳,成为国家战略。

1.2.1　传统项目的特征

人类社会和日常生活中有很多活动,有的活动可以称为项目,有的则不能称为项目。项目就是为了创造一种唯一的产品或提供一种唯一的服务而进行的临时性的努力;是以一套独特而相互联系的任务为前提,有效地利用资源,在一定时间内满足一系列特定目标的多项相关工作的总称。

一般来说,日常运作和项目是两种主要的活动。它们虽然有共同点,例如,它们都需要由人来完成,均受到有限资源的限制,均需要计划、执行、控制,但是项目是组织层次上进行的具有时限性和唯一性的工作,也许需要一个人,也许涉及成千上万人,也许需要 100 小时完成,也许要 10 年完成。"上班""批量生产""每天的卫生保洁"等属于日常运作,不是项目。项目与日常运作的不同:项目是一次性的,日常运作是重复进行的;项目是以目标为导向的,日常运作是通过效率和有效性体现的;项目是通过项目经理及其团队工作完成的,日常运作是职能式的线性管理;项目存在大量的变更管理,日常运作基本保持持续的连贯性。下面介绍传统项目所具有的特征。

(1)目标性。项目的目的在于得到特定的结果,即项目是面向目标的。其结果可能是一种产品,也可能是一种服务。目标贯穿于项目始终,一系列的项目计划和实施活动都是围绕这些目标进行的。例如,一个软件项目的最终目标可以是开发一个科研管理系统。

(2)相关性。项目的复杂性是固有的,一个项目有很多彼此相关的活动,例如,某些活动在其他活动完成之前不能启动,而另一些活动必须并行实施,如果这些活动相互之间不能协调地开展,就不能达到整个项目的目标。

(3)临时性。项目要在一个限定的期间内完成,是一种临时性的任务,有明确的开始点和结束点。当项目的目标达到时,意味着项目任务完成。项目管理的很大一部分精力是用来保证在预定时间内完成项目任务,为此而制订项目计划进度表,标识任务何时开始、何时结束。项目任务不同于批量生产。批量生产是相同的产品连续生产,取决于要求的生产量,当生产任务完成时,生产线停止运行,这种连续生产不是项目。

(4)独特性。在一定程度上,项目与项目之间没有重复性,每个项目都有其独自的特点,每一个项目都是唯一的。如果一位工程师正在按照规范建造第 50 栋住宅,其独特性一定很低,它的基本部分与已经造好的第 49 栋是相同的,如果说其有特殊性,也只是在于其地基的土壤不同,使用了一个新的热水器,请了几位新木工等。然而,如果要为新一代计算机设计操作系统,则该工作必然会有很强的独特性,因为这个项目以前没有做过,可供参考的经验并不多。

(5)资源约束性。每一个项目都需要运用各种资源作为实施的保证,而资源是有限的,所以资源是项目成功实施的一个约束条件。

(6) 不确定性。一个项目开始前,应当在一定的假定和预算基础上制订一份计划,但是,在项目的具体实施中,外部因素和内部因素总是会发生一些变化,会存在一定的风险和很多不确定性因素,因此项目具有不确定性。

1.2.2　互联网＋项目的特征

近年来兴起的互联网＋项目,扩展了项目的内涵和外延。互联网＋项目具有以下六大特征。

(1) 跨界融合。"＋"就是跨界、变革、开放、重塑、融合。跨界了,创新的基础才更坚实;融合了,群体智能才会实现,从研发到产业化的路径才会更垂直。

(2) 创新驱动。中国粗放的资源驱动型增长方式早就难以为继,必须转变到创新驱动发展这条精细的发展道路上。这正是互联网的特质,采用互联网思维来求变、自我革命、发挥创新的力量。

(3) 重塑结构。信息革命、全球化、互联网业已打破了原有的社会结构、经济结构、地缘结构、文化结构,权力、议事规则、话语权在不断发生变化。互联网＋社会治理、虚拟社会治理带来很大的不同。

(4) 尊重人性。人性的光辉是推动科技进步、经济增长、社会进步、文化繁荣的最根本的力量,互联网的强大力量来源于对人性的尊重、对人体验的敬畏、对人创造性的重视。

(5) 开放生态。生态是互联网＋重要的特征,生态本身是开放的。推进互联网＋就是要把过去制约创新的环节化解掉,把孤岛式创新连接起来。

(6) 连接一切。连接是有层次的,连接性是有差异的,连接的价值是相差很大的,但是连接一切是互联网＋的目标。

1.2.3　项目的分级分期

很多项目是非常大的,有的就是一个概念,下面可以分为很多具体项目,通常包括长时间持续运作的活动。一个大型项目可以理解为比项目高一级别的大项目,如"神舟飞船计划""航空母舰计划""北斗卫星导航系统"等。以"神舟飞船"为例,神舟飞船是我国自行研制,具有完全自主知识产权,达到或优于国际第三代载人飞船技术的飞船。神舟飞船采用"三舱一段",即由返回舱、轨道舱、推进舱和附加段构成,由 13 个分系统组成,分为多期,从 1999 年到 2016 年已经发射了神舟一号到神舟十一号共 11 期。

子项目是将项目分解成为更小的单位,以便更好地控制项目。项目中的某一阶段可以是一个单独的项目,也可以是一个子项目。在实际工作中,子项目的划分是很灵活的,可以视项目的需要而定。可以按照阶段划分子项目,如 1 期项目、2 期项目、……,也可以按照项目的组成部分划分子项目。

1.2.4　软件项目的特点

软件是计算机系统中与硬件相互依存的部分,是包括程序、数据及其相关文档的完整集合。其中,程序是按事先设计的功能和性能要求执行的指令序列;数据是使程序能正常操纵信息的数据结构；文档是与程序开发、维护和使用有关的图文材料。

软件项目除了具备项目的基本特征之外，还有如下特点。

（1）软件是一种逻辑实体，不是具体的物理实体，具有抽象性，这使得软件与硬件或者工程类项目有很多的不同之处。

（2）软件的生产与硬件不同，开发过程中没有明显的制造过程，也不存在重复生产过程。

（3）软件没有硬件的机械磨损和老化问题，然而，软件存在退化问题。在软件的生存期中，软件环境的变化导致软件的失效率提高。

（4）软件的开发受到计算机系统的限制，对计算机系统有不同程度的依赖。

（5）软件开发至今没有摆脱手工的开发模式，软件产品基本上是"定制的"，无法利用现有的软件组件组装成所需要的软件。

（6）软件本身是复杂的。其复杂性来自应用领域实际问题的复杂性和应用软件技术的复杂性。

（7）软件的成本相当高昂。软件开发需要投入大量资金和高强度的脑力劳动，因此成本比较高。

（8）很多软件工作涉及社会因素。例如，许多软件开发受到机构、体系和管理方式等问题的限制。

软件项目是一种特殊的项目，它创造的唯一产品或者服务是逻辑载体，没有具体的形状和尺寸，只有逻辑的规模和运行的效果。软件项目不同于其他项目，软件是一个新领域而且涉及的因素比较多，管理比较复杂。目前，软件项目的开发远远没有其他领域的项目规范，很多理论还不适用于所有软件项目，经验在软件项目中仍起很大的作用。软件项目由相互作用的各个系统组成，"系统"包括彼此相互作用的部分。软件项目中涉及的因素越多，彼此之间的相互作用就越大。另外，变更也是软件项目中常见的现象，如需求的变更、设计的变更、技术的变更、社会环境的变更等，这些均说明了软件项目管理的复杂性。

项目的独特性和临时性决定了项目是渐进明细的，软件项目更是如此，因为软件项目比其他项目有更大的独特性。"渐进明细"是指项目的定义会随着项目团队成员对项目、产品等的理解、认识的逐步加深而得到逐渐深入的描述。

软件行业是一个极具挑战性和创造性的行业，软件开发是一项复杂的系统工程，牵涉各方面的因素。软件项目的特征还包括需求的不确定性和开发过程中存在技术风险。在实际工作中，经常会出现各种各样的问题，甚至软件项目会面临失败。如何总结、分析失败的原因并得出有益的教训，是今后项目取得成功的关键。

1.2.5 软件项目要素组成

简单地说，项目就是在既定资源和要求的约束下，为实现某种目的而相互联系的一次性工作任务。一个软件项目的要素包括软件开发的过程、软件开发的结果、软件开发赖以生存的资源及软件项目的特定委托人（或者说是客户，既是项目结果的需求者，也是项目实施的资金提供者）。

1.2.6 项目和产品的关系

项目和产品既有区别又有联系,都是公司生存和发展的支柱,下面分析它们的差异和联系。

1. 项目和产品的差异

(1) 生存周期不同。项目的生存周期包括项目的启动、策划、执行、监控和收尾。项目验收交付给用户并结项后,项目生存周期结束。产品的生存周期类似于人的成长,从出生(产品构思),到成长(产品的版本更新),到去世(产品终止)。产品不存在完成的说法,因为产品是不断更新的,直到被新产品替代,生存周期才结束;而项目只进行一次,项目验收后,就完成了。

(2) 目标不同。项目的目标是在规定的时间内,利用有限的资源,高质量地完成某个特定用户的需求;而产品的目标是解决一件事,或者说满足一些用户的通用需求。

2. 项目和产品的联系

(1) 应该先有项目还是先有产品? 这个问题没有标准答案。大部分公司的现实情况是:首先销售人员拿下一个项目,公司在做完这个项目后,发现还有很多其他用户有类似的需求,于是组织一队人马进行产品化。这种情况下,产品化往往很难,因为在项目目标驱使下,项目的技术架构、产品功能方面往往有先天缺陷。想要产品化,就需要重新进行产品规划和技术架构设计,这样成本非常高。还有一种情况是先有产品,再有项目,然后在项目中不断获取需求,完善产品。

这两种情况各有利弊,第一种情况比较稳妥,即使产品化没有成功,还是有项目可做。第二种情况就要求首先对产品未来的发展趋势有很好的研究和预测,否则很有可能出现竹篮打水一场空的结果。

(2) 项目和产品的关系是什么? 产品和项目是相辅相成的关系,产品的开发是通过一个个项目去完成的。将产品的需求通过项目去实现,完成产品的一个版本。不断迭代进行,进而推动产品的版本更新。

(3) 项目和产品该如何协同发展? 对于还未成熟的产品,形成一定的版本后,给用户使用,通常要进行定制开发或者二次开发。这样就形成了产品相关的项目,也就是说项目是基于这个产品开发的。

在人员安排上,应该让担任过项目经理的产品经理管理与产品相关的项目,这样就能在产品需求满足和项目范围控制中找到平衡。产品经理总希望尽可能多地、更完美地实现产品的需求;而项目经理关注的是项目目标和范围,在满足用户要求的前提下,做的工作越少越好,这样就能保证进度和节省成本。担任过项目经理的产品经理,在进行相关项目开发的时候,会考虑项目的哪些需求是核心和通用需求,可以作为产品需求,在做项目时尽量去实现,但是要有个度,在保证项目进度和成本的前提下去进行。

对于成熟的产品,通常会将用户的个性化信息进行封装,提供定制功能,满足不同用户的不同要求,如流程定制、表单定制、功能菜单定制以及其他一些业务功能的配置。这样,产品相关的项目就是一个个实施项目,只需要实施人员到现场给用户进行一定程度的定制,就可以交付用户使用。不过,产品要想达到这种状态,从技术和业务两方面都需要很多的积累,通常需要经过漫长的周期。

(4) 项目和产品的目标相同。项目和产品的最终目的都是追求利润,保证公司的生存和发展。中间目标可能是培养技术人才,管理人才,接触用户,进入行业,占领市场。

1.2.7 项目目标实现的制约因素

项目目标就是在一定时间、预算内完成项目范围内的事项,以使客户满意。一个成功的项目应该在项目允许的范围内满足成本、进度要求,并达到客户满意的产品质量。所以,项目目标的实现受 4 个因素制约:项目范围、成本、进度计划和客户满意度,见图 1-1。项目范围是为使客户满意必须做的所有工作;成本是完成项目所需要的费用;进度计划用于规划项目的范围、成本、起止时间及所需的资源等,为项目描绘一个过程蓝图;客户能否满意要看交付的成果质量,只有客户满意才能更快地结束项目,否则会导致项目的拖延,从而增加额外的费用。

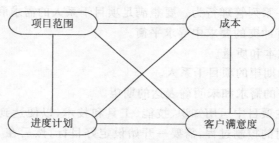

图 1-1　项目目标实现的制约因素

1.3　项目管理

项目普遍存在于人们的工作和生活中,如何管理这些项目是一项需要研究的任务。项目管理已经成为综合多门学科的新兴研究领域,其理论来自项目管理的工作实践。项目管理是指把各种系统、方法和人员结合在一起,在规定的时间、预算和质量目标范围内完成项目的各项工作。

对于一个组织的管理而言,主要包括战略管理、运作管理、项目管理 3 个部分,见图 1-2。

(1) 战略管理是从宏观上帮助企业明确战略目标和把握企业发展方向的管理。

(2) 运作管理是对日常的、重复性工作的管理。

(3) 项目管理是对一次性、创新性工作的管理。

项目是企业的最小盈利单位,项目管理自然成为构筑企业利润的基石,从这种意义上说,项目管理是企业的核心竞争力所在。由于项目管理具有效率高、反应灵敏的优点,因此更多企业希望采取项目式管理的方式,从而可以对客户要

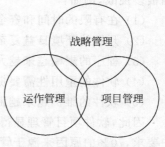

图 1-2　三种管理的关系

求反应更及时,使管理更高效,提高企业的管理质量。实施项目管理可以提高项目的效益。这里所说的项目的效益是一个综合性指标,包括低风险、高产出等。因此,不难得出我们在实施项目管理时应该掌握的度,即引入项目管理所产生的效益减去项目管理的成本后必须大于未引入项目管理时的效益。由于引入项目管理所产生的效益与项目管理的成本并非线性相关的,因此项目管理的复杂度必然存在一个最优值,这就是我们应该掌握的度,这个度必须被大家认可并且能够被准确地理解和实施。过于精细的管理和过于粗放的管理都是不合适的,在两者之间选择一个平衡点非常重要。

1.3.1 项目管理定义

项目管理是指一定的主体为了实现其目标,利用各种有效的手段,对执行中的项目周期的各阶段工作进行计划、组织、协调、指挥、控制,以取得良好经济效益的各项活动的总和。通过项目各方干系人的合作,把各种资源应用于项目,以实现项目的目标,使项目干系人的需求得到不同程度的满足。因此,项目管理是伴随着项目的进行而进行的、目的是确保项目能够达到期望结果的一系列管理行为。要想满足项目干系人的需求和期望,达到项目目标,需要在下面这些相互有冲突的要求中寻求平衡。

(1) 范围、时间、成本和质量。

(2) 有不同需求和期望的项目干系人。

(3) 明确表示出来的需求和未明确表达的期望。

项目管理是要求在项目中运用知识、技能、工具和技术,以便达到项目目标的活动。项目管理类似于导弹发射的控制过程,需要一开始设定好目标,然后在飞行中锁定目标,同时不断调整导弹的方向,使之不能偏离正常的轨道,最终击中目标。软件项目管理是为了使软件项目能够按照预定的成本、进度、质量顺利完成,而对成本、人员、进度、质量、风险等进行分析和管理的活动。

1.3.2 软件项目管理的特征及重要性

当前社会的特点是"变化",而这种变化在信息产业中体现得尤为突出,技术创新速度越来越快,用户需求与市场不断变化,人员流动也大大加快。在这种环境下,企业需要应对的变化及由此带来的挑战大大增加,也给管理带来了很多问题和挑战。目前定制软件开发面临很多挑战,例如:

(1) 在有限的时间和资金范围内,要满足软件产品不断增长的质量要求。

(2) 开发的环境日益复杂,代码共享日益困难,需跨越的平台增多。

(3) 程序的规模越来越大。

(4) 软件的重用性需要提高。

(5) 软件的维护越来越困难。

因此,软件项目管理显得更为重要。软件开发不能按时提交、预算超支和质量达不到用户要求,70%的原因来源于管理不善,而非来源于技术层面。于是软件企业开始逐渐重视软件开发中的各项管理。

软件项目管理和其他项目管理相比具有以下特殊性。

（1）软件是纯知识产品，其开发进度和质量很难估计和度量，生产效率也难以预测和保证。与普通的项目不同，软件项目的交付成果事先"看不见"，并且难以度量，特别是很多应用软件项目已经不再是业务流程的"电子化"，而是同时涉及业务流程再造或业务创新。因此，在项目早期，客户很难描述清楚需要提交的软件产品，但这一点对软件项目的成败又是至关重要的。与此矛盾的是，公司一般安排市场销售人员负责谈判，其重点是迅速签约，而不是如何交付，甚至为了尽早签约而"过度承诺"，遇到模糊问题时也怕因为解释而节外生枝，所以避而不谈，而甲方为了保留回旋余地，也不愿意说得太清楚，更不愿意主动提出来，因为甲方还有最终验收的主动权。等到项目经理接手项目后，所有这些没有说清楚的隐患都将暴露出来，并最终由项目经理承担。

（2）项目周期长、复杂度高、变数多。软件项目的交付周期一般比较长，一些大型项目的周期可以达到 2 年以上。这样长的时间跨度内可能发生各种变化。软件系统的复杂性导致了开发过程中各种风险难以预见和控制。从外部来看，商业环境、政策法规变化会对项目范围、需求造成重大影响。例如，作者曾经从事重工企业 ERP 开发，采用整体架构、分步实施的策略，全部上线时长达到 4 年。客户单位经历了组织结构、人事和管理制度等变化。有时，伴随着新的领导到任，其思路的变化，甚至对项目重视程度的变化，都可能直接影响项目的成败。

（3）软件需要满足一群人的期望。软件项目提供的实际是一种服务，服务质量不仅仅是最终交付的质量，更重要的是客户的体验。实际上，项目中的"客户"不是一个人，而是一群人。他们可能来自多个部门，并且对项目的关注点不同，在项目中的利益也不同。所以，当我们谈到满足"客户需求"时，实际的意思是满足一群想法和利益各不相同的人的需求，他们的需求在很多时候是竞争的和冲突的。

（4）软件企业往往同时承担很多项目，而企业的人力资源是有限的，不同阶段如何合理分配各类人员到不同项目中，从而保证各个项目成功，为企业带来最大的利润，这是需要进行软件项目管理的。

所以，软件项目管理是必要的。软件项目管理的根本目的是让软件项目尤其是大型软件项目的生命周期能在管理者的控制之下，以预定成本按期、按质地完成软件项目，并且交付客户使用。研究软件项目管理是为了从已有的成功或失败的案例中总结出能够指导今后开发的通用原则、方法，以避免前人的失误。

实际上，软件项目管理的意义不仅在于此，进行软件项目管理有利于将开发人员的个人开发能力转化成企业的开发能力，企业的软件开发能力越高，表明企业的软件生产越趋于成熟，企业越能够稳定发展，从而减小开发风险。

1.4 传统项目管理知识体系

以前，有人认为项目管理是一种"意外的职业"。因为常常是人们在项目中先承担了项目任务，可能是从技术开发开始，然后随着项目经验的逐步提高，积累一定的技术管理经验等，最后顺理成章地当上项目经理。这样，管理一个项目的有关知识不是通过系统学习得来的，而是在实践中摸索出来的，在摸索的过程中可能会导致严重损失。近年来，在减小项目管理意外性方面已经有了很大进步。很多企业的决策者日益认识到项目管理方法可以帮助他们在复杂的竞争环境中取得成功。为了减少项目管理的意外性,许多机构和企业开始要求雇员系统地学习项目管理技术,努力成为经认证合格的项目管理人员。

项目管理专业人员资格(Project Management Professional,PMP)是美国项目管理学会(Project Management Institute,PMI)开发并负责组织实施的一种专业资格认证。PMP 认证可以为个人的事业发展带来很多好处。该项认证已经获得世界上 100 多个国家的承认,可以说是目前全球认可程度很高的项目管理专业认证,也是项目管理资格重要的标志之一,具有国际权威。

项目管理知识体系(Project Management Body Of Knowledge,PMBOK)是 PMI 组织开发的一套关于项目管理的知识体系。它是 PMP 考试的关键内容,为所有的项目管理提供了一个知识框架。项目管理知识体系 PMBOK 2012 包括项目管理的 5 个标准化过程组、10 个知识领域、47 个模块。

1.4.1　项目管理的 5 个标准化过程组

按照项目管理生命周期,项目管理知识体系分为启动过程组、计划过程组、执行过程组、控制过程组、收尾过程组 5 个标准化过程组。每个标准化过程组由一个或多个过程组成。它们的任务分别如下。

(1) 启动过程组。主要是确定一个项目或一个阶段可以开始了,并要求着手实行。

(2) 计划过程组。为完成项目所要达到的要求,进行实际可行的工作计划的设计、维护,确保实现项目的既定目标。计划基准是后面跟踪和监控的基础。

(3) 执行过程组。根据前面制订的基准计划,协调人力和其他资源,去执行项目管理计划或相关的子计划。执行过程存在两个方面的输入,一个是根据原来的基准来执行,另外一个是根据监控中发现的变更来执行。主要变更必须要得到批准后才能够执行。

(4) 控制过程组。通过监督和检测过程确保项目达到目标,必要时采取一些修正措施。集成变更控制是一个重要的过程。

(5) 收尾过程组。取得项目或阶段的正式认可,并且有序地结束该项目或阶段。向客户提交相关产品,发布相关的结束报告,更新组织过程资产并释放资源。

各个过程组通过其结果进行连接,一个过程组的结果或输出是另一个过程组的输入。其中的计划过程组、执行过程组和控制过程组是核心管理过程组。

1.4.2　项目管理的 10 个知识领域

项目管理的知识领域分布在项目进展过程中的各个阶段,分别如下。

(1) 为了成功实现项目的目标,首先必须设定项目的工作范围,即项目范围管理。

(2) 为了正确实施项目,需要对项目的时间、质量、成本三大目标进行分解,即项目时间管理、项目质量管理、项目成本管理。

(3) 在项目实施过程中,需要投入足够的人力、物力、财力,即项目人力资源管理、项目采购管理。

(4) 为了对项目团队人员进行管理,让大家目标一致地完成项目,需要进行项目沟通管

理和项目干系人管理。

（5）为了避免实施过程中遇到的各种风险，需要进行项目风险管理。

（6）为了协调项目各个局部的利益和细节，需要进行项目集成管理。

项目管理的知识领域具体描述如下。

1. 项目集成管理

项目集成管理是项目成功的关键，贯穿于项目的全过程。项目集成管理是在项目的整个生命周期内，协调项目管理其他各管理知识领域，将项目管理的方方面面集成为一个有机整体，保证项目总目标的实现。项目集成管理从一个宏观的尺度将项目作为一个整体来考察，包括如下过程：制定项目章程、制订项目管理计划、指导与管理项目工作、监控项目工作、实施整体变更控制、结束项目或阶段。项目集成管理的关键在于对项目中的不同组成元素进行正确、高效的协调，而不是所有项目组成元素的简单相加。

2. 项目范围管理

项目范围是为了交付具有特定属性和功能的产品而必须完成的工作。范围管理主要定义项目需要完成的工作，确保项目包含且只包含所有需要完成的工作。范围管理定义可以控制项目包含什么内容和不包含什么内容，包括如下过程：规划范围管理、收集需求、定义范围、创建任务分解结构、确认范围、控制范围。

3. 项目时间管理

按时提交项目是项目经理的最大挑战之一，时间是灵活性最小的控制元素，进度计划是导致项目冲突的主要原因，尤其在项目的后期，所以项目管理者学习时间管理尤为重要。项目时间管理就是保证项目按时完成需要的一些管理过程，包括如下过程：规划进度管理、定义活动、排列活动顺序、估算活动资源、估算活动持续时间、制订进度计划、控制进度。

4. 项目成本管理

项目成本管理是在项目具体实施过程中，为了确保完成项目所花费的实际成本不超过预算成本而展开的管理活动，包括如下过程：规划成本管理、估算成本、制订预算、控制成本。

5. 项目质量管理

项目质量管理要求保证该项目能够兑现它关于满足各种需求的承诺，涵盖与决定质量工作的策略、目标和责任的全部管理功能有关的各种活动。项目质量管理包括如下过程：规划质量管理、实施质量保证、控制质量。

6. 项目人力资源管理

项目人力资源管理是有效地管理人力资源的过程，要求充分发挥项目参与人员的作用，包括如下过程：规划人力资源管理、组建项目团队、建设项目团队、管理项目团队。这里的组建项目团队是招募项目需要的人员并分配到相应工作中的过程。建设项目团队是开发个人和团队的技能、增强项目性能的过程。管理项目团队是跟踪团队成员工作表现，激励团队成员工作热情，及时反馈和解决问题，从而优化项目绩效的过程。

7. 项目沟通管理

项目沟通管理包括为了确保项目信息及时准确地生成、收集、发布、存储和部署的过程。

确定项目人员的沟通需求和需要的信息,即确定谁需要什么信息,什么时候需要,如何获取这些信息,包括如下过程:规划沟通管理、管理沟通、控制沟通。

8. 项目风险管理

项目风险管理是决定采用什么方法和如何规划项目风险的活动,是指对项目风险从识别到分析乃至采取应对措施等一系列过程。它包括将积极因素所产生的影响最大化和使消极因素产生的影响最小化两方面内容。项目风险管理包括如下过程:规划风险管理、识别风险、实施定性风险分析、实施定量风险分析、规划风险应对、控制风险。

9. 项目采购管理

项目采购管理包括从项目组织之外获取货物和服务的过程。为了满足项目的需求,项目组织需要从外部获取某些产品,这就是采购。采购是广义的,可能是采购物品,也可能是采购软件开发等服务,还包括收集有关产品的信息,进行择优选购。项目采购管理包括如下过程:规划采购管理、实施采购、控制采购、结束采购。

10. 项目干系人管理

项目干系人管理主要通过沟通管理满足项目相关人员的需求和期望,同时解决相互之间的冲突。项目干系人管理包括用于开展下列工作的各个过程:识别能够影响项目或者受项目影响的全部人员、群体或组织;分析干系人对项目的期望和影响;制定合适的管理策略,以有效调动干系人参与项目的决策和执行。干系人管理还关注与干系人的持续沟通,以便了解干系人的需要和期望,解决实际发生的问题,管理利益冲突,促进干系人合理参与项目决策和活动。应该把干系人满意度作为一个关键的项目目标来进行管理。因此,项目干系人管理包括如下过程:识别干系人、规划干系人管理、管理干系人参与、控制干系人参与。

1.4.3 项目管理的 47 个模块

项目管理的 47 个模块分布在 5 个标准化过程组和 10 个知识领域的交叉过程中,表 1-1 说明了三者之间的关系。

表 1-1 PMBOK 的 5 个标准化过程组、10 个知识领域、47 个模块之间的关系

	启动过程组	计划过程组	执行过程组	控制过程组	收尾过程组
项目集成管理	制定项目章程	制定项目管理计划	指导与管理项目工作	监控项目工作 实施整体变更控制	结束项目或阶段
项目范围管理		规划范围管理 收集需求 定义范围 创建任务分解结构		确认范围 控制范围	
项目时间管理		规划进度管理 定义活动 排列活动顺序 估算活动资源 估算活动持续时间 制订进度计划		控制进度	

续表

	启动过程组	计划过程组	执行过程组	控制过程组	收尾过程组
项目成本管理		规划成本管理 估算成本 制订预算		控制成本	
项目质量管理		规划质量管理	实施质量保证	控制质量	
项目人力资源管理		规划人力资源管理	组建项目团队 建设项目团队 管理项目团队		
项目沟通管理		规划沟通管理	管理沟通	控制沟通	
项目风险管理		规划风险管理 识别风险 实施定性风险分析 实施定量风险分析 规划风险应对		控制风险	
项目采购管理		规划采购管理	实施采购	控制采购	结束采购
项目干系人管理	识别干系人	规划干系人管理	管理干系人参与	控制干系人参与	

1.5 互联网时代的新形态

软件公司是软件项目的承担主体,不同类型的软件公司,其项目类型不一样,虽然项目的目标都是为公司盈利,但项目的销售模式、生产模式、管理模式和盈利模式都有所不同。随着互联网公司的发展和成功,互联网+项目的管理呈现出与传统定制项目管理完全不同的模式。互联网公司的项目管理重点不在于产品的开发,而在于销售模式。互联网公司进入了体验经济这种新的经济模式,其盈利模式不是通过项目本身直接盈利,而是在用户体验项目的过程中,通过植入广告等方式来获取利润。

1.5.1 体验经济

体验经济是从生活与情境出发,塑造感官体验及思维认同,以此抓住顾客的注意力,改变消费行为,并为商品找到新的生存价值与空间的经济形态。体验经济是以服务作为舞台、以商品作为道具来使顾客融入其中的社会演进阶段。由于服务经济也在逐步商业化,人们的个性化消费欲望难以得到彻底满足,开始把注意力和金钱的支出方向转移到能够为其提供全新价值的经济形态,这就是体验经济。

以一家三代人过生日为例。钟丽妈妈过生日时,她的奶奶会从超市买生日所用的东西去做蛋糕,每次过生日只需要 20 元就够了。但到了钟丽自己过生日时,她的妈妈会打个电话订一个蛋糕回家,她每次生日要花 150 元。到了钟丽女儿过生日时,她邀请了 14 个同伴去农场喂猪、做菜,玩了一天后还高兴得不得了,然后钟丽支付给农场主 1000 元。通过三代人生日的不同过法就会发现:第一代人是自己回家去做蛋糕,只花了很少的钱,这就是传统的消费习惯;第二代人打个电话把蛋糕送到家,是商品经济时代;第三代人让孩子参加了很好的体验派对,孩子玩得特别高兴,分享的不仅是生日蛋糕,还有生日的体验。

社会经济形态可以分为产品经济、商品经济、服务经济和体验经济四种类型,经济社会的发展是沿着"产品经济—商品经济—服务经济—体验经济"的过程进化的,体验经济是其中更高、更新的经济形态。

　　产品经济的代表是农业,它从自然界挖掘和提炼出材料,产品是不易细分的、可以替换的。后来的工业革命彻底地改变了这种生产与生活方式,使得产品经济向商品经济转化。

　　商品经济又可称为工业经济,其特点是通过公司标准化生产和销售有形的商品。随着新技术的不断涌现,工厂对工人的需求逐渐降低,导致产品大量积压、工人失业,以及对服务需求的增加。

　　所谓服务,是指根据客户的需求以商品为依托进行定制的无形活动。制造商逐渐认识到,消费者更加看重的是服务,于是一些精明的制造商声明自己是一个服务提供商。接下来他们发现,自己曾经免费提供的服务,事实上是最有价值的商品。例如,汽车制造商通过金融手段赚到的钱比制造过程赚的钱更多。其结果是,服务经济逐步走向极致,仅仅有商品和服务已经远远不够了。

　　如同服务经济是从商品经济中分离出来的一样,体验经济是从服务经济中分离出来的。体验本身代表着一种已经存在但先前并没有被清楚表述的经济产出类型,它作为一种独特的经济提供物将为我们提供开启未来经济增长的钥匙。

　　体验是使每个人以个性化方式参与其中的事件,是当一个人达到情绪、体力、智力甚至精神的某一特定水平时在意识中产生的美好感觉。体验策划者不再仅仅提供商品或服务,而要提供最终的体验,充满感性的力量,给顾客留下难忘的愉悦记忆。换句话说,农产品是可加工的,商品是有形的,服务是无形的,而体验则是难忘的。

　　可以认为,体验经济是一种全新的经济形态,它的提出展示了经济社会发展的方向,孕育着消费方式及生产方式的重大变革,适应体验经济的快慢将成为企业竞争胜负的关键。

1.5.2　体验经济的十大特征

　　(1) 终端性。现代营销学关注的一个关键问题是"渠道",即如何将产品送到消费者手中。一般来说,在生产环节中,制造单元的供求关系形成了"供应链",商业买卖关系形成的是"价值链"。在这之中,"客户"是一个重要的概念。但是,所谓的"客户"既可以是自然人,也可以是法人、单位或机构;既可以是上游单位,也可以是下游单位,还可以是"客户的客户"或泛泛的关系户。那么,这种渠道和链条的方向究竟是什么? 体验经济明确指出是最终消费者,是作为自然人的顾客和用户。如果说目前企业与企业之间的竞争已经转换为供应链与供应链之间的竞争的话,那么体验经济强调的竞争方向在于争夺消费者。体验经济聚焦于消费者的感受,关注最焦点、最前沿的战斗。

　　(2) 差异性。工业经济和商品经济追求的是标准化,这不仅要求有形产品的同质性,还要求制造过程的无差异性。这在服务经济中已经表现出相反的倾向,因为最终消费者的情况千差万别,企业要满足不同顾客的需求,就必须提供差别化的服务。无论是产品还是服务,市场分层的极端是因人而异的个性化,是对标准化哲学的否定。

　　(3) 感官性。最狭义的"体验"就是用身体的各个器官去感知,这是最原始、最朴素的体验经济的内涵,调动了身体五官,从而增加了体验的强度。

（4）知识性。消费者不仅要用身体的各个器官感知，更要用心去领会，体验经济重视产品与服务的文化内涵，使消费者能够增加知识，增长才干。

（5）延伸性。现代营销的一个基本理念是"为客户的客户增加价值"，即认为企业所提供的产品与服务仅仅是顾客需要的某种手段，还必须向"手段—目的"链条的纵深扩展。因此，人们的精神体验还来自企业的延伸服务，这些服务包括相关的服务、附加的服务、对客户的服务等。

（6）参与性。消费者参与的典型是自助式消费，如自助餐、自助导游、自己制作、自己配制饮料、农场果园采摘、点歌互动等。实际上，消费者可以参与到供给的各个环节之中。

（7）补偿性。企业提供的产品与服务难免有令消费者不满意的地方，甚至会造成消费者的伤害或损失，这时需要很好的补偿机制。消费者的权益和意见是否得到了尊重，他们自己的体会最为深刻。

（8）经济性。由于网络搜索的极度便利，消费者的经济性表现在搜寻比较费用、最初购买价格、付款条件、使用中的消耗与维修费用等许多方面。

（9）记忆性。上述特性都可能导致一个共同的结果：消费者留下深刻的记忆。留下美好的回忆是体验经济的结果性特征。

（10）关系性。以上主要涉及的是一次性消费的情况，从长期的角度看，企业也要努力通过多次反复的交易使得双方关系得到巩固和发展。如同人们之间需要朋友的友情一样，企业与消费者也需要形成朋友关系，实现长期双赢。更为组织化的形式有会员制商店、产权式公寓、消费合作社等，各种组织形态使消费者不仅仅是单纯的客户，甚至还增加了产权关系，成为所有者。

上述体验经济的各项特征只是拆借开来的理论分析，实际上，它们并不是完全孤立地存在的，而是相互联系、相互结合地起作用。从过程看，有感官性、个性化、参与性等；从结果看，是留下记忆；从长期看，是过程与结果的交替和反复，在加深关系的同时增强了记忆，在交易关系之中融入了朋友的色彩。

体验经济可以造成一种幻觉：企业把每一位消费者都看作独特的个人，进而满足他们的个性化需要。使交易成为记忆是新经济的关键，这种新经济面向的是那些在计算机和电视屏幕前长大的消费者。

互联网公司的经济模式就是体验经济，通过吸引用户带来商业上的盈利机会，这与传统的定制软件公司盈利模式有很大区别，项目管理模式上也发生了较大的变化，本书在传统项目管理的基础上增加了互联网公司的项目管理内容。

习题

一、填空题

1. 软件公司可以分为_____、_____、_____三大类。

2. 传统项目的特征是_____、_____、_____、_____、_____。

3. 互 联 网 ＋ 项 目 的 特 征 是 _____、_____、_____、_____、_____、_____。

4. 软件项目组成要素包括_____、_____、_____、_____。

5. 实现项目目标的制约因素有_____、_____、_____、_____等。

6. 项目管理包括_____、_____、_____、_____、_____ 5 个标准化过程组。

二、判断题

1. 游戏软件公司属于软件服务公司。（　　　）

2. 软件公司属于知识密集型的 IT 企业。（　　　）

3. 软件公司的项目与产品是同一个概念。（　　　）

4. 搬家属于项目。（　　　）

5. 项目是为了创造一个唯一的产品或提供一个唯一的服务而进行的永久性的努力。（　　　）

6. 过程管理就是对过程进行管理，目的是要让过程能够被共享、复用，并得到持续的改进。（　　　）

7. 项目具有临时性的特征。（　　　）

8. 日常运作存在大量的变更管理，而项目基本保持连贯性。（　　　）

9. 项目开发过程中可以无限制地使用资源。（　　　）

三、选择题

1. 下列选项中不是项目与日常运作的区别的是（　　　）。

    A. 项目是以目标为导向的，日常运作是通过效率和有效性体现的

    B. 项目是通过项目经理及其团队工作完成的，而日常运作是职能式的线性管理

    C. 项目需要有专业知识的人来完成，而日常运作的完成无需特定专业知识

    D. 项目是一次性的，日常运作是重复性的

2. 下列最能体现项目特征的是（　　　）。

    A. 运用进度计划技巧　　　　　　　　　B. 整合范围与成本

    C. 确定期限　　　　　　　　　　　　　D. 利用网络进行跟踪

3. 以下不是日常运作和项目的共同之处的是（　　　）。

    A. 由人来做　　　　　　　　　　　　　B. 受限于有限的资源

    C. 需要规划、执行和控制　　　　　　　D. 都是重复性工作

4. 项目经理的职责不包括（　　　）。

    A. 开发计划　　　　B. 组织实施　　　　C. 项目控制　　　　D. 提供资金

5. 下列选项中属于项目的是（　　　）。

    A. 上课　　　　　　　　　　　　　　　B. 保护社区安全

    C. 野餐活动　　　　　　　　　　　　　D. 每天的卫生保洁

6. 下列选项中正确的是（　　　）。

    A. 一个项目具有明确的目标，而且周期不限

    B. 一个项目一旦确定，就不会发生变更

    C. 每个项目都有自己的独特性

    D. 项目都是一次性的，并由项目经理独自完成

7. （　　　）是为了创造一个唯一的产品或提供一个唯一的服务而进行的临时性的努力。

A. 过程　　　　　　B. 项目　　　　　C. 项目群　　　　D. 组合

　　8.（　　）伴随着项目的进行而进行,目的是确保项目能够达到期望结果的一系列管理行为。

　　　　A. 人力资源管理　　B. 项目管理　　　C. 软件项目管理　　D. 需求管理

　　9. 下列活动中不是项目的是(　　)。

　　　　A. 野餐活动　　　　B. 集体婚礼　　　C. 上课　　　　　D. 开发操作系统

　　10. 下列选项中不属于项目特征的是(　　)。

　　　　A. 项目具有明确的目标　　　　　　　B. 项目具有限定的周期

　　　　C. 项目可以重复进行　　　　　　　　D. 项目对资源成本具有约束性

四、简答题

1. 项目管理知识体系(PMBOK)包括哪十大知识领域?

2. 请简述项目管理的 5 个标准化过程组及其任务。

3. 项目的特征是什么?

4. 软件项目的特点是什么?

5. 体验经济的十大特征是什么?

第2章

软件项目确立

2.1 可行性分析

无论软件项目还是硬件项目,启动之前,都需要对其进行可行性分析,可行性分析报告是立项的依据。一般来说,项目越大,可行性研究需要的时间就越多。比如我国的南水北调、藏水入疆等大的工程项目,调研和可行性研究时间长达数十年。国家级项目从国家战略、社会民生、生态环保等方面进行评估;省级项目从产业布局、经济引领等方面进行评估;企业级项目主要从企业发展战略、企业发展计划、运行操作性、技术可行性、市场可行性、法律可行性和经济可行性等方面进行评估。项目战略需从整个企业发展的角度来考虑项目的可行性;计划评估重点考虑项目制订的计划是否可行;操作可行性重点从系统本身和人员素质等方面来进行评估;技术可行性是对开发的系统进行功能、性能和限制条件的分析,确定在企业或委托方现有技术资源的条件下风险的大小,系统是否能实现;市场可行性评估主要针对大众产品类软件项目,重点考虑市场因素,了解产品生产后是否有市场,是否可以带来预期的经济效益,采用的主要是 SWOT 分析方法,包括分析企业的优势(Strength)、劣势(Weakness)、机会(Opportunity)和威胁(Threats);法律可行性评估主要从社会伦理、侵权、危害等方面进行分析;经济可行性评估是很多项目进行评估的底线,在开始一个新项目前必须做经济可行性分析,它是对整个项目的投资和所产生的效益进行分析。

成本效益分析方法是评价项目经济效益的主要方法,它是将系统开发和运行所需要的成本与得到的收益进行比较,如果成本高于收益则表明项目亏损,如果成本小于收益则表明项目值得投资。成本效益分析方法需要采用一些经济评价指标来衡量项目的价值,下面介绍其中主要的经济评价指标。

1. 现金流预测

现金流量包括现金流出和现金流入,是评价投资方案经济效益的必备资料。

（1）现金流出：投资项目的全部资金支出。它包括以下几项：①固定资产投资：购入或建造固定资产的各项资金支出。②流动资产投资：投资项目所需的存货、货币资金和应收账款等项目所占用的资金。③营运成本：投资项目在经营过程中所发生的生产成本、管理费用和销售费用等。通常以全部成本费用减去折旧后的余额表示。

（2）现金流入：投资项目所发生的全部资金收入。它包括以下几项：①营业收入：经营过程中出售产品的销售收入。②残值收入或变价收入：固定资产使用期满时的残值，或因故未到使用期满时，出售固定资产所形成的现金收入。③收回的流动资产：投资项目寿命期满时所收回的原流动资产投资额。此外，实施某项决策后的成本降低额也作为现金流入。

现金流预测是描述何时支出费用、何时有收益的过程。表2-1描述了4个项目的现金流预测，其中负值表示花费，正值表示收益。

表 2-1　4 个项目的现金流预测

年	项 目			
	项目 1/元	项目 2/元	项目 3/元	项目 4/元
0	−100 000	−1000 000	−100 000	−120 000
1	10 000	200 000	30 000	30 000
2	10 000	200 000	30 000	30 000
3	10 000	200 000	30 000	30 000
4	20 000	200 000	30 000	30 000
5	100 000	300 000	30 000	75 000
净利润	50 000	100 000	50 000	75 000

2. 净利润

净利润是在项目的整个生命周期中总成本和总收入之差，指企业当期利润总额减去所得税后的金额，即企业的税后利润。所得税是指企业将实现的利润总额按照所得税法规定的标准向国家计算缴纳的税金。从表2-1看，项目2有最大的净利润，但它是以最大投入为代价的。净利润没有考虑现金流的时限，项目1和项目3虽然都有5万元的净利润，但是项目3在整个项目周期有更平稳的效益。

3. 投资回报期

投资回报期是计算项目投产后在正常生产经营条件下的收益额和计提的折旧额、无形资产摊销额用来收回项目总投资所需的时间。投资回报期法是将项目的投资回报期与行业基准投资回报期对比，来分析项目投资财务效益的一种静态分析法。投资回报期指标所衡量的是收回初始投资的速度快慢。如果企业希望最小化项目"负债"的时间，则可以选择具备最短投资回报期的项目。从表2-1看，项目3是最短投资回报期的项目，但是这个指标忽略了项目总的可能收益，表2-1中项目2和项目4总体上比项目3有更大的收益。

4. 投资回报率

投资回报率也称为会计回报率，用于比较净收益率与需要的投入，常见的最简单的公式是：投资回报率＝（平均年利润/总投资）×100%。对于表2-1中的项目1，其净利润为5万元，总投资是10万元，则投资回报率＝（（50 000/5）/100 000）×100%＝10%。

5. 净现值

净现值是一种项目评价技术,考虑了项目的收益率和要产生的现金流的时限,它是基于这样的观点:今天收到的 100 元要比明天收到的 100 元更有价值。计算公式是:净现值=第 t 年的净现值/$(1+r)$,其中,r 是贴现率,t 是现金流在未来出现的年数。

6. 内部回报率

内部回报率指可以直接与利润比较的百分比回报。如果借贷的资本少于 10%,或者如果资本不投入到回报大于 10% 的其他地方,则具有 10% 的内部回报率的项目是值得做的。

2.2 项目立项

在项目实施过程中,项目的利益应该高于一切。所谓项目利益是因项目的成功而给各项目干系人带来可以分享的利益。因此,确定实施一个项目是需要多方斟酌和考虑的。当综合各种因素的可行性分析之后,认为项目可以确立,就进入立项环节了。

2.2.1 立项流程

在项目选择过程中,关键是对项目的定义有明确的描述,包括明确项目的目标、时间表、项目使用的资源和经费,而且得到执行该项目的项目经理和项目发起人的认可,这个阶段称为立项阶段。立项流程如图 2-1 所示,首先项目发起人对发起的项目经过调研和可行性分析,如果认可则需要向高层人员申请立项,提交项目立项申请建议书,以获得项目审核,项目立项审核后提交项目评估报告,如果通过审核,并且签署审核意见,则表示项目可以立项,否则取消立项。

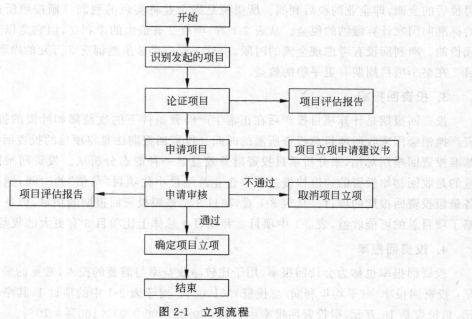

图 2-1 立项流程

立项是要解决做什么的问题,需要确定开发的项目,关注点是效益和利润。项目立项报告的核心内容是确定立项前期需要投入多少,能否盈利,什么时候能够盈利,能否持久盈利等。

企业确定开始某个项目时,一般会下达立项文件,其主要内容包括项目的大致范围、项目的结束时间和一些关键时间,并指定项目经理和部分项目成员等。

项目一旦确定,就具有明确的起始日期和终止日期。项目经理的角色不是永久性的,而是暂时的。项目经理的责任是明确目标,规划达到目标的步骤,然后带领团队按计划实现目标。

理想情况下,按照单个项目的收益来考虑是否立项。现实生活中,有时候是从公司的整体发展目标或者年度发展目标来考虑,确定项目是否立项。例如,某个项目从经济上是亏本的,但是这个项目能培养人才,为今后其他项目的发展起到支撑作用,能够带动一个发展方向,那么单个项目暂时的亏本可以忽略不计,项目还是可以立项的。

2.2.2 自制-购买决策

在立项阶段,项目负责人进行自制-购买决策,确定待开发产品的哪些部分应当采购、外包开发或自主研发。

除了需要考虑自制或者购买的初始成本,还要考虑后续的大量费用。例如,一个公司准备租赁或购买一台设备,那么需要比较租赁设备的后续费用与购买设备的后续费用,以及评估每月的维护费、保险费和设备管理费等。

例如,图 2-2 显示了决定自己开发软件还是从软件公司购买软件的决策过程。如果选择自己开发软件的方案,公司需要花费 25 000 元,根据历史信息,维护这个软件每个月需要 2500 元。如果选择购买软件公司产品的方案,需要 17 000 元,同时软件公司为软件进行维护的费用是每月 2700 元。自己开发软件和购买软件的费用之差是 8000 元,而维护的费用之差是每月 200 元。自行开发费用与购买费用之差除以每月维护费用之差(即 8000 元除以

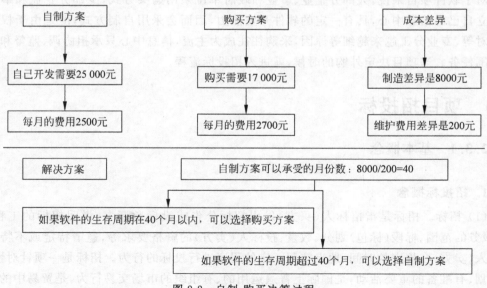

图 2-2 自制-购买决策过程

200 元)为 40,因此如果这个软件的使用期在 40 个月之内,则公司可以考虑购买软件,否则应该自行开发软件。

　　一个企业选择自制还是购买的依据有很多,表 2-2 列出了自制-购买决策过程的常用选择依据。

表 2-2　自制-购买决策过程的常用选择依据

自制的理由	购买的理由
自制成本低	购买成本低
可以采用自制的技巧	不会自制
工作量可控	工作量小
可以获得知识产权	购买更有益
学习新的技能	转移风险
有可用的开发人员	有很好的供货商
属于核心项目工作	可以将注意力放在其他工作上

　　购买需要组装和配置的硬件有多种方式。对于一个项目来说,有些情况下,使用组装好的硬件是比较合适的,在另外一些情况下,现场组装硬件可以节省成本。一个项目或者自行开发或者外包给别人,当项目外包时,就存在甲乙方之间的责任和义务的关系。甲方,即需方(有时也称为买方)对所需要的产品或服务进行“采购”,这覆盖了两种情况,一种为自身的产品或资源进行采购,另一种是为顾客进行采购(与顾客签订合同的一部分)。“采购”这个术语是广义的,其中包括软件开发委托、设备的采购、技术资源的获取等方面。乙方,即供方(有时也称为卖方)为顾客提供产品或服务。“服务”这个术语是广义的,其中包括为客户开发系统、为客户提供技术咨询、为客户提供专项技术开发服务及为客户提供技术资源(人力和设备)的服务。

　　对于软件项目来说,大部分企业、事业和政府单位采用购买方式,少部分企业和事业单位成立自己的信息中心,具有一定的软件开发能力,因而会采用自制方式,但是由于权利和义务对等、专业分工越来越细等原因,采购往往成为主流,信息中心只承担协调、监督和维护等外围任务。当项目决定外购的时候,就进入招投标流程。

2.3　项目招投标

2.3.1　基本概念

1. 招投标概念

　　(1) 招标。招标是指招标人(买方)发出招标公告或投标邀请书,说明招标的工程、货物、服务的范围、标段(标包)划分、数量、投标人(卖方)的资格要求等,邀请特定或不特定的投标人(卖方)在规定的时间、地点按照一定的程序进行投标的行为。招标是一项针对性强、有计划、有准备的重要活动,是国际上普遍运用的、有组织的市场交易行为,是贸易中的一种工程、货物、服务的买卖方式。

（2）投标。投标是与招标相对应的概念，它是指投标人应招标人特定或不特定的邀请，按照招标文件规定的要求，在规定的时间和地点主动向招标人递交投标文件并以中标为目的的行为和准则。

（3）投标书。投标书是投标人按招标人的要求具体向招标人提出订立合同的建议，是提供给招标人的备选方案。投标书分为生产经营性投标书和技术投标书。生产经营性投标书有工程投标书、承包投标书、产品销售投标书、劳务投标书；技术投标书包括科研课题投标书、技术引进或技术转让投标书。

（4）竞标。竞标是基于传统的竞标方式，卖家将所售物品卖给最高出价者。有效投标人应在三家以上（含三家）或对招标文件有实质性响应的三家以上（含三家）。

（5）中标。中标是指投标人被招标人按照法定流程确定为招标项目合同签订对象。一般情况下，投标人中标的，应当收到招标人发出的中标通知书。

2. 招标方式

按竞争开放程度，招标分为公开招标和邀请招标两种方式。

（1）公开招标。公开招标属于非限制性竞争招标，这是一种充分体现招标信息公开性、招标程序规范性、投标竞争公平性，大大降低串标、抬标和其他不正当交易的可能性，最符合招标投标优胜劣汰和"三公"原则的招标方式，是常用的采购方式。

（2）邀请招标。邀请招标属于有限竞争性招标，也称选择性招标。邀请招标适用于因涉及国家安全、国家秘密、商业机密，施工工期或货物供应周期紧迫，受自然地域环境限制，只有少量几家潜在投标人可供选择等条件限制，而无法公开招标的项目，或者受项目技术复杂和特殊要求限制，且事先已经明确知道只有少数特定的潜在投标人可以响应投标的项目，或者招标项目较小，采用公开招标方式的招标费用占招标项目价值比例过大的项目。

按照标的物来源地可以将招标划分为：国内招标，包括国内公开招标、国内邀请招标；国际招标，包括国际公开招标、国际邀请招标。国际招标文件的编制应遵循国际贸易准则、惯例。

3. 招标方法

（1）两阶段招标。两阶段招标适用于一些技术设计方案或技术要求不确定或一些技术标准、规格要求难以描述确定的招标项目。第一阶段招标，从投标方案中优选技术设计方案，统一技术标准、规格和要求；第二阶段招标，按照统一确定的设计方案或技术标准，组织项目最终招标和投标报价。

（2）框架协议招标。框架协议招标适合于重复使用规格、型号、技术标准与要求相同的货物或服务的项目，特别适合于一个招标人下属多个实施主体采用集中统一招标的项目。招标人通过招标对货物或服务形成统一采购框架协议，一般只约定采购单价，而不约定标的数量和总价，各采购实施主体按照采购框架协议分别与中标人分批签订和履行采购合同协议。

（3）电子招标。与纸质招标相比，电子招标将极大地提高招标投标效率，符合节能减排要求，降低招标投标费用，有效贯彻"三公"原则，有利于突破传统的招标投标组织实施和管理模式，促进招标投标监督方式的改革完善，规范招标投标秩序，预防和治理腐败交易现象。

对于一些技术规格简单、标准统一、容易分类鉴别评价或需要广泛征求投标竞争者的招标项目,电子招标的效率优势更加明显。

4. 投标资质

由于软件技术项目的复杂性,其招标工作自然也不同于一般的设备采购或工程采购,如何顺利完成软件技术项目的招标工作是一件比较复杂的事情。在招标前需要确定一个合理、合法、合情的投标人条件,其中重要的一环当属投标资质设定。以系统集成项目为例,一般来说要求投标人具有如下投标资质。

(1) 注册资金。关于投标人的注册资金,建议参考项目预算来确定,最低不应低于项目预算,否则如果出现投标人公司倒闭等意外时,就会造成招标人(采购人)不必要的损失;而最高不应高于项目预算的 2 倍,否则对中小企业不太公平。

(2) 成功案例。投标人必须至少具有 2 个类似项目的经验和成功案例。没有经验和成功案例的投标人,采购人不放心,而且对项目成功也缺少必要的保障,毕竟系统集成项目是有一定技术含量的。

(3) 涉及国家秘密的计算机信息系统集成资质。该资质由国家保密局颁发,是涉密项目的权威资质,资质分为两类:第一类是集成资质,分甲级和乙级两个等级;第二类是单项资质,分为软件开发、综合布线、系统服务、系统咨询、屏蔽室建设、风险评估、工程监理、数据恢复、军工和保密安防监控等资质,单项资质不分等级。

(4) 安全技术防范系统设计、施工资质。该资质一般由省级公安厅(局)安全技术防范办公室颁发,但权威性不够,而且各省规范也有所差异,建议尽量少用此资质来限制投标人。另外,在使用时还要注意证书的名称和发证单位,避免因排他性而造成质疑、投诉。

(5) 软件工程成熟度 CMM/CMMI 认证证书。现在不少采购项目提出要将软件工程成熟度 CMM/CMMI 认证证书作为合格投标人条件。由于具有此证书的供应商很少,而且现在不少采购人以与国际接轨或对投标人要求高为理由,经常提出此资质以限制投标人。

(6) ISO 9001:2000 质量管理体系认证证书。此证书现在非常普遍,而且有泛滥趋势。由于可以进行认证和发证的机构也相当多,稍微有点规模的公司均有此证,用此证书来限制投标人意义不是很大。

(7) 软件企业认定证书。此证书一般由省级主管信息产业的机构颁发,对软件开发项目或在集成项目中含有较多软件开发内容的应该选用此证书来限制投标人,以确保项目质量。

(8) 高新技术企业认定证书。此证书一般由省级主管科学技术的机构颁发(有些省市是科委联合财政、税务等部门联合颁发),此证书在集成项目中用得比较少。

需要注意的是,以上 8 点要求不是一成不变的,随着时间的推移,有取消和新增的可能。

5. 招标流程

(1) 准备阶段。项目建设单位将组织机构代码证、资金证明等交给招标代理单位,代理单位会负责相关手续。

(2) 招标备案。去相关职能部门及相关监督部门备案招标文件等,申请招标方式。

(3) 公告阶段。发布招标公告,出售招标文件。

（4）开标阶段。进招投标中心或交易中心开标、评标。

（5）中标公示。发布中标候选公示。

（6）中标通知。发中标通知书。

（7）合同签订。签订合同和备案。

6. 政府招标网

政府各部门都可以作为采购人在网上招标采购平台中发布招标信息,各级人民政府财政部门是负责政府采购监督管理的部门,依法履行对政府采购活动的监督管理职责。各级人民政府其他有关部门依法履行与政府采购活动有关的监督管理职责。

政府在网上招标采购平台中应该发挥监督、资金支持和管理职能,监督交易各方按照公开透明原则、公平竞争原则、公正原则和诚实信用原则规范运行,对平台建设、维护、日常运行给予资金方面的支持,按照科学化、规范化要求对平台建设、后台维护、信息公开等进行管理,不应该直接参与平台运行,除非作为采购人。

2.3.2 甲方编写招标书

招标书主要是定义甲方的需求,也就是甲方定义采购的内容。软件项目采购的是软件产品,需要定义采购的软件需求,即提供完整清晰的软件需求和软件项目的验收标准,必要的时候明确合同的要求,最后,潜在的乙方可以得到这个招标文件。招标书定义过程如下(见图 2-3)。

（1）定义采购需求并对采购需求进行评审。

（2）根据采购需求确定采购商务条件(如甲乙双方的职责、控制方式、价格等)。

（3）确定采购对象的验证、检验标准与方式。

（4）收集和汇集其他相关采购资料(如技术标准附件、产品提交清单)。

（5）项目决策者负责认可采购需求、验收标准和相关资料。

（6）根据上述信息编写招标书(招标文件),可以委托招标公司进行招标。

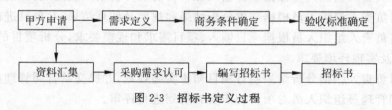

图 2-3 招标书定义过程

招标书主要包括三部分内容:技术说明、商务说明和投标说明。技术说明主要对采购的产品或者委托的项目进行详细的描述。商务说明主要包括合同条款。投标说明主要是对项目背景以及标书的提交格式、内容、提交时间等做出规定。招标书是投标人编写投标书的基础,也是签订合同的基础,必须小心谨慎,力求准确完整。如果合同条款存在漏洞,在合同执行过程中双方可能会发生争议,直接影响合同的顺利进行,甚至可能造成巨大的经济损失。

招标书一般要明确投标书的评估标准。评估标准用来对投标书进行排序和打分,是选择乙方的依据。它包括客观和主观的评定标准,客观标准是事先规定好的明确的要求,如

"乙方需要达到 CMM3 级以上的要求"。主观标准比较模糊,如"乙方应该具备同类技术的相关经验"。评估标准一般包括以下方面。

(1) 价格:包括产品及产品提交后所发生的附属费用。

(2) 对需求的理解:通过乙方提交的投标书,评定乙方是否完全理解甲方的需求。

(3) 产品的总成本:乙方所提供的产品是否有最低的总成本。

(4) 技术能力:乙方是否具备保证项目所需要的技术手段和知识。

(5) 管理能力:乙方是否具备保证项目成功的管理手段。

(6) 财务能力:乙方是否具备必要的资金来源。

2.3.3　乙方编写投标书

1. 项目分析

项目分析是乙方分析甲方的项目需求,并据此制定出一个初步的项目规划过程,为下一步编写投标书提供基础。项目分析过程如图 2-4 所示。

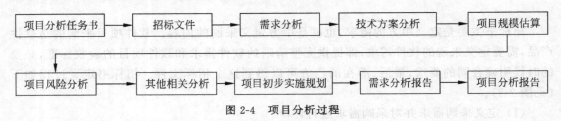

图 2-4　项目分析过程

乙方在项目分析中的具体活动描述如下。

(1) 确定需求负责人。

(2) 需求负责人组织人员分析项目需求,并提交需求分析结果。

(3) 邀请用户参加对项目需求分析结果的评审。

(4) 项目负责人组织人员根据项目输入和项目需求分析结果确定项目规模。

(5) 项目负责人组织人员根据需求分析结果和规模及估算结果,对项目进行风险分析。

(6) 项目负责人组织人员根据项目输入、项目需求和规模要求,分析项目的人力资源要求、时间要求及实现环境要求。

(7) 项目负责人根据分析结果制订项目初步实施规划,并提交给合同管理员。

(8) 合同管理员组织人员对项目初步实施规划进行评审。

项目分析的工作要点是完成需求分析、确定做什么、研究技术实现、明确如何做、估算项目工作量、估计团队现有的能力、分析项目是否可行性等。

2. 竞标准备

乙方竞标准备是乙方根据招标文件的要求进行评估,以便决定是否参与竞标。在这个过程中,乙方要判断企业是否具有开发此项目的能力,并进行可行性分析。可行性分析的任务是判断企业是否应该承接此软件项目,另外判断企业通过此项目是否可以获得一定的回报。如果项目可行,企业将组织人员编写项目投标书,参加竞标。具体过程如图 2-5 所示。

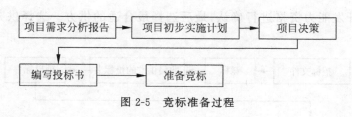

图 2-5 竞标准备过程

乙方在竞标准备过程中的具体活动描述如下。

（1）根据项目需求分析报告确定项目技术能力要求。

（2）根据项目初步实施计划确定项目人力资源要求。

（3）根据项目需求分析报告确定项目实现环境要求。

（4）根据项目初步实施计划确定项目资金要求。

（5）根据项目初步实施计划确定质量保证和项目管理的要求。

（6）根据以上的要求逐项比较企业是否具有相应的能力。

（7）组织有关人员对评估结果进行评审。

（8）根据项目输入确定用户需求的成熟度,确定用户的支持保证能力和资金能力,同时确定企业技术能力、人力资源保证能力、项目资金保证能力、项目的成本效益。

（9）合同管理者根据以上分析结果完成可行性分析报告。

（10）项目决策者根据可行性分析报告对是否参与项目竞标进行决策。项目决策者在进行项目决策时应主要考虑以下几个方面。

① 技术要求:技术要求是否超出公司的技术能力。

② 完成时间:用户所要求的完成时间是否合理,公司是否有足够的保证资源。

③ 经济效益:可能的合同款项是否能覆盖所有的成本并有收益。

④ 风险分析:分析项目的风险,确定风险控制方式。

（11）如果乙方决定参与竞标,则组织相关人员编写投标书。投标文件主要有两种类型,一个是技术标,另外一个是商务标。技术标是乙方根据甲方提出的产品性质、目标、功能等,提交的完整的技术方案等。商务标主要是乙方根据甲方提出的产品特定型号、标准和数量等要求提交必要的报价材料。

一般来说,如果乙方竞标一个软件开发项目而不是一个软件产品,这个过程的关键是编写并提交技术标。项目技术标是在项目初期为竞标或签署合同而提交的文档,是在双方对相应问题有共同认识的基础上,清晰地说明项目的目的及操作方式,可以决定项目有无足够吸引力或是否可行。它是乙方描述甲方需求,并提出解决方案的文档。通过技术标可以展示乙方对项目的认识程度和解决问题的能力,也是甲方判断乙方能否成功完成任务的重要依据。

2.3.4 招标过程

为了选择合适的供应商,甲方可以通过招标的方式选择乙方(供方或者卖方),乙方参加竞标并提交给甲方(需方)项目投标书,甲方(需方)根据招标文件确定的标准对供方资格进行认定,并对其开发能力资格进行确认,最后选择最合适的供方。选择供方的招标过程如图 2-6 所示。

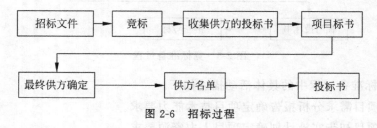

图 2-6　招标过程

招标过程的具体活动描述如下。

(1) 具备竞标条件的乙方编写投标书并提交给甲方。

(2) 甲方组织项目竞标,并获取竞标单位的投标书。

(3) 甲方根据招标文件的标准和竞标单位的竞标过程及乙方提交的投标书,确定竞标单位的排名。

(4) 甲方确定最终选择的乙方名单。为了选择合适的乙方,甲方应该让更多、潜在的乙方参与投标,展开竞争,以便获得价格最合理、质量最优的产品。

2.3.5　评标过程

评标过程主要分两个阶段:第一阶段是初评阶段,采用筛选系统将一部分不满足评估标准中最低资格要求的投标书筛选出去;第二阶段主要进行细评工作,对通过初评的投标书的各个方面进行量化打分,按照分值将投标人排序,以此决定进行合同谈判的顺序,或者直接与得分最高的投标人签署合同。

2.4　项目合同签订

2.4.1　合同类型

签订合同是中标通知的后续活动,中标单位与招标单位签订合同,使合同双方的经济和服务得到法律的保护。合同类型繁多,如买卖合同、租赁合同、赠与合同、承包合同等。软件开发合同属于技术开发合同,技术开发合同的类型有两种:委托开发合同和合作开发合同。

委托开发合同,是指当事人一方委托另一方进行新技术的研究开发所订立的合同。一方当事人按照另一方当事人的要求完成研究开发工作,并提交开发成果,另一方当事人接受开发成果并支付约定的报酬。完成研究开发工作的一方是研究开发人;接受成果、支付报酬的一方是委托人。

合作开发合同,是当事人就项目共同进行研究开发所订立的合同。合作开发合同的各方以共同参加研究开发工作为前提,可以共同进行全部研究开发工作,也可以约定分工,分别承担相应的部分。

2.4.2　合同签署

如果甲方选择了合适的乙方(软件开发商),而且被选择的开发商也愿意为甲方开发满足需求的软件,那么为了更好地管理和约束双方的权利和义务,以便更好地完成软件项目,甲方应该与乙方(软件开发商)签订一个具有法律效力的合同。签署之前需要起草一个合同文本。双方就合同的主要条款进行协商,达成共识,然后按指定模板共同起草合同。双方仔细审查合同条款,确保没有错误和隐患,双方代表签字,合同生效,使之成为具有法律效力的文件,同时,根据签署的合同,分解出合同中各方的任务,并下达任务书,指派相应的项目经理。合同签署过程如图 2-7 所示。

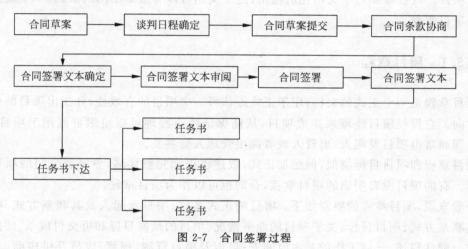

图 2-7　合同签署过程

合同签署过程中的具体活动描述如下。

(1) 双方制订合同草案。

(2) 确定甲、乙双方的权利和义务,并将结果反映到合同条款中。

(3) 双方确定项目的验收和提交方式(如验收标准、产品介质、包装等要求),并将结果反映到合同条款中。

(4) 确定合同其他有关条款,并将结果反映到合同条款中。

(5) 对制订的合同草案进行评审。

(6) 根据评审结果对合同草案进行修改并确认,形成最终合同草案。

(7) 确定谈判日程和谈判所涉及的人员。

(8) 在谈判日程所规定的谈判时间前向乙方提交合同草案。

(9) 按谈判日程和谈判要点与乙方讨论并形成合同签署文本。

(10) 项目决策者审阅合同签署文本。

(11) 根据甲方项目决策者审阅意见签署或终止合同谈判。

(12) 将合同签署文本(无论是否经双方签署)及合同相关文档存档保存。

(13) 根据合同条款,分解出各方所需执行的活动或任务,编写任务书,确定项目经理。

在签署合同的时候,甲方同时将工作任务说明作为合同附件提交给乙方。工作任务说明是甲方描述的实现开发约定所要执行的所有任务。

合同签署对于供方(乙方)而言具有重大的意义,它标志着一个软件项目的有效开始。这时,根据签署的合同,分解出合同中各方的任务,并下达项目章程(任务书),指派相应的项目经理。下达项目章程是项目正式开始的标志,也是对项目经理的有效授权过程。项目经理需要对项目章程进行确认。

2.5 项目授权

公司中标了一个项目之后,就需要对这个项目进行授权和初始化,以便确认相关的人知晓这个项目。这就需要一个文档化的输出,这个文档可以有很多不同的形式,一个最主要的形式是项目章程。

2.5.1 项目章程

项目章程是一个正式的文档,用于正式地认可一个项目的有效性,并指出项目的目标和管理方向。它授权项目经理来完成项目,从而保证项目经理可以组织资源用于项目活动。项目章程通常由项目发起人、出资人或者高层管理人员签发。

项目章程和项目目标类似,但更加正式,叙述也更加完整详尽,更符合公司的项目视图和目标。有的项目没有明确的项目章程,合同也可以作为项目章程。

一般来说,项目章程的要素如下:项目的正式名称、项目发起人及其联系方式、项目经理及其联系方式、项目目标、关于项目的业务情况、项目的最高目标和可交付成果、团队开展工作的一般性描述、开展工作的基本时间安排,以及项目资源、预算、成员及供应商。图 2-8 和图 2-9 都是项目章程的例子。

项目题目:ERP 升级项目		
项目开始时间:2017.3.8		项目结束始时间:2018.12.31
甲方项目经理:扬樊		乙方项目经理:张勇
项目目标:根据企业新的组织架构将原来 C/S 模式的 ERP 升级为 B/S 模式的 ERP,实现子公司共享上级公司的基础数据。本次升级不包括硬件,只涉及软件,软件升级费用为 50 万元。		
建议方法:升级软件架构,减少维护工作量。做详细的成本估算,然后上报。获取软件报价。尽可能由内部人员参与项目。		
人员	角色	职责
扬樊	甲方项目经理	规划、监控项目
肖侯	数据库管理员	负责项目的质量
张勇	乙方项目经理	制订软件开发计划
秦平	技术骨干	负责技术攻关
程程	开发人员	进行软件开发
签字:		
注释:		

图 2-8 ERP 升级项目的章程

项目名称		数字校园管理系统	项目标识	WUHU-SCHOOL
下达人		项目委员会	下达时间	2018 年 6 月 10 日
项目经理		张尚	项目计划提交时限	2018 年 7 月 14 日
送达人		韩君		
项目目标		1. 为×××提供基于 B/S 结构的数字校园管理系统； 2. 为×××提供多向交流的平台。		
项目 范围	项目性质	公司外部项目，属于软件开发类		
	项目组成	见项目输入		
	项目要求	见项目输入		
	项目范围特殊说明	无		
项目输入		1.《数字校园管理系统实施方案建议书》； 2. 合同及其附件		
项目用户		×××职业技术学院		
与其他项目关系		无		
项目 限制	完成时间	预计完成时间为 2019 年 6 月 20 日		
	资金	120 万元		
	资源	依据批准的项目计划		
	实现限制	B/S 架构，开发平台为 Windows NT、IIS Server、SQL Server、C#		

图 2-9　数字校园项目的项目章程

2.5.2　项目经理的职责

甲乙双方都确定自己的项目经理，领导各自的团队来共同完成项目，双方的项目经理负责业务沟通，负责计划的制订和实施。

项目经理是项目组织的核心和项目团队的灵魂，对项目进行全面的管理，其管理能力、经验水平、知识结构、个人魅力都对项目的成败起着关键的作用。同时作为团队的领导者，项目经理的管理素质、组织能力、知识结构、经验水平、领导艺术等对团队管理的成败有着决定性的影响。在一个特定的项目中，项目经理要对项目实行全面管理，包括制订计划，报告项目进展，控制反馈，组建团队，在不确定环境下对不确定性问题进行决策，在必要的时候进行谈判及解决冲突等。其中组建团队是项目经理的首要责任，一个项目要取得好的成绩，一个关键的要素就是项目经理应该具备把各方人才聚集在一起、组建一个有效的团队的能力。在团队建设中，要确定项目所需人才，从各有关职能部门获得人才，定义成员任务和角色，把成员按任务组织起来形成一个高效的团队。总之，要建立并使团队有效运行，项目经理起关键的作用。

项目经理是沟通者、团队领导者、决策者、气氛创造者等多个角色的综合。以身作则与有威信是相辅相成的。项目经理只有坚持以身作则，才能将自己优秀的管理思想在整个项目中贯穿下去，取得最后的成功。项目经理在项目管理中要敢于承担责任，使项目朝更快更好的方向发展。项目经理的职责如下。

1. 制订计划

项目经理的首要任务就是制订计划，完善合理的计划对于项目的成功至关重要。项目经理要在对所有的合同需求熟知和掌握的基础上，明确项目目标，并就该目标与项目客户达成一致,同时告知项目团队成员,然后为实现项目目标制订成本、进度、产品质量等实施计划。

2. 组织实施

项目经理组织实施项目主要体现在两个方面:①设计项目团队的组织架构图,对各职位的工作内容进行描述,并安排合适的人员,组织项目开发;②对于大型项目,项目经理应该决定哪些任务由项目团队完成,哪些任务由承包商完成。

3. 进行项目控制

在项目实施过程中,项目经理要时时监视项目的运行,根据项目实际进展情况调控项目,必要的时候调整各项计划方案,积极预防,防止意外的发生;及时解决出现的问题,同时预测可能的风险和问题,保证项目在预定的时间、资金、资源下顺利完成。

2.6　项目税制

项目是软件公司盈利的基本单元,在项目的费用支付和使用过程中,都涉及税制。税制即税收制度,是国家以法律或法令形式确定的各种课税办法的总和,反映国家与纳税人之间的经济关系,是国家财政制度的主要内容。税收制度的内容包括税种的设计、各个税种的具体内容,如征税对象、纳税人、税率、纳税环节、纳税期限、违章处理等。广义的税收制度还包括税收管理制度和税收征收管理制度。一个国家制定什么样的税收制度,是由生产力发展水平、生产关系性质、经济管理体制以及税收应发挥的作用决定的。一个国家的税收制度可按照构成方法和形式分为简单型税制和复合型税制。简单型税制主要是指税种单一、结构简单的税收制度,复合型税制主要是指由多个税种构成的税收制度。

增值税纳税人分为一般纳税人和小规模纳税人,下面介绍这两个类别纳税人涉及的税种。

2.6.1　一般纳税人涉及的税种

我国现行政策下,一般纳税人主要涉及如下 8 种税。

(1) 增值税。税率为 13%、9%、6%、0 四挡。

(2) 城市维护建设税。城区、郊区和农村税率分别为 7%、5%、1%。

(3) 教育费附加。附加税率为 3%。

(4) 印花税。财产租赁合同、仓储保管合同、财产保险合同,适用税率为 1‰;加工承揽合同、建设工程勘察设计合同、货物运输合同、产权转移书据,税率为 0.5‰;购销合同、建筑安装工程承包合同、技术合同,税率为 0.3‰;借款合同,税率为 0.05‰;对记录资金的账簿,按固定资产原值与自有流动资金总额的 0.5‰贴花;营业账簿、权利、许可证照,按件定额贴花 5 元。

(5) 个人所得税。工资、薪金不含税收入适用税率表级数,应纳税额＝应纳税所得额(不含税)×税率(%)－速算扣除数(元)。

(6) 企业所得税。一般企业所得税的税率为 25%;符合条件的小型微利企业,减按

20%的税率征收企业所得税;国家需要重点扶持的高新技术企业,减按15%的税率征收企业所得税。

(7) 房产税。依照房产余值计算缴纳的,税率为1.2%;依照房产租金收入计算缴纳的,税率为12%。

(8) 土地使用税。土地使用税每平方米年税额,大城市为1.5～30元,中等城市为1.2～24元,小城市为0.9～18元,县城、建制镇、工矿区为0.6～12元。

2.6.2 小规模纳税人涉及的税种

小规模纳税人是指年销售额在规定标准以下,并且会计核算不健全,不能按规定报送有关税务资料的增值税纳税人,一般涉及如下税种。

(1) 增值税。通常该税种税率为3%,也有免税需备案,小规模纳税人季度开票额不超过9万元,所开具或代开的增值税普通发票销售额为免税。

(2) 企业所得税。通常税率为25%,按照企业的实际利润计提税金。

(3) 增值税附加税。包含城建税7%,教育费附加3%,地方教育附加2%。

(4) 个人所得税,申报企业员工的工资薪金所得。

总结来说,一般纳税人与小规模纳税人的区别表现在:

(1) 税点不同。小规模税点低,一般纳税人税点高,但可以做进项税抵扣。

(2) 会计做账不同。小规模做账简单,一般纳税人做账比较烦琐。

(3) 开票权限不同。小规模不能开增值税专用发票,如果需要专用发票,只能税局代开;一般纳税人可以开增值税专用发票和普通发票。

(4) 使用发票不同。小规模纳税人销售只能使用普通发票,不能使用增值税专用发票,购买货物与一般纳税人相同,可以收普通发票也能收增值税专用发票,二者收取增值税专用发票后账务处理不同。

(5) 应交税金的计算方法不同。一般纳税人按"抵扣制"计算税金,即按销项减进项后的余额交税。小规模纳税人按销售收入除以(1+适用税率)后的金额再乘税率计算应交税金,工业为6%,商业为4%。

(6) 税率不同。一般纳税人分为0税率、13%税率、17%税率。对于小规模纳税人,商业企业按4%;工业企业按6%,免税的除外。

需要注意的是,如上这些税种和税率会随着国家政策的变化而进行调整,不是一成不变的。

2.7 知识产权

项目实施过程中或者结束后,会产生实用新型、发明专利和软件著作权等知识产权。软件知识产权就是软件开发者对自己的智力劳动成果所依法享有的权利,是一种无形财产。知识产权包括专利权、商标权、版权(也称著作权)、商业秘密专有权等,其中,专利权与商标权又统称为"工业产权"。随着科技的进步,知识产权的外延在不断扩大。软件知识产权是计算机软件人员对自己的研发成果依法享有的权利。由于软件属于高新科技范畴,目前国际上对软件知识产权的保护法律还不是很健全,大多数国家都是通过著作权法来保护软件知识产权的,与硬件密切相关的软件设计原理还可以申请专利保护。当然,对于软件知识产权的保护,主要体现在著作权方面。软件受保护的必要条件是:必须由开发者独立开发,并已固定在某种有形物体(如磁带、胶片等)上。著作权法规所保护的是作品中构思的表现,至于作品中的构思本身则不是该法规的保护对象,对软件的著作权保护不能扩大到开发软件所用的思想、概念、发现、原理、算法、处理过程和运行方法。

1. 法律适用

(1) 著作品版权:将研发成果中的文档、程序或其他媒质视为作品,适用著作权法进行保护。

(2) 设计专利权:应用端的工程技术、技巧性设计方案,可以申请专利保护。

(3) 形式表现商标权:产品名称、软件界面等形式表现的智力成果,可以申请商标保护。

2. 专利保护

对于软件是否使用专利保护,争议很大,目前国际上只有少数国家肯定了对软件的专利权保护,并在具体适用中做了较为严格的规定。由于计算机软件版权保护的局限性,随着计算机应用的普及和软件对人类生产生活及经营活动的影响,计算机软件的专利权保护被重新提出并越来越受到重视。现在,美国专利局、欧洲专利局和日本特许厅都已经修改了专利审查指南,为涉及计算机软件的专利申请权利要求开了绿灯。在我国,关于计算机软件的专利保护在专利法和专利法实施细则中并没有明确的规定,而是体现在国家知识产权局发布的《专利审查指南》之中。根据 2001 年国家知识产权局《专利审查指南》,凡是为了解决技术问题,利用技术手段,并可以获得技术效果的涉及计算机程序的发明专利申请属于可给予专利保护的客体。因此,用于工业过程控制的涉及计算机程序的发明专利申请、用于测量或测试过程控制的涉及计算机程序的发明专利申请、用于外部数据处理的涉及计算机程序的发明专利申请、涉及计算机内部运行性能改善的发明专利申请属于可给予专利保护的对象。但是,软件专利保护也存在不足之处:一是对计算机软件发明专利的审查周期长,而软件的生命周期一般较短;二是各国专利法对专利的审查规定了严格的实质要件、审查标准和流程,因此获得专利权比获得版权要困难得多;三是高昂的专利维持费增加了软件的保护成本。由于软件的版权和专利权保护都不能令人满意,软件权利人自然想到了用其他法律手段来满足自己的合理要求,商业秘密保护就是其中之一。

3. 商业秘密

虽然目前国际上对商业秘密一词尚未作出统一定义,但很多国家的法律和国际公约明确规定了计算机软件属于商业秘密范畴。我国最高人民检察院、国家科学技术委员会 1994 年联合发布的《关于办理科技活动中经济犯罪案件的意见》将技术秘密解释为不为公众所知悉,具有实用性、能为拥有者带来经济利益或竞争优势,并为拥有者采取保密措施的技术信息、计算机软件和其他非专利技术成果。各国法律并未对运用商业秘密保护计算机软件设置障碍,重要计算机软件符合商业秘密的构成要件即可作为商业秘密受到法律保护。但是,需要花费大量的成本和严密的措施防止泄密,而且不能阻止第三人通过自行开发、反向工程产生同样功能的软件。总之,计算机软件作为一种特殊的知识商品,理应获得商标专用权的保护,而我国的很多软件开发者却忽视了这种保护方法。我们还可以通过反不正当竞争保护、合同法保护、企业采取的自我保护措施,如加密防复制等各种方法对软件形成保护。由此可见,计算机软件具有的独特性,使得版权法、专利法、商业秘密等任何一种都无法完善地给予软件开发者保障。所以软件开发商综合利用上述几种方法来维护自身利益是当前较为可行、安全的方式。

4. 保护对策

(1) 增强软件知识产权保护意识,深入了解国内外有关软件保护的法律法规。

首先应该加强自身保护意识,企业要清醒地意识到知识产权所能带来得的相关权利与利益,同时明确私自使用和仿造他人产品将会承担的法律责任和财产损失。世界各国各地区有关软件保护的法律法规不尽相同,企业应该结合自身实际情况,有的放矢地了解相关国家与地区的法规,积极主动地规避法律侵权风险,最大限度地保障自身利益。有条件的软件企业还可以聘请常年法律顾问,及时为企业提供法律咨询,帮助企业应对软件法律纠纷。

(2) 对研发成功的新软件及时依法登记。

软件企业一旦开发出具有新功能的软件,应及时向国家软件登记部门进行登记,从而使企业在激烈的市场竞争中占据优势地位,同时,向软件登记部门登记后所获得的证书,也能成为日后发生软件侵权纠纷时的有效证据。

(3) 企业与员工签订保护软件商业秘密协议。

软件企业须建立健全防范不正当竞争的管理体制,并完善掌握企业软件产品商业秘密的相关员工管理制度。在当今社会,某些企业为了在商业竞争中取胜,往往采用非法手段盗窃、利诱收买、胁迫或以其他不正当手段挖走竞争对手企业掌控软件核心技术的人才。对此,软件企业应通过员工管理和保密制度加以防范。

(4) 依据软件产品的特点,采取与硬件捆绑销售模式。

软件企业应根据软件自身的特点,摸索适合软件特点的营销模式。例如,软件企业可以将自己研发的软件与硬件生产商或经销商的硬件产品捆绑在一起进行广告宣传和捆绑销售,这样既节约了广告宣传成本,又免去了增设营销人员。软件企业也可以采取"先予后擒"的销售方式获利,比如在新开发的软件刚开始投放市场时,价格可以定得低一点,以利于占领市场份额,一旦建立起牢固的市场基础,就可以采取软件的更新换代或技术升级等方式获利。微软公司的 Office 在中国有了牢固的市场基础后,制定了较高的产品价格就是一例。

(5) 跟踪国内外软件发展趋势,实时调整研发计划方案。

软件企业应及时了解国内外同行或竞争对手在软件开发方面的实力,已经开发的软件产品的功能、作用、销售情况、市场所占份额,软件研发的新动向等,及时调整经营方向和研发计划。例如,得知研发实力很强的同行对手已经领先开发某一应用软件,而自身的实力难以与其争夺市场,那么还是及早改弦易辙,另辟蹊径。

5. 软件著作权和专利

软件价值越高,越要注意保护劳动成果,注重软件的知识产权保护。下面介绍软件著作权和专利这两种知识产权。

(1) 软件著作权。计算机软件著作权是指软件的开发者或者其他权利人依据有关著作权法律的规定,对于软件作品所享有的各项专有权利。就权利的性质而言,它属于一种民事权利,具备民事权利的共同特征。著作权是知识产权中的例外,因为著作权的取得无须经过个别确认,这就是人们常说的"自动保护"原则。软件经过登记后,软件著作权人享有发表权、开发者身份权、使用权、使用许可权和获得报酬权。

软件著作权有个人和企业登记两种方式。软件著作权个人登记,是指自然人对自己独立开发完成的非职务软件作品,通过在登记机关登记备案的方式进行权益记录与保护的行为。软件著作权企业登记,是指企业对自己独立开发完成的软件作品或职务软件作品,通过在登记机关登记备案的方式进行权益记录与保护的行为。

(2) 专利。中国专利法规定可以获得专利保护的发明创造有发明、实用新型和外观设计三种,其中发明专利是最主要的一种。多数国家的专利法没有给发明下定义,至于学者对发明的定义则是众说纷纭。了解和分析各国专利法对发明的规定,可以认为,发明是发明人运用自然规律而提出解决某一特定问题的技术方案。所以中国专利法实施细则中指出:专利法所称的发明是指对产品、方法或其改进所提出的新的技术方案。发明人只有将这种技术方案向专利局提出申请,并且通过一系列严格的审查,特别是新颖性、创造性和实用性的审查,才能被授予专利权。

专利具有以下几个基本特征。

① 专有性:专有性也称"独占性",所谓专有性是指专利权人对其发明创造享有独占性的制造、使用、销售和进出口的权利。也就是说,其他任何单位或个人未经专利权人许可,不得为生产、经营目的制造、使用、销售、许诺销售和进口其专利产品,或者使用其专利方法以及使用、销售、许诺销售和进口依照其方法直接获得的产品。否则,就是侵犯专利权。

② 地域性:根据《巴黎公约》规定的专利独立原则,专利权的地域性特点,是指一个国家依照其本国专利法授予的专利权,仅在该国法律管辖的范围内有效,对其他国家没有任何约束力,外国对其专利不承担保护的义务。例如,某项发明创造只在中国取得专利权,那么专利权人只在中国享有专利权或独占权。如果有人在其他国家和地区生产、使用或销售该发明创造,则不属于侵权行为。搞清楚专利权的地域性特点是很有意义的,这样,中国的单位或个人如果研制出有国际市场前景的发明创造,就不仅仅应及时申请国内专利,而且还应不失时机地在拥有良好的市场前景的其他国家和地区申请专利,否则在国外的市场就得不到保护。

③ 时间性:所谓时间性,是指专利权人对其发明创造所拥有的法律赋予的专有权只在法律规定的时间内有效,期限届满后,专利权人对其发明创造就不再享有制造、使用、销售、许诺销售和进口的专有权。至此,原来受法律保护的发明创造就成了社会的公共财富,任何单位或个人都可以无偿使用。

各国专利法都有明确的规定,对发明专利权的保护期限一般为 10～20 年,对实用新型和外观设计专利权的保护期限为 5～10 年。中国现行专利法规定的发明专利、实用新型专利以及外观设计专利的保护期限自申请日起分别为 20 年、10 年、10 年。

习题

一、填空题

1. 按竞争开放程度,项目的招标方式分为_____和_____。

2. 项目招标的方法和手段有_____、_____和_____。

3. 软件的知识产权包括_____、_____和_____。

4. 软件知识产权保护的法律适用范围有_____、_____和_____。

5. 如果想要使软件得到专利保护,则需参考国家知识产权局颁发的_____。

6. 项目立项之后,项目负责人会进行_____决策,确定待开发产品的哪些部分应该采购、外包开发、自主研发等。

7. 项目经理的主要责任是_____、_____、_____。

8. 在_____阶段,应该明确项目的目标、时间表、使用的资源和经费,而且得到项目发起人的认可。

9. 在招投标阶段,甲方过程包括_____、_____、_____,乙方过程包括_____、_____、_____。

10. 增值税纳税人分为_____和_____。

二、判断题

1. 邀请招标属于非限制性竞争招标,而公开招标属于有限竞争性招标。(   )

2. 软件知识产权是需要受到法律保护的。(   )

3. 版权也称著作权。(   )

4. 软件知识产权保护主要体现在商标权方面。(   )

5. 项目立项可以确立项目目标、时间和资源成本,同时得到项目发起人的认可。(   )

6. 项目招标对于一个项目的开发是必需的,即便项目是内部项目。(   )

7. 自制-购买决策中的自制指的只是自主开发。(   )

8. 项目建议书是项目计划阶段开发的文档。(   )

9. 项目立项需要获得项目经理的认可,但不需要项目发起人的认可。(   )

10. 项目章程是项目执行组织高层批准的确认项目存在的文件,其中不包括对项目经理的授权。(   )

三、选择题

1. 下列不是项目立项过程内容的是(   )。
   A. 项目的目标　　　　　　　　　B. 项目的风险
   C. 项目的时间表　　　　　　　　D. 项目使用的资源和经费

2. 以下各项不包括在项目章程中的是(   )。
   A. 对项目的确认　　　　　　　　B. 对项目经理的授权
   C. 对项目风险的分析　　　　　　D. 对项目目标的描述

3. 项目建议书是(   )阶段开发的文档。
   A. 项目执行　　　B. 项目结尾　　　C. 项目初始　　　D. 项目计划

4. 下列不属于甲方招投标阶段任务的是(   )。
   A. 编写建议书　　B. 招标书定义　　C. 供方选择　　　D. 合同签署

5. 下列不属于乙方招投标阶段任务的是(   )。
   A. 项目分析　　　B. 竞标　　　　　C. 合同签署　　　D. 招标书定义

四、简答题

1. 请列举软件知识产权的保护对策。

2. 简述软件项目的招标流程。

3. 举例说明软件知识产权在生活中的应用。

4. 请列举主要的投标资质。

5. 某公司希望开发一套软件产品，如果选择自己开发软件的策略，公司需要花费30 000 元，根据历史信息，维护这个软件每个月需要 3500 元。如果选择购买软件公司产品的策略，需要 18 000 元，同时软件公司为软件进行维护的费用是 4200 元/月。该公司该如何决策？

6. 在项目招投标阶段，甲乙双方的主要任务分别是什么？

7. 什么是项目章程？

8. 招标书主要包括哪几部分内容？

第3章

软件项目任务分解

3.1 任务分解定义

项目章程确定了甲乙方项目经理,乙方项目经理根据招标书、投标书和合同并结合以往的项目经验,对整个项目任务进行分解,形成任务分解结构图,安排相应的人员来完成相应的任务;安排合适的时间来启动相应任务;分配合适的经费到相应任务。任务分解结构图经过甲方项目经理认可,集中双方人员进行开会评估,形成一致意见之后,就可以按照任务分解结构图开始实施。

3.1.1 任务分解结构图

当需要解决的问题过于复杂时,可以将问题进行分解,直到分解后的子问题容易解决,然后分别解决这些子问题。规划项目时,也应该从任务分解开始,将一个项目分解为更多的工作子项目,使项目变得更小、更易管理、更易操作,这样可以提高估算成本、时间和资源的准确性,使工作变得更易操作,责任分工更加明确。完成项目本身是一个复杂的过程,必须采取分解的手段把主要的可交付成果分成更容易管理的单元才能一目了然,最终得出项目的任务分解结构。任务分解是对需求的进一步细化,是最后确定项目所有任务范围的过程。任务分解的结果是任务分解结构图。任务分解结构图是面向可交付成果的对项目元素的分组,组织并定义了整个项目的范围。不包括在任务分解结构图中的工作不是该项目的工作,只有在任务分解结构图中的工作才属于该项目的工作范围。任务分解结构图是一个分级的树形结构,展示了对项目由粗到细的分解过程,如图 3-1 所示。

"自顶向下,逐步求精;删繁化简,分而治之"是自古以来解决复杂问题的思想,对于软件项目来讲,就是将大的项目划分成几个小项目来做,将周期长的项目分成几个明确的阶段。项目越大,对项目组的管理人员、开发人员的要求越高,参与的人员越多,需要协调沟通的渠道越多,周期越长,开发人员也容易疲劳。将大项目拆分成几个小项目,可以降低对项

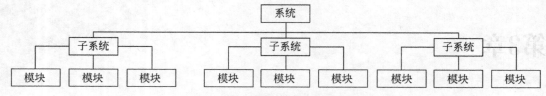

图 3-1　任务分解结构图

目管理人员的要求,减少项目的管理风险,而且能够充分下放项目管理的权力,充分调动相关人员的积极性,目标比较具体明确,易于取得阶段性的成果,使开发人员有成就感。项目范围、项目工期和项目规模可以看成是支持项目成功的三大支柱。

任务分解结构图的建立对于项目来说意义非常重大,它使得原来看起来非常笼统、模糊的项目目标清晰起来,使得项目管理有依据,项目团队的工作目标清楚明了。如果没有一个完善的任务分解结构图或者范围定义不明确,就会不可避免地出现变更,很可能造成返工、延长工期、降低团队士气等一系列不利的后果。

制定好一个任务分解结构图的指导思想是逐层深入。首先确定项目成果框架,然后每层再进行工作分解,这种方式的优点是结合进度划分,更直观,时间感强,评审中容易发现遗漏或多出的部分,也更容易被大多数人理解。

任务分解结构图中的每一个具体子项通常指定唯一的编码,这对有效地控制整个项目系统非常重要,项目组成元素的编码对于所有人来说应当是有共同的认知。因此,任务分解结构图的编码设计与结构设计应该有一一对应关系,即结构的每一层次代表编码的某一个位数,同时项目各组成元素的编码都是唯一的。图 3-2 所示为确定了任务分解结构图编码的任务分解结果。

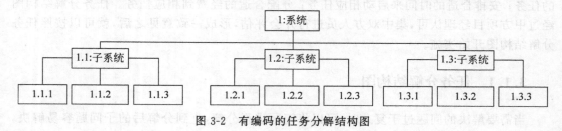

图 3-2　有编码的任务分解结构图

3.1.2　工作包

工作包是任务分解结构图的最低层次的可交付成果,是任务分解结构图的最小元素。工作包应当由唯一主体负责,可以分配给另外一位项目经理通过子项目的方式完成。我们可以对工作包进行进度安排、风险分析以及跟踪控制。工作包还将被进一步分解为项目进度中的活动,每个被分配的活动都应该与一个工作包相关。当工作包被项目的活动创建后,所有工作包的总和等于项目范围,当项目范围完成时,它将满足产品的范围,所有这些构成一个完整的项目。

3.1.3　任务分解的形式

一般来说,进行任务分解时,可以采用清单或者图表的形式来表达任务分解的结果。

1. 清单形式

采用清单的任务分解方式是将任务分解的结果以清单的表述形式进行层层分解。下面以一个项目为例进行说明。这个项目是"代码生成器",代码生成器是生成界面与数据库表之间进行交互的 C♯ 代码,可以快速生成规范的代码,提高软件开发速度和质量,降低开发成本。针对这个项目,采用清单形式进行任务分解如下。

1　代码生成器

1.1　界面存向数据库表的代码

　　1.1.1　文本框值赋给数据库表

　　1.1.2　文本框值赋给 DataSet

　　1.1.3　DataSet 值赋给数据库表

1.2　数据库表读向界面的代码

　　1.2.1　数据库表值读向 DataSet

　　1.2.2　DataSet 读向文本框

1.3　界面读向界面的代码

　　1.3.1　一组文本框读向 DataSet

　　1.3.2　DataSet 读向另一组文本框

1.4　生成 PageLoad 的代码

1.5　生成查询列的代码

1.6　生成删除记录的代码

2. 图表形式

采用图表的任务分解过程是进行任务分解时采用图表的形式进行层层分解。例如,对于上面的"代码生成器"项目,采用图表形式的分解结果如图 3-3 所示。

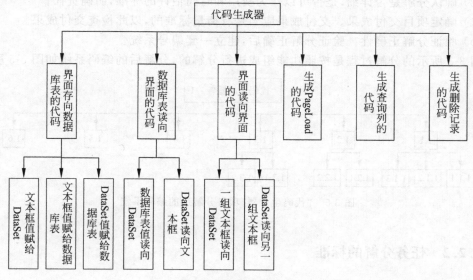

图 3-3　图表分解形式

3.2　任务分解过程

进行任务分解应该采取一定的步骤,并且分解过程中保持唯一的分解标准。任务分解的基本过程如图 3-4 所示。

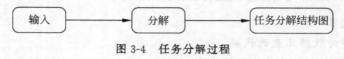

图 3-4　任务分解过程

任务分解应该根据需求分析的结果和项目相关的要求,同时参照以往的项目分解结果进行,其最终结果是任务分解结构图。

3.2.1　任务分解的基本步骤

分解意味着分割主要工作子项,使它们变成更小、更易操作的要素,直到工作子项被明确、详细地界定,这有助于未来项目的具体活动(规划、评估、控制和选择)的开展。一般地,进行任务分解的基本步骤如下。

(1)确认并分解项目的主要组成要素。通常,项目的主要要素是这个项目的工作子项。以项目目标为基础,作为第一级的整体要素。项目的组成要素应该用有形的、可证实的结果来描述,目的是使绩效易检测。当确定要素后,这些要素就应该用项目工作怎样开展、在实际中怎样完成来定义。有形的、可证实的结果既包括服务,也包括产品。

(2)确定分解标准,按照项目实施管理的方法分解,而且分解的标准要统一。分解要素是根据项目的实际管理而定义的,不同的要素有不同的分解层次。例如,项目生存期的阶段可以当作第一层次来划分,把第一层次中的项目子项在第二阶段继续进行划分。

(3)确认分解是否详细,是否可以作为费用和时间估计的标准,明确责任。

(4)确定项目交付成果。交付成果应当是有衡量标准的,以此检查交付成果。

(5)验证分解正确性。验证分解正确后,建立一套编号系统。

图 3-3 所示的分解过程是按照功能组成进行分解的,分解后的编码系统如图 3-5 所示。

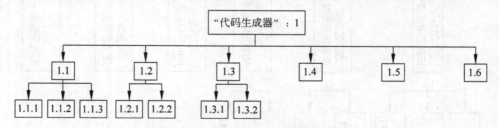

图 3-5　"代码生成器"项目分解后的编码系统

3.2.2　任务分解的标准

进行任务分解的标准应该统一,不能有双重标准。选择一种项目分解标准之后,在分解过程中应该统一使用此标准,避免使用不同标准导致混乱。例如,可以以生存期阶段为标准,以功能(产品)组成为标准,或者采用其他标准等。对于"代码生成器"项目,其任务分解采用两种标准进行,结果如下。

"代码生成器"项目按照功能组成标准进行分解的结果如下。

(1)界面存向数据库表的代码。

(2)数据库表读向界面的代码。

(3)界面读向界面的代码。

(4)生成 PageLoad 的代码。

(5)生成查询列的代码。

(6)生成删除记录的代码。

"代码生成器"项目按照生存期阶段标准进行分解的结果如下。

(1)规划。

(2)需求。

(3)设计。

(4)编码。

(5)测试。

(6)提交。

如果同时使用这两个标准进行任务分解,可能出现的结果如下。

(1)界面存向数据库表的代码。

(2)数据库表读向界面的代码。

(3)界面读向界面的代码。

(4)生成 PageLoad 的代码。

(5)生成查询列的代码。

(6)生成删除记录的代码。

(7)规划。

(8)需求。

(9)设计。

(10)编码。

(11)测试。

(12)提交。

因此,同时使用多种标准进行任务分解会导致混乱,使任务出现重叠。所以,进行任务分解时应该使用统一的标准。

3.2.3 任务分解结构图字典

任务分解结构图具体工作要素的阐述通常收集在任务分解结构图字典中。一个典型的任务分解结构图字典既包括对工作包的阐述,也可以包括其他信息,如对进度表的日期、成本预算和员工分配等问题的阐述。通过任务分解结构图字典可以明确任务分解结构图的组件是什么。表 3-1 是一个任务分解结构图字典的例子。

表 3-1　任务分解结构图字典实例

任务分解结构图标识号	BSM-LBL
名称	BSN 事件日志管理系统
主题目标	网管的安全管理系统
描述	1. 存储事件数据：记录对应时间 2. 设置时间滤波：对所有事件提供浏览功能 3. 浏览事件日志：对所有事件提供浏览功能 4. 规划 BSN 事件日志 5. 生成历史数据：可生成历史事件报告 6. 管理 BSN 事件日志：可以调整 BSN 事件的配置参数
完成的任务	1、2、3 已经完成
责任者	×××
完成的标志	通过质量保证部的验收报告
备注	

3.3　任务分解方法

任务分解有很多具体方法，如模板参照、类比、自顶向下和自底向上等方法。

1. 模板参照方法

许多应用领域都有标准或半标准的任务分解结构图，它们可以当作模板参考使用。例如，图 3-6 是某软件企业进行项目分解的任务分解结构图模板，本图仅作为参照示例，不代表任何特定项目的具体分解标准，而且也不是唯一的参照模板。

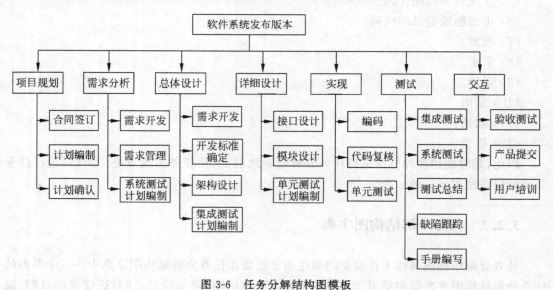

图 3-6　任务分解结构图模板

有些企业有一些任务分解结构图分解的指导说明和模板，项目人员应该通过分析和处理相应的信息来编制项目的任务分解结构图。

2. 类比方法

虽然每个项目是唯一的，但是任务分解结构图经常被"重复使用"，有些项目在某种程序上是具有相似性的。例如，从每个阶段看，许多项目有相同或相似的周期和因此而形成的相同或相似的工作子项要求。有些企业会保存一批项目的任务分解结构图和项目文档，以便为其他项目的开发提供参照。很多项目管理工具提供了一些任务分解结构图的实例作为参考，因此可以选择一些类似的项目作为参考来开发任务分解结构图。

3. 自顶向下方法

自顶向下方法采用演绎推理方法，沿着从一般到特殊的方向进行，从项目的大局着手，然后逐步分解子项，将项目变为更细、更完善的部分，如图 3-7 所示。

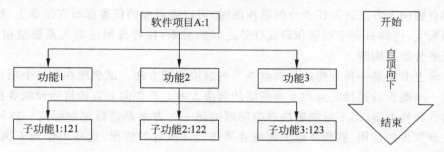

图 3-7　自顶向下方法

自顶向下方法需要有更多的逻辑和结构，它也是创建任务分解结构图的常用方法。使用自顶向下方法来生成任务分解结构图，首先要确定每一个解决方案，然后将该方案划分成能够实际执行的若干步骤。在日常生活中，你可能已经不自觉地使用过自顶向下的工作方法。例如，当你决定要购买一辆小汽车时，需要首先确定买哪种类型的汽车——运动型多用途车、轿车、小型货车，然后考虑能够买得起什么车、什么颜色等，这个思维过程就是一个从主要问题逐渐细化到具体问题的过程。

如果任务分解结构图开发人员对项目比较熟悉或者对项目大局有把握，就可以使用自顶向下方法。应用自顶向下方法开发任务分解结构图时，可以采用下面的操作：首先确定主要交付成果或者阶段，将它们分别写在便条上，然后按照一定的顺序将它们贴在白板上，接下来开始考察第 1 个交付成果或者第 1 阶段，将这些部件分解为更小的交付成果，然后继续分解这些交付成果，直到分解为比较容易管理的工作包，即任务分解结构图的最小单元。

分解项目交付成果需要一定的技巧。可能一开始不能将任务划分得太细，但一定要考虑将合适的时间和资源分配给每个阶段中必须完成的活动。只要把握大方向，然后给团队成员分配他们应该完成的工作即可，而不必详细描述具体的工作机制。

完成了第 1 个主要交付成果或者完成第 1 阶段以后，就可以进行第 2 个交付成果或者第 2 阶段的工作，以此类推，不断重复上述过程。所有的交付成果被分解成工作包后，白板上一定已经贴满了便条，实际上这已经清楚地表达了项目的执行过程。

4. 自底向上方法

自顶向下方法从一般到特殊的方向进行，而自底向上方法是从特殊向一般方向进行的。自底向上方法首先定义项目的一些特定任务，然后将这些任务组织起来，形成更高级别的任务分解结构图层,如图 3-8 所示。

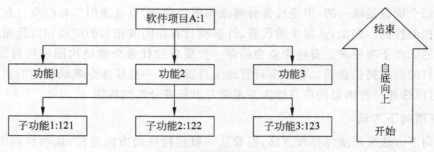

图 3-8　自底向上方法

采用自底向上方法开发任务分解结构图时,可以将可能的任务都写在便条上,然后将它们粘在白板上,这样有利于观察和研究任务之间的关系,接着按照逻辑关系层层组合,形成最后的任务分解结构图。

自底向上方法是一种理想的发挥创造力的解决问题方法。试想现在有一个项目团队正设法找到一个廉价的连接北京和上海网络的解决方案。自底向上方法将会设法寻找一个针对该问题的独特方案,而不对能解决该类问题的每一个方案都进行详细研究。这种方法可能会研究新软件的使用、新服务提供商或者某些实际执行的情况,这些工作尚未执行,还有待讨论。

对于项目人员来说,如果这个项目是一个崭新的项目,就可以考虑采用自底向上方法编制任务分解结构图。

3.4　任务分解结果

3.4.1　任务分解结果的检验

任务分解后,需要核实分解的正确性。

(1)明确并识别出项目的各主要组成部分,即明确项目的主要可交付成果。一般来讲,项目的主要组成部分包括项目的可交付成果和项目管理本身。这一步需要解答的问题是:要实现项目的目标需要完成哪些主要工作?更低层次的子项是否必要和充分?如果不必要或者不充分,就必须重新修正(增加子项、减少子项或修改子项)这个组成要素。

(2)确定每个可交付成果的详细程度是否已经达到了足以编制恰当的成本和历时估算。“恰当”的含义可能会随着项目的进程而发生一定的变化,因为对将来产生的一项可交付成果进行分解也许是不大可能的。如果最底层要素存在重复现象,就应该重新分解。

(3)确定可交付成果的组成元素。组成元素应当用切实的、可验证的结果来描述,以便进行绩效考核。组成元素应该根据项目工作实际上是如何组织和完成的来定义。切实、可验证的结果既可包括产品,又可包括服务。这一步要解决的问题是:要完成上述各组成部分,有哪些更具体的工作要做?每个子项都有明确的、完整的定义吗?如果不是,这种描述需修正或扩充。

(4)核实分解的正确性,需要明确如下问题。

① 最底层项对于项目分解来说是否是必要且充分的？如果不是，则必须修改、添加、删除或重新定义组成元素。

② 每项定义是否清晰完整？如果不完整，则需要修改或扩展。

③ 每项是否都能够恰当地编制进度和预算？如果不能，则需要做必要的修改，以便提供合适的管理控制。

（5）与相关人员对任务分解结构图结果进行评审。

对于实际的项目，特别是对于较大的项目而言，在进行任务分解的时候，要注意以下几点。

（1）要清楚地认识到，确定项目的分解结构就是将项目的产品或服务、组织和过程这三种不同的结构综合为项目分解结构的过程。任务分解的规模和数量因项目而异。项目经理和项目的工作人员要善于将项目按照产品或服务的结构进行划分、按照项目的阶段划分以及按照项目组织的责任进行划分等有机地结合起来。

（2）项目最底层的工作要非常具体，任务分解的结果必须有利于责任分配，而且要完整无缺地分配给项目内外的不同个人或者组织，以便明确各个工作块之间的界面，并保证各工作块的负责人能够明确自己的具体任务、努力的目标和所承担的责任。同时，工作划分得具体，也便于项目的管理人员对项目的执行情况进行监督和业绩考核。

（3）实际上，逐层分解项目或其主要的可交付成果的过程，也就是给项目的组织人员分派各自角色和任务的过程。先分大块任务，然后细分小的任务，最底层是可控的和可管理的任务，避免分解过细，最好不要超过 7 层。注意收集与项目相关的所有信息，注意参看类似项目的任务分解结果，与相关人员讨论。

（4）对于最底层的工作块，一般要有全面、详细和明确的文字说明，定义任务完成的标准。对于项目，特别是较大的项目来说，也许会有许多工作块，因此常常需要把所有的工作块的文字说明汇集到一起，编成一个项目任务分解结构字典。

（5）并非任务分解结构图中所有的分支都必须分解到同一水平，各分支中的组织原则可能会不同。任何分支最底层的子项叫作工作包。按照软件项目的平均规模来说，推荐任务分解时至少拆分到一周的工作量（40 小时）。工作包是完成一项具体工作所要求的一个特定的、可确定的、可交付以及独立的工作单元，需为项目控制提供充分而合适的管理信息。任何项目并不是只有唯一正确的任务分解结构图。

成功完成的任务分解结构图是对项目总范围的组织和界定。根据情况，任务分解中可以包括诸如管理、质量等任务的分解。当然也可以在后续的活动分解时，再分解出相应的管理、质量等活动。

3.4.2 任务分解的重要性

任务分解结构图提供了项目范围基线，是范围变更的重要输入。通过任务分解，项目经理可以集中注意力到项目的目标上，不必考虑细节问题。同时任务分解为开发项目提供了一个实施框架，其中明确了责任，为评估和分配任务提供具体的工作包，是进行估算和编制项目进度的基础，对整个项目成功的集成和控制起到非常重要的作用。具体来说，任务分解结构图的重要性体现在以下几个方面。

（1）任务分解结构图明确了完成项目所需的工作。它是项目的充分必要条件，即明确了必须完成的任务，可以只需完成的任务。任务分解结构图可以保证项目经理对项目完成所必备的可交付成果了如指掌。

（2）任务分解结构图建立了时间观念。通过创建任务分解结构图，项目经理及其团队可以一起为项目的可交付成果而努力。

（3）任务分解结构图提供了一种控制手段。任务分解结构图能以可视化的方式提供项目中每个任务的状态和进展情况。

（4）任务分解结构图是范围基线的重要组成部分。任务分解结构图提供了范围基线的核心部分，批准的需求规格以及任务分解结构图字典也是基线的组成部分。

（5）任务分解结构图可以及时提示是否变更。任务分解结构图基于项目的范围和需求确定了所有的项目可交付成果，可以监督范围变化。

习题

一、填空题

1. 任务分解是将一个项目分解为更多的工作细目或者_____，使项目变得更小、更易管理、更易操作。

2. 一般来说，进行任务分解时，可以采用_____或_____两种形式来表达任务分解的结果。

3. WBS 的全称是_____。

4. 任务分解结构图最底层次的可交付成果是_____。

二、判断题

1. 任务分解结构图提供了项目范围基线。（　　）

2. 一个工作包可以分配给另一个项目经理去完成。（　　）

3. 如果开发人员对项目比较熟悉或者对项目大局有把握，开发任务分解结构图时最好采用自底向上方法。（　　）

4. 对于一个没有做过的项目，开发任务分解结构图时可以采用自底向上方法。（　　）

5. 在任务分解结果中，最底层的要素必须是实现项目目标的充分必要条件。（　　）

6. 任务分解是将一个项目分解为更多的工作细目或者子项目，使项目变得更小、更易管理和操作。（　　）

7. 一个工作包应当由唯一主题负责。（　　）

8. 任务分解结构图的最高层次的可交付成果是工作包。（　　）

9. 对任务的分解只能是自上而下的。（　　）

10. 任务分解结构图的最底层任务是能分配到一个人完成的任务。（　　）

三、选择题

1. 以下未体现任务分解结构图重要性的是（　　）。

　　A. 帮助组织工作　　　　　　　　　　B. 防止遗漏工作

　　C. 为项目估算提供依据　　　　　　　D. 确定团队成员责任

2. 任务分解结构图中的每一个具体细目通常都指定唯一的（ ）。

    A. 编码   B. 地点   C. 功能模块   D. 提交截止期限

3. 下列不是创建任务分解结构图的方法的是（ ）。

    A. 自顶向下   B. 自底向上   C. 控制方法   D. 模板参照

4. 任务分解时，（ ）方法从特殊到一般的方向进行，首先定义一些特殊的任务，然后将这些任务组织起来，形成更高级别的层次。

    A. 模板参照   B. 自顶向下   C. 类比   D. 自底向上

5. 下列关于任务分解结构图的说法，不正确的是（ ）。

    A. 任务分解结构图是任务分解的结果

    B. 不包括在任务分解结构图中的任务就不是该项目的工作

    C. 可以采用清单或者图表的形式标识任务分解结构图的结果

    D. 如果项目是一个崭新的项目，最好采用自顶向下方法开发任务分解结构图

6. 检验任务分解结果的标准不包括（ ）。

    A. 最底层的要素是否是实现目标的充分必要条件

    B. 分解的层次不少于3层

    C. 最底层元素是否有重复

    D. 最底层要素是否有清晰完整的定义

7. 任务分解结构图是对项目由粗到细的分解过程，它的结构是（ ）。

    A. 分层的集合结构   B. 分级的树形结构

    C. 分层的线性结构   D. 分级的图状结构

8. 任务分解时，（ ）方法从一般到特殊的方向进行，从项目的大局着手，然后逐步分解子细目，将项目变为更细、更完善的部分。

    A. 模板参照   B. 自顶向下   C. 类比   D. 自底向上

四、简答题

1. 试写出任务分解的方法和步骤。

2. 当项目过于复杂时，可以对项目进行任务分解，这样做的好处是什么？

3. 检验任务分解结果的标准是什么？

第4章

项目成本估算

4.1　成本估算概述

　　估算不是精确的科学计算，软件项目尤其如此。软件项目中存在太多的不确定性，在项目初期，人们对需求和技术的了解还不是很透彻，可能没有人可以精确地回答"这个估算是正确的吗"。有效的软件估算，特别是软件成本估算，一直是软件工程和软件项目管理中最具挑战、最为重要的问题之一。虽然软件项目估算不是一门精确的科学，但将良好的历史数据与系统化的技术结合起来能够提高估算的精确度。

　　对于估算，既没有特效、办法，也没有通用的模型，项目经理可以根据以前的项目经验和验证过的指南来提高估算精度。无论是成本估算还是进度估算，都可以采用渐进的方式逐步完善。

　　为了得到一个相对准确的估算结果，项目管理者应该系统地学习相关的成本管理过程。成本估算是对完成项目所需费用的估计和计划，是项目计划的一个重要组成部分。要实行成本控制，首先要进行成本估算。完成某项任务所需费用可根据历史标准估算，但由于项目和计划的变化，将以前的活动与现实进行对比会存在一定的偏差。不管是否根据历史标准，费用的信息都只能作为一种估算参考。而且，在费时较长的大型项目中，还应考虑到今后几年的职工工资结构是否会发生变化，今后几年其他费用的变化如何。所以，成本估算是在一个无法以高度可靠性预计的环境下进行的。

　　软件项目的成本管理一直是难题，成本超支是很常见的现象。成本估算不精确有很多原因，既有主观的原因，也有客观的原因。当今信息技术的飞速发展使得项目不断采用新的技术和新的商业流程，这加大了成本估算的难度。

　　随着软件系统规模的不断扩大和复杂程度的日益加大，从 20 世纪 60 年代末期开始，出现了以大量软件项目进度延期、预算超支和质量缺陷为典型特征的软件危机，至今仍频繁发生。软件成本估算不足和需求不稳定是造成软件项目失控较普遍的两个原因。所以，成本

估算是项目管理者的一项必需和重要的技能。

4.1.1　项目规模决定成本

软件项目规模即工作量,是从软件项目范围中抽出软件功能,然后确定每个软件功能所必须执行的一系列软件工程任务。软件项目成本是指完成软件项目规模相应付出的代价,是待开发的软件项目需要的资金。代码行、功能点、人天、人月、人年等都是项目规模的单位。成本一般采用货币单位,如人民币等。

项目规模是影响成本的主要因素。一般来说,项目的规模估算和成本估算是同时进行的,项目规模确定了,就可以确定项目的成本。例如,某个软件项目的规模是 20 人月,而企业的人力成本参数是 3 万元/人月,则项目的成本是 60 万元。

4.1.2　软件成本估算特点

软件成本估算是成本管理的核心,是预测开发一个软件系统所需要的总工作量的过程。软件项目成本是指软件开发过程中所花费的工作量及相应的代价。软件不同于建筑、冶金等其他领域项目的成本计算,它不包括原材料和能源的消耗,主要是人的劳动力消耗。另外,软件项目不存在重复制造的过程,开发成本是以一次性开发过程所花费的代价来计算的。所以,软件开发成本的估算应该以软件项目管理、需求分析、设计、编码、单元测试、集成测试、验收测试等这些过程所花费的代价作为依据。

成本估算贯穿于软件的生存期,决定招标时、开发任务分解结构图时、中途接管一个项目时、项目进行到下一个阶段时、任务分解结构图有变化时都需要进行成本估算。成本估算是一种量化的评估结果,评估可以有一些误差,通常需要一定的调整,它不是准确的产品价格。估算是编制计划非常重要的一步,估计时需要依靠经验、历史信息等。例如,建好 99 座相同的房子以后,可以很准确地估计建造第 100 座房子的成本和进度,这是因为我们已经掌握了很丰富的经验,但是更多情况是我们所做的推测是缺乏经验的,尤其是当今信息时代的项目,有很多未知领域,所以进行成本估算可能有一定的风险。

通过成本估算,分析并确定项目的估算成本,并以此为基础进行项目成本预算,开展项目成本控制等管理活动。成本估算是进行项目规划相关活动的基础。

4.2　成本估算过程

企业经营的最直接目标是利润,而成本与利润的关系最为密切。软件开发项目中的成本指完成项目需要的所有费用,包括人力成本、材料成本、设备租金、咨询费用、日常费用等。项目结束时的最终成本应控制在预算内。成本管理是确保项目在预算范围之内的管理过程,包括成本估算、成本预算、成本控制等过程。

成本估算需要计算完成项目所需各资源成本的近似值。当一个项目按合同进行时,应区分成本估算和定价这两个不同意义的词。成本估算涉及的是对可能数量结果的估计,即乙方为提供产品或服务的花费是多少。定价是一个商业决策,即乙方为它提供的产品或服务索取多少费用。成本估算只是定价要考虑的因素之一。

成本估算应当考虑各种不同的成本替代关系。例如,在设计阶段增加额外工作量可减少开发阶段的成本。成本估算过程必须考虑增加的设计工作所多花的成本能否被以后的节省所抵消。

成本估算是针对资源进行的,因项目性质的不同可以进行多次。对于独特的项目产品所进行的逐步细化需要进行几次成本估算。

由于影响软件成本的因素太多(如人、技术、环境、政治等),软件成本估算仍然是很不成熟的技术,一些方法只能作为借鉴,更多的时候需要经验。目前没有一个估算方法或者成本估算模型可以适用于所有的软件类型和开发环境。

软件成本估算过程包括估算输入、估算处理和估算输出。

1. 估算输入

估算的输入一般包括如下几项。

(1)任务分解结构图。根据估算的不同阶段,不同的输入可用于成本估算,以确保所有工作均一一被估计进成本。

(2)资源编制计划。可以让项目组掌握资源需要和分配的情况。

(3)资源单价。成本估算时必须知道每种资源单价(如每小时人员费用等),以计算项目成本。如果不知道实际单价,那么必须要估计单价本身。它是非常重要的一项输入,如人员成本100元/小时、某资源消耗/小时等,是估算的基础。

(4)进度规划。它是主要的项目活动时间的估计,活动时间估计会影响项目成本估计。

(5)历史项目数据。它是以往项目的数据(包括规模、进度、成本等),是项目估算的主要参考。一个成熟的软件企业应该建立完善的项目档案,记录先前项目的信息。

(6)学习曲线。它是项目组学习某项技术或者工作的时间,当重复做一件事情的时候,完成这件事情的时间将缩短,业绩会以一定的百分比提高。

2. 估算处理

规模成本估算是项目各活动所需资源消耗的定量估算,主要是对各种资源的估算,包括人力资源、设备、资料等。在估算过程中采用一定的估算方法进行,而成本包括直接成本和间接成本。直接成本是与开发的具体项目直接相关的成本,如人员的工资、材料费、外包外购成本等,包括开发成本、管理成本、质量成本等。间接成本(如房租、水电费、员工福利、税收等)不能归属于一个具体的项目,是企业的运营成本,可以分摊到各个项目中。

3. 估算输出

规模成本估算的结果可以用简略或详细的形式表示。对项目所需的所有资源的成本均需加以估计,包括(但不局限于)劳力、材料和其他内容(如考虑通货膨胀或成本余地)。估算通常以货币单位表达,如人民币元等,这个估算便是成本估算的结果;也可用人月、人天或人小时这样的单位,这个估算结果便是项目规模估算的结果。为便于成本的管理控制,有时成本估算要用复合单位。成本估算是一个不断优化的过程,随着项目的进展和相关详细资料的不断出现,应该对原有成本估算做相应的修正。例如,有些应用项目会提出何时应修正成本估算,估算应达到什么样的精确度。

估算文件包括项目需要的资源、资源的数量、质量标准、估算成本等信息,单位一般是货币单位,也可以是规模单位,然后转换为货币单位。

估算说明应该包括:①工作范围的描述,这通常可由任务分解结构图获得;②估算的基础和依据,即确认估算是合理的,说明估算是怎样产生的,确认成本估算所做的任何假设的合理性以及估算的误差变动等。

4.3　成本估算方法

在项目管理过程中,为了使时间、费用和工作范围内的资源得到最佳利用,人们开发出了不少成本估算方法,以尽量得到较好的估算。这里介绍常用的成本估算方法:代码行估算法、功能点估算法、用例点估算法、类比(自顶向下)估算法、自下而上估算法、参数模型估算法、专家估算法、猜测估算法等。

4.3.1　代码行估算法

代码行(Lines Of Code,LOC)估算法是比较简单的定量估算软件规模的方法。这种方法依据以往开发类似产品的经验和历史数据,估计实现一个功能所需要的源程序行数。代码行是从软件程序量的角度定义项目规模的。使用代码行作为规模单位的时候,要求功能分解足够详细,而且有一定的经验数据。采用不同的开发语言,代码行可能不一样。当然,也应该掌握相关的比例数据等,如生产率 LOC/人月和 LOC/人时等。

代码行估算法是在软件规模度量中最早使用、最简单的方法,在用代码行度量规模时,常会描述为源代码行或者交付源指令。目前成本估算模型通常采用非注释的源代码行。

代码行估算法的主要优点体现在代码是所有软件开发项目都有的产品,而且很容易计算代码行数,但是代码行估算法也存在许多问题:

(1) 对代码行没有公认的标准定义,例如,计算代码行数量时,常见的分歧是空代码行、注释代码行、数据声明、复用的代码、包含多条指令的代码行等分别如何计量。

(2) 代码行数量依赖于所用的编程语言和个人的编程风格,因此,计算的差异也会影响用多种语言编写的程序规模,进而也很难对不同语言开发的项目生产率进行直接比较。

(3) 项目早期,在需求不稳定、设计不成熟、实现不确定的情况下很难准确地估算代码量。

(4) 代码行强调编码的工作量,只是项目实现阶段的一部分。

4.3.2　功能点估算法

1. 基本概念

功能点(Function Point,FP)用系统的功能数量来测量其规模,以一个标准的单位来度量软件产品的功能。功能点是从功能的角度来度量系统,与所使用的技术无关,不用考虑开发语言、开发方法以及使用的硬件平台。功能点提供一种解决问题的结构化技术,它是一种将系统分解为较小组件的方法,使系统能够更容易被理解和分析。在功能点分析中,系统分为 5 类组件和一些常规系统特性。前 3 类组件是外部输入(External Input,EI)、外部输出

(External Output,EO)和外部查询(External Inquiry,EQ)。这些组件都处理文件,因此它们被称为"事务"(transaction)。另外两类组件是内部逻辑文件(Internal Logical File,ILF)和外部接口文件(External Interface File,EIF),它们是构成逻辑信息的数据存储地。使用功能点方法需要评估产品所需要的内部基本功能和外部基本功能,然后根据技术复杂度因子对它们进行量化,产生规模的最终结果。功能点计算公式是

$$FP = UFC \times TCF \tag{4-1}$$

其中,UFC(Unadjusted Function Component)表示未调整功能点计数;TCF(Technical Complexity Factor)表示技术复杂度因子(即调整系数)。

2. 未调整功能点计数

在计算未调整功能点计数(UFC)时,应该先计算5类功能组件的计数项。对于计算机系统来说,同其他计算机系统交互是一个非常普遍的事情,因此,在分类组件之前必须划分每个被度量的系统的边界,并且必须从用户的角度来划分边界。简而言之,边界表明了被度量的系统或应用同外部系统或应用之间的界限。一旦边界被建立,则组件就能够被分类、分级和评分。

下面介绍这5类组件。

1) 内部逻辑文件

内部逻辑文件(ILF)是用户可确认的、在应用程序内部维护的、逻辑上相关联的最终用户数据或控制信息,如一个平面文件,或者关系数据库中的一个表。

如图4-1所示,内部逻辑文件是用户可以识别的一组逻辑相关的数据,完全存在于应用的边界之内,并且通过外部输入维护。进行成本估算时,可以计算逻辑主文件(如数据的一个逻辑组合,它可能是大型数据库的一部分或是一个独立的文件)的数目。

2) 外部输入

外部输入(EI)是最终用户或其他程序用来增加、删除或改变程序数据的屏幕、表单、对话框或控制信号等。外部输入包括具有独特格式或独特处理逻辑的所有输入。外部输入给软件提供面向应用的数据项(如屏幕、表单、对话框、控件、文件等)。在这个过程中,数据穿越外部边界进入系统内部。这里的数据可能来自输入界面,也可以来自另外的应用。数据被用来维护一个或者多个内部逻辑文件。数据既可能是控制信息,也可能是业务逻辑信息。如果数据是控制信息,则它不会更新内部逻辑文件。图4-2展现了一个简单的外部输入,它用来更新两个内部逻辑文件。输入不同于查询,查询单独计数,不计入输入项数中。

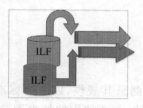

图4-1　内部逻辑文件

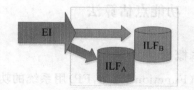

图4-2　外部输入

3) 外部输出

外部输出(EO)是程序生成供最终用户或其他程序使用的屏幕、报表、图表或控制信号

等。外部输出包括所有具有不同格式或需要不同处理逻辑的输出。如图 4-3 所示,外部输出向用户提供面向应用的信息,如报表和出错信息等,报表内的数据项不单独计数,在这个过程中,派生数据由内部穿越边界传送到外部。数据生成报表可以是传送给其他应用的数据文件,这些报表或者文件从一个或者多个内部逻辑文件以及外部接口文件生成。

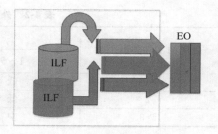

图 4-3　外部输出

4) 外部查询

外部查询(EQ)是输入/输出组合,其中一个输入引出一个即时的简单输出。外部查询可以使用单个关键词,直接搜索特定数据。外部查询和外部输出是有区别的,外部查询直接从数据表中检索数据并进行基本的格式化;外部输出可以处理、组合或归并复杂数据,进行复杂的格式化。

外部查询是一次联机输入,导致软件以联机输出方式产生某种即时响应。这个过程中的输入和输出部分都导致数据从一个或者多个内部逻辑文件或外部接口文件中提取出来,这里的输入过程不能更新任何内部逻辑文件,并且输出端不能包括任何派生数据。

5) 外部接口文件

外部接口文件(EIF)是受其他程序控制的文件,是用户可以识别的一组逻辑相关数据,这组数据只能被引用。外部接口文件数是机器可读的全部接口数量,用这些接口把信息传送给另一个系统。数据完全存在于应用的外部,并且由另一个应用维护。外部接口文件是另外一个应用的内部逻辑文件。

当组件被归为以上 5 类主要组件中的一类之后,就要为其指定级别,所有组件被定级为高、中、低 3 个级别。对于事务组件来说,它们的级别取决于引用文件类型(File Type Referenced,FTR)以及数据元素类型的个数。对于内部逻辑文件和外部接口文件来说,它们的级别取决于记录元素类型和数据元素类型的个数。记录元素类型是 ILF 或者 EIF 中用户能够识别的数据元素子集。数据元素类型是指在一个 ILF 或 EIF 内,用户可识别的、唯一的、非递归的域,如客户姓名、年龄、地址等。

表 4-1~表 4-3 用来帮助对事务组件进行定级。例如,引用或者更新 2 个引用文件类型(FTR),并且有 7 个数据元素的 EI 将被定级为中级,相关的级数是 4。这里,FTR 是被引用或更新的内部逻辑文件和被引用的外部接口文件的综合。

表 4-1　外部输入的定级表

引用的文件类型个数	数 据 元 素		
	1~4	5~15	>15
0~1	低	低	低
2	低	中	高
≥3	中	高	高

表 4-2 外部输出和外部查询共用的定级表

引用的文件类型个数	数据元素		
	1～5	6～19	>19
0～1	低	低	中
2	低	中	高
>3	中	高	高

表 4-3 外部输入、外部输出和外部查询的定级取值表

级数	值		
	EO	EQ	EI
低	4	3	3
中	5	4	4
高	7	6	6

基本上,外部查询的定级同外部输出一样(低、中、高),但取值则同外部输入一样。级别取决于数据元素类型(综合了唯一的输入端和输出端)的个数及引用文件类型(综合了唯一的输入端和输出端)的个数。如果同一个 FTR 被输入和输出同时使用,那么它只计算一次。

如果同一个数据元素类型被输入和输出同时使用,那么它也只能被计算一次。同样复杂的外部输出产生的功能点数要比外部查询/外部输入多出 20%～33%,由于一个外部输出意味着产生一个有意义的需要显示的结果,因此,相应的权应该比外部查询/外部输入高一些。对于内部逻辑文件和外部接口文件来说,记录元素类型和数据元素类型的个数决定了它们的低、中、高级别,见表 4-4 和表 4-5。

表 4-4 内部逻辑文件和外部接口文件的定级表

记录元素类型	数据元素		
	1～19	20～50	>50
1	低	低	中
2～5	低	中	高
>5	中	高	高

表 4-5 内部逻辑文件和外部接口文件的定级取值表

级数	值	
	ILF	EIF
低	7	5
中	10	7
高	15	10

与外部输出、外部查询和外部输入相比,外部接口文件通常承担协议、数据转换和协同处理,所以其权更高。内部逻辑文件的使用意味着存在一个相应处理,该处理具有一定的复杂性,所以具有最高的权。

将每个类型组件的每一级复杂度计算值输入到表 4-6 中。每级组件的数量乘以相应的

级数得出定级的值。表中每一行的定级值相加得出每类组件的定级值之和。这些定级值之和再相加,得出全部组件的未调整功能点数。

表 4-6 组件的复杂度

组件类型	组件复杂度			
	低	中	高	全部
外部输入	__×3=__	__×4=__	__×6=__	
外部输出	__×4=__	__×5=__	__×7=__	
外部查询	__×3=__	__×4=__	__×6=__	
内部逻辑文件	__×7=__	__×10=__	__×15=__	
外部接口文件	__×5=__	__×7=__	__×10=__	
全部未调整功能点数				
调整系数值				
全部调整后的功能点数				

3. 技术复杂度因子

功能点计算的下一步是评估影响系统功能规模的 14 个技术复杂度因子(调整系数值),即计算技术因素对软件规模的综合影响程度。技术复杂度因子取决于 14 个通用系统特性(General System Characteristics,GSC)。这些系统特性用来评定功能点应用的通用功能级别。每个特性有相关的描述,以帮助确定这个系统特性的影响程度。影响程度的取值范围是 0~5,从没有影响到有强烈影响。表 4-7 是 14 个技术复杂度因子。技术复杂度因子的计算公式为

$$TCF = 0.65 + 0.01 \times \sum_{i=1}^{14} F_i \tag{4-2}$$

其中,TCF 表示技术复杂度因子;F_i 为每个通用系统特性的影响程度;i 代表某个通用系统特性,取值 1~14;$\sum$ 表示 14 个通用系统特性的和。

一旦 14 个 GSC 项的评分值被确定下来,则通过上面的调整公式可以计算出技术复杂度因子。

表 4-7 技术复杂度因子

通用系统特性		描 述
F_1	数据通信	多少个通信设施在应用或系统之间辅助传输和交换信息
F_2	分布数据处理	分布的数据和过程函数如何处理
F_3	性能	用户要求响应时间或者吞吐量吗
F_4	硬件负荷	应用运行在的硬件平台工作强度如何
F_5	事务频度	事务执行的频率(天、周、年)如何
F_6	在线数据输入	在线数据输入率是多少
F_7	终端用户效率	应用程序设计考虑到终端用户的效率吗
F_8	在线更新	多少内部逻辑文件被在线事务更新
F_9	处理复杂度	应用有很多的逻辑或者数据处理吗
F_{10}	可复用性	被开发的应用要满足一个或者多个用户需求吗

续表

通用系统特性		描 述
F_{11}	易安装性	升级或者安装的难度如何
F_{12}	易操作性	启动、备份、恢复过程的效率和自动化程度如何
F_{13}	跨平台性	应用被设计、开发和支持安装在多个组织的多个安装点(不同安装点的软硬件平台环境不同)吗
F_{14}	可扩展性	应用被设计、开发以适应变化吗

事务频度、终端用户效率、在线更新、可复用性等项通常在 GUI 应用中的评分比传统应用要高,性能、硬件负荷、跨平台性等项在 GUI 应用中的评分比传统应用要低。Fi 的取值范围是 0～5,见表 4-8。根据公式(4-2)可知 TCF 的取值范围是 0.65～1.35。

表 4-8　技术复杂度因子的取值

调整系数	描 述	调整系数	描 述
0	不存在或者没有影响	3	平均的影响
1	不显著的影响	4	显著的影响
2	相当的影响	5	强大的影响

【例 4-1】　一个软件的 5 类功能计数项如表 4-9 所示,计算这个软件的功能点。

(1) 计算 UFC。按照 UFC 的计算过程计算出 UFC=301,如表 4-10 所示。

表 4-9　软件需求的功能计数项

各类计数项	复杂度		
	简单	一般	复杂
外部输入	6	2	3
外部输出	7	7	0
外部查询	0	2	4
外部接口文件	5	2	3
内部逻辑文件	9	0	2

表 4-10　UFC 的计算

组件	组件复杂度		
	低	中	高
外部输入	6×3	2×4	3×6
外部输出	7×4	7×5	0×7
外部查询	0×3	2×4	4×6
外部接口文件	5×5	2×7	3×10
内部逻辑文件	9×7	0×10	2×15
总计	134	65	102
UFC	301		

(2) 计算 TCF。假设这个软件项目所有的技术复杂度因子的值均为 3,即技术复杂影响程度是平均程度,则 TCF=0.65+0.01×(14×3)=1.07。

（3）计算 FP。由公式（4-1）得出 FP＝301×1.07≈322，即项目的功能点为 322。

如果项目的生产率 PE＝15 工时/功能点，则项目的规模是 15 工时/功能点×322 功能点＝4830 工时。

注：尽管功能点计算方法是结构化的，但是权重的确定是主观的，另外要求估算人员仔细地将需求映射为外部和内部的行为，必须避免双重计算。所以，这个方法存在一定的主观性。

4. 功能点与代码行的转换

功能点可以按照一定的条件转换为代码行，表 4-11 就是一个转换表，是针对各种语言的转换率，它是根据经验的研究得出来的。

表 4-11　功能点到代码行的转换表（David Garmus，1966）

语　　言	代码行/FP	语言	代码行/FP
Assembly	320	Ada	71
C	150	PL/1	65
COBOL	105	Prolog/LISP	64
FORTRAN	105	Smalltalk	21
Pascal	91	Spreadsheet	6

5. 功能点分析总结

功能点作为度量软件规模的方法已经被越来越广泛地接受。了解软件规模是了解软件生产率的关键。没有可靠的规模度量方法，则相关的生产率（功能点数/每月）变化或者相关的质量（缺陷/功能点）的变化就不能被统计出来。如果相关的生产率和质量的变化能随时统计和策划，则组织可以将注意力集中到组织的强项和弱项上。更为重要的是，任何试图改进弱项的努力都可以被度量，以确定其效果。

4.3.3　用例点估算法

目前，软件系统更多地采用统一建模语言（Unified Modeling Language，UML）进行建模，继代码行、功能点、对象点之后，出现了基于 UML 的规模度量方法，而基于用例点（Use Case Point，UCP）的估算方法则是其中具有代表性的一种。用例点方法通过分析用例角色、场景和技术与环境因子等来进行软件估算，估算中用到很多变量和公式，如未调整用例点（Unadjusted Use Case Point，UUCP）、技术复杂度因子（Technical Complexity Factor，TCF）和环境复杂度因子（Environment Complexity Factor，ECF）等变量。用例模型、用例、系统等主要概念的相关性如图 4-4 所示。

用例点估算法是以用例模型为基础的。整个项目工作量估算过程如下：通过用例模型确定用例数、角色数以及相应的复杂度级别，确定相应的权值，相加后获得未调整的用例点，然后计算技术复杂度因子和环境复杂度因子，通过这些因子，调整未调整的用例点获得用例点，最后通过项目生产率计算用例点和工作量的换算，得到项目开发所需的人小时数为单位的工作量。用例点估算法受到 Albrecht 的 FPA（Function Point Analysis）和 MKⅡ功能点方法的启发，是由 Gustav Karner 在 1993 年提出的，是在对用例分析的基础上进行加权调整得出的一种改进方法。

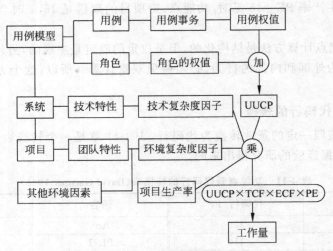

图 4-4　用例相关概念的联系图

用例点估算法的基本步骤如下。

(1) 对每个角色进行加权,计算未调整的角色的权值(Unadjusted Actor Weight,UAW)。

(2) 计算未调整的用例权值(Unadjusted Use Case Weight,UUCW)。

(3) 计算未调整的用例点。

(4) 计算技术和环境因子(Technical and Environment Factor,TEF)。

(5) 计算调整的用例点。

(6) 计算工作量。

1. 计算 UAW

首先根据软件需求的用例模型,确定参与角色以及复杂度,其次利用参与角色的数量乘以相应的权值来计算 UAW。

$$UAW = \sum_{C=c} aWeight(c) \times aCardinality(c)$$

(4-3)

其中:$C = \{simple, average, complex\}$;$aCardinality(c)$ 是参与的角色数目。

角色根据复杂度标准定义 3 个不同的复杂度级别,而每个级别又对应不同的权值,其权值如表 4-12 所示。

表 4-12　角色权值定义

序号	复杂度级别	复杂度标准	权值
1	simple	角色通过 API 与系统交互	1
2	average	角色通过协议与系统交互	2
3	complex	用户通过 GUI 与系统交互	3

2. 计算 UUCW

根据用例模型确定用例以及复杂度。利用用例的数量乘以相应的权值来计算 UUCW。

$$UUCW = \sum_{C=c} uWeight(c) \times uCardinality(c)$$

(4-4)

其中：$C = \{simple, average, complex\}$；uCardinality($c$)是参与的用例数目。

用例根据场景个数分为 3 个不同的复杂度级别，而每个级别又各自对应相应的权值，其权值如表 4-13 所示。

表 4-13　用例权值定义

序号	复杂度级别	事务/场景个数	权值
1	simple	1～3	5
2	average	4～7	10
3	complex	>7	15

3. 计算 UUCP

UUCP 是在 UAW 和 UUCW 的基础上计算得到，即未调整的角色权值和未调整的用例权值相加。

$$UUCP = UAW + UUCW \tag{4-5}$$

4. 计算 TEF

用例点估算法中有 21 个适应性因子，即技术和环境因子（TEF），包括 13 个技术复杂度因子（TCF）和 8 个环境复杂度因子（ECF）。

1）计算 TCF

TCF 的计算公式为

$$TCF = 0.6 + 0.01 \times \sum_{i=1}^{13} TCF\_Weight_i \times Value_i \tag{4-6}$$

其中，TCF_Weight_i 的值见表 4-14；$Value_i$ 根据该技术复杂度因子的影响等级，在 0～5 取值，0 表示该技术复杂度因子与本项目无关，3 表示该技术复杂度因子对本项目的影响一般，5 表示该技术复杂度因子对本项目有很强的影响。

表 4-14　技术复杂度因子的定义

序号	技术复杂度因子	说　明	权值
1	TCF1	分布式系统	2.0
2	TCF2	性能要求	1.0
3	TCF3	最终用户使用效率	1.0
4	TCF4	内部处理复杂度	1.0
5	TCF5	复用程度	1.0
6	TCF6	易于安装	0.5
7	TCF7	系统易于使用	0.5
8	TCF8	可移植性	2.0
9	TCF9	系统易于修改	1.0
10	TCF10	并发性	1.0
11	TCF11	安全功能特性	1.0
12	TCF12	为第三方系统提供直接系统访问	1.0
13	TCF13	特殊的用户培训设施	1.0

2) 计算 ECF

ECF 的计算公式为

$$\text{ECF} = 1.4 - 0.03 \times \sum_{i=1}^{8} \text{ECF\_Weight}_i \times \text{Value}_i \tag{4-7}$$

其中,ECF_Weight_i 的值见表 4-15；Value_i 的取值同 TCF 中的类似,由开发团队根据该因子的影响等级来确定,0 表示项目组成员都不具备该因素,3 表示环境复杂度因子对本项目的影响程度中等,5 表示本项目组所有成员都具有该因素。

表 4-15 环境复杂度因子的定义

序号	环境复杂度因子	说　　明	权值
1	ECF1	UML 精通度	1.5
2	ECF2	系统应用经验	0.5
3	ECF3	面向对象经验	1.0
4	ECF4	系统分析员能力	0.5
5	ECF5	团队士气	1.0
6	ECF6	需求稳定度	2.0
7	ECF7	兼职人员比例高低	1.0
8	ECF8	编程语言难易程度	1.0

5. 计算 UCP

UCP 是经过环境复杂度因子和技术复杂度因子对 UUCP 调整后得到的,其计算公式为

$$\text{UCP} = \text{UUCP} \times \text{TCF} \times \text{ECF} \tag{4-8}$$

6. 计算工作量

项目的工作量(Effort)由 UCP 乘以相对应的项目生产率得到,因此,项目的工作量计算公式为

$$\text{Effort} = \text{UCP} \times \text{PF} \tag{4-9}$$

其中,PF(Productivity Factor)是项目生产率,对于 PF 的取值,在没有历史数据可参考的情况下,一般取其默认值 20,该默认值是由 Gustav Karner 提出的。

【例 4-2】 下面通过一项目案例,说明采用用例点估算方法来估算项目工作量的过程。

(1) 根据实际项目所提供的数据,计算得到各复杂度级别所对应的值,如表 4-16 和表 4-17 所示,通过式(4-3)~式(4-5)计算 UAW、UUCW 和 UUCP。

表 4-16 角色权值

序号	复杂度级别	权值	参与角色数	UAW_i
1	simple	1	2	2
2	average	2	4	8
3	complex	3	5	15

表 4-17 用例权值

序号	复杂度级别	权值	用例数	UUCW$_i$
1	simple	5	5	25
2	average	10	2	20
3	complex	15	3	45

$$UAW = 1 \times 2 + 2 \times 4 + 3 \times 5 = 2 + 8 + 15 = 25$$
$$UUCW = 5 \times 5 + 10 \times 2 + 15 \times 3 = 25 + 20 + 45 = 90$$
$$UUCP = UAW + UUCW = 115$$

(2) 根据实际项目所提供的数据,计算得到各技术复杂度因子和环境复杂度因子对应的值,通过式(4-6)和式(4-7)计算 TCF、ECF。

$$TCF = 0.6 + 0.01 \times (2.0 \times 3 + 1.0 \times 5 + 1.0 \times 3 + 1.0 \times 5 + 1.0 \times 0 + 0.5 \times 3$$
$$+ 0.5 \times 5 + 2.0 \times 3 + 1.0 \times 5 + 1.0 \times 3 + 1.0 \times 5 + 1.0 \times 0 + 1.0 \times 0)$$
$$= 1.02$$

$$ECF = 1.4 - 0.03 \times (1.5 \times 3 + 0.5 \times 3 + 1.0 \times 5 + 0.5 \times 5 + 1.0 \times 3 + 2.0$$
$$\times 3 + 1.0 \times 0 + 1.0 \times 0) = 0.785$$

(3) 应用式(4-8)计算 UCP。

$$UCP = UUCP \times TCF \times ECF = 115 \times 1.02 \times 0.785 \approx 92$$

(4) 根据该项目中 PF 的取值,应用式(4-9)计算项目的工作量。

$$Effort = UCP \times PF = 92 \times 20 = 1840(h)(PF = 20)$$
$$Effort = UCP \times PF = 92 \times 28 = 2576(h)(PF = 28)$$
$$Effort = UCP \times PF = 92 \times 36 = 3312(h)(PF = 36)$$

通过上述计算可知该项目的工作量在1840h 到3312h 之间。假设每个工作人员一周工作 35h 且共有 8 人参与,则每周的工作量为 35h × 8 = 280h,由 1840 ÷ 280 ≈ 6.57,2576 ÷ 280 = 9.2 和 3312 ÷ 280 ≈ 11.83 可知,完成该项目所需的时间在 7 周到 12 周之间。但一般估算的时候往往只计算 PF = 20 和 PF = 28 时的项目工作量,因此,完成该项目所需的时间在 7 周到 9 周之间。

UCP 方法从 1993 年提出至今,许多研究者在此基础上做了进一步的应用研究。2001 年,Nageswaran 把测试和项目管理的系数加入 UCP 等式,在其项目的实际应用中得到了更准确的估算。2005 年,Anda 对 UCP 方法步骤进行的修改结合了 COCOMO Ⅱ 中针对改编软件的计算公式,使得它更适于增量开发的大型软件项目。2005 年,Carroll 在其研究中对 UCP 等式加入了一个风险系数,最后估算结果是 95% 的项目估算误差在 9% 以内。

4.3.4 类比估算法

类比估算法是从项目的整体出发,进行类推,即估算人员根据以往完成类似项目所消耗的总成本(或工作量)来推算将要开发的软件的总成本(或工作量),然后按比例将它分配到各个开发任务单元中,是一种自上而下的估算形式,也称为自顶向下方法。通常在项目的初期或信息不足时采用此方法,如在合同期和市场招标时。它的特点是简单易行,花费少,但是具有一定的局限性，准确性差，可能导致项目出现困难。

　　使用类比的方法进行估算是基于实例推理（Case Based Reasoning，CBR）的一种形式，即通过对一个或多个已完成的项目与新的类似项目的对比来预测当前项目的成本与进度。在软件成本估算中，当把当前问题抽象为待估算的项目时，每个实例即指已完成的软件项目。

　　类比估算要解决的主要问题是：如何描述实例特征，即如何从相关项目特征中抽取出最具代表性的特征；通过选取合适的相似度/相异度的表达式，评价相似程度；如何用相似的项目数据得到最终估算值。特征量的选取是一个决定哪些信息可用的实际问题，通常会征求专家意见以找出那些可以帮助我们确认最相似实例的特征。当选取的特征不够全面时，所用的解决方法也是征求专家意见。

　　对于度量相似度，目前的研究中常有两种求值方式来度量差距，即不加权的欧氏距离（Unweighted Euclidean Distance）和加权的欧氏距离（Weighted Euclidean Distance）。对于相似度函数的定义，有一些不同的形式，但本质上是一致的。不加权的欧氏距离如下。

$$\text{distance}(P_i, P_j) = \sqrt{\dfrac{\sum_{k=1}^{n} \delta(P_{ik}, P_{jk})}{n}} \tag{4-10}$$

其中，$\text{distance}(P_i, P_j)$ 表示两个 n 维向量 $P_i = (P_{i1}, \cdots, P_{in})$ 与 $P_j = (P_{j1}, \cdots, P_{jn})$ 间的标准化欧氏距离。如果将方差的倒数看作一个权重，式（4-11）可以看作是一种加权欧氏距离。

$$\delta(P_{ik}, P_{jk}) = \begin{cases} \left(\dfrac{|P_{ik}, P_{jk}|}{\max_k - \min_k}\right)^2, & k \text{ 是连续的} \\ 0, & k \text{ 是分散的且} P_{ik} = P_{jk} \\ 1, & k \text{ 是分散的且} P_{ik} \neq P_{jk} \end{cases} \tag{4-11}$$

　　【例 4-3】　一个待估算的项目 P_0 与已经完成的项目 P_1、P_2 有一定的相似，它们相似点的比较如表 4-18 所示。

表 4-18　项目 P_0 与项目 P_1 和 P_2 的相似点比较

项目	项目类型	编程语言	团队规模	项目规模	工作量
P_0	MIS	C	9	180	
P_1	MIS	C	11	200	1000
P_2	实时系统	C	10	175	900

　　项目间的相似度计算如表 4-19 所示。

表 4-19　项目间的相似度计算

P_0 对比 P_1	P_0 对比 P_2
$\delta(P_{01}, P_{11}) = \delta(\text{MIS, MIS}) = 0$	$\delta(P_{01}, P_{21}) = \delta(\text{MIS, 实时系统}) = 1$
$\delta(P_{02}, P_{12}) = \delta(\text{C, C}) = 0$	$\delta(P_{02}, P_{22}) = \delta(\text{C, C}) = 0$
$\delta(P_{03}, P_{13}) = \delta(9, 11) = \left(\dfrac{9-11}{9-11}\right)^2 = 1$	$\delta(P_{03}, P_{23}) = \delta(9, 10) = \left(\dfrac{9-10}{9-11}\right)^2 = 0.25$
$\delta(P_{04}, P_{14}) = \delta(180, 200) = \left(\dfrac{180-200}{200-175}\right)^2 = 0.64$	$\delta(P_{04}, P_{24}) = \delta(180, 175) = \left(\dfrac{180-175}{200-175}\right)^2 = 0.04$
$\text{distance}(P_0, P_1) = \left(\dfrac{1+0.64}{4}\right)^{0.5} \approx 0.64$	$\text{distance}(P_0, P_2) = \left(\dfrac{1+0.25+0.04}{4}\right)^{0.5} \approx 0.57$

对于表 4-18 中项目 P_0 工作量的估算有以下不同的方法。

（1）可以直接取最相似的项目的工作量。例如，如果认为 P_0 与 P_1 达到相似度要求，则 P_0 工作量的估算值可以取 1000；如果认为 P_0 与 P_2 达到相似度要求，则 P_0 工作量的估算值也可以取 900。

（2）可以取比较相似的几个项目的工作量平均值。例如，可以取 P_1、P_2 两个相似项目的工作量平均值，则 P_0 工作量的估算值可以取 950。

（3）可以采用某种调整策略。例如，用项目的规模做调整参考，对应到本例中，可采用如下调整：$Size(P_0)/Size(P_1) = Effort(P_0)/Effort(P_1)$，得到 P_0 工作量的估算值为 $1000 \times 180/200 = 900$。其实，由于相似度计算比较麻烦，所以类比估算基本采用主观推测，很少采用相似度计算的方法。

类比估算最主要的优点是比较直观，而且能够基于过去实际的项目经验来确定与新的类似项目的具体差异以及可能对成本产生的影响。其主要缺点，一是不能适用于早期规模等数据都不确定的情况；二是应用一般集中于已有经验的狭窄领域，不能跨领域应用；三是难以适应新的项目中约束条件、技术、人员等发生重大变化的情况。

4.3.5　自下而上估算法

自下而上估算法是利用任务分解结构图，对各个具体工作包进行详细的成本估算，然后将结果累加起来得出项目总成本。用这种方法估算的准确度较好，通常是在项目开始以后，或者任务分解结构图已经确定的项目，需要进行准确估算的时候采用。这种方法的特点是估算准确。它的准确度来源于每个任务的估算情况，但是这个方法需要花费一定的时间，因为估算本身也需要成本支持，而且可能发生虚报现象。如果对每个元素的成本设定一个相应的费率，就可以对整个开发的费用得到一个自下而上的全面期望值。例如，表 4-20 是采用自下而上估算法估算项目成本的一个例子，首先根据任务分解的结果，评估每个子任务的成本，然后逐步累加，最后得出项目的总成本。

表 4-20　自下而上估算法估算项目成本

子 任 务	人力	时间/月	成本/万元	总计/万元
项目准备阶段	M：2，D：8，Q：1	0.5	16.5	
设计阶段	M：2，D：8，Q：2，S：1	1	39	
基础模块开发： 公共控制子系统 中央会计子系统 客户信息子系统	M：2，D：15，Q：2，S：1	1.5	90	145.5
基础功能模块开发： 账户管理子系统	M：2，D：12，Q：2，S：1	0.25	12.75	
出纳管理子系统	M：2，D：18，Q：2，S：1	0.5	34.5	
凭证管理子系统	M：2，D：8，Q：2，S：1	0.25	9.75	126
会计核算子系统	M：2，D：18，Q：2，S：1	0.5	34.5	
储存子系统	M：2，D：18，Q：2，S：1	0.5	34.5	

续表

子　任　务	人力	时间/月	成本/万元	总计/万元
扩展功能模块开发： 同城业务子系统	M：2，D：15，Q：2，S：1	0.25	15	
联行业务子系统	M：2，D：18，Q：2，S：1	0.5	34.5	
内部清算子系统	M：2，D：12，Q：2，S：1	0.25	12.75	
固定资产管理子系统	M：2，D：10，Q：2，S：1	0.25	11.25	189.75
信贷管理子系统	M：2，D：18，Q：2，S：1	0.5	34.5	
一卡通业务子系统	M：2，D：18，Q：2，S：1	0.5	34.5	
中间业务子系统	M：2，D：12，Q：2，S：1	0.25	12.75	
金卡接口模块	M：2，D：18，Q：2，S：1	0.5	34.5	
现场联调	M：2，D：10，Q：2	1	42	42
总成本		503.25		

4.3.6　参数模型估算法

参数模型也称为算法模型或者经验导出模型，是通过大量的项目数据进行数学分析导出的模型。参数模型估算法是一种使用项目特性参数建立数学模型来估算成本的方法，是一种统计技术。数学模型可以简单，也可以复杂。一个模型不能适合所有的情况，只能适应某些特定的项目情况。其实，目前没有一种模型或者方法能适应所有项目。

参数模型估算法的基本思想是：找到软件工作量的各种成本影响因子，并判定这些因子对工作量所产生影响的程度是可加的、乘数的还是指数的，以期得到最佳的模型算法表达形式。当某个因子只影响系统的局部时，一般认为它是可加的，例如，给系统增加源指令、功能点实体、模块、接口等，大多只会对系统产生局部的可加的影响。当某个因子对整个系统具有全局性的影响时，则认为它是乘数的或指数的，如增加服务需求的等级或者不兼容的客户等。

1. 参数模型分类

一般来说，参数模型提供工作量（规模）的直接估计。典型的参数模型是通过过去项目数据进行回归分析得出的回归模型。基于回归分析的模型可以分为两类，一类是静态单变量模型，另一类是动态多变量模型。

1）静态单变量模型

静态单变量模型的总体结构形式为

$$E = a + b \times S^c$$

其中，E 是以人月表示的工作量；a、b、c 是经验导出的系数；S 为估算变量，是主要的输入参数（通常是 LOC、FP 等）。下面给出几个典型的静态单变量模型。

（1）面向 LOC 的估算模型。

Walston-Felix（IBM）模型：$E = 5.2 \times KLOC^{0.91}$；

Bailey-Basili 模型：$E = 5.5 + 0.73 \times KLOC^{1.16}$；

Boehm（基本 COCOMO）模型：$E = 3.2 \times KLOC^{1.05}$；

Doty 模型（在 KLOC＞9 的情况下）：$E = 5.288 \times \text{KLOC}^{1.047}$。

（2）面向 FP 的估算模型。

Albrecht & Gaffney 模型：$E = -13.39 + 0.0545\text{FP}$；

Matson，Barnett 模型：$E = 585.7 + 15.12\text{FP}$。

2）动态多变量模型

动态多变量模型也称为软件方程式，是根据从 4000 多个当代软件项目中收集的生产率数据推导出来的。该模型把工作量看作软件规模和开发时间这两个变量的函数。

$$E = (\text{LOC} \times B^{0.333} / P)^3 \times \left(\frac{1}{t}\right)^4$$

其中，E 是以人月或人年为单位的工作量；t 是以月或年为单位的项目持续时间；B 是特殊技术因子，随着对测试、质量保证、文档及管理技术的需求的增加而缓慢增加，对于较小的程序（KLOC＝5～15），$B = 0.16$，而对于超过 70KLOC 的程序，$B = 0.39$；P 是生产率参数，反映下述因素对工作量的影响：

（1）总体过程成熟度及管理水平。

（2）使用良好的软件工程实践的程度。

（3）使用的程序设计语言的级别。

（4）软件环境的状态。

（5）软件项目组的技术及经验。

（6）应用系统的复杂程度。

开发实时嵌入式软件时，P 的典型值为 2000；开发电信系统和系统软件时，$P = 10000$；对于商业应用系统来说，$P = 28000$。可以从历史数据导出适用于当前项目的生产率参数值。

一般来说，参数模型估算方法适合比较成熟的软件企业，这些企业积累了丰富的历史项目数据，并可以归纳出成熟的项目估算模型。它的特点是比较简单，而且比较准确，一般参考历史信息，重要参数必须量化处理，根据实际情况对参数模型按适当比例调整，但是如果模型选择不当或者数据不准，也会导致偏差。

下面重点讲述 COCOMO 模型（Boehm 模型）和 Walston-Felix（IBM）模型两个参数估算模型。

2. COCOMO 模型

COCOMO 模型是世界上应用最广泛的参数型软件成本估计模型，由 B. W. Boehm 在 1981 年版的《软件工程经济学》（*Software Engineering Economics*）中首先提出，其本意是"结构化成本模型"（Constructive Cost Model）。它是基于 20 世纪 70 年代后期 Boehm 对 63 个项目的研究结果。

由于 COCOMO 模型的可用性，并且没有版权问题，因此得到了非常广泛的应用。在 COCOMO 模型的发展中，无论是最初的 COCOMO 81 模型，还是 20 世纪 90 年代中期提出的逐步成熟完善的 COCOMO Ⅱ 模型，所解决的问题都具有当时软件工程实践的代表性。作为目前应用较广泛、得到学术界与工业界普遍认可的软件估算模型之一，COCOMO 已经发展到了一组模型套件（包含软件成本模型、软件扩展与其他独立估算模型 3 大类），形成了 COCOMO 模型系列，也给基于算法模型的方法提供了一个通用的公式：

$$PM = A \times \left(\sum \text{Size}\right)^{\sum B} \times \prod (\text{EM}) \tag{4-12}$$

其中,PM 为工作量,通常表示为人月;A 为校准因子;Size 为对工作量呈可加性影响的软件模块的功能尺寸的度量;B 为对工作量呈指数或非线性影响的比例因子;EM(Effort Multiplicative)为影响软件开发工作量的工作量乘数。

1) COCOMO 81

COCOMO 81 有 3 个等级的模型,级别越高,模型中的参数约束越多。

① 基本(basic)模型:在项目相关信息极少的情况下使用。

② 中等(intermediate)模型:在需求确定以后使用。

③ 高级或者详细(detailed)模型:在设计完成后使用。

COCOMO 81 的 3 个等级模型均满足类似上面通用公式的通式,即

$$\text{Effort} = a \times \text{KLOC}^b \times F$$

其中,Effort 为工作量,表示为人月;a 和 b 为系数,具体的值取决于建模等级(即基本、中等或详细)以及项目的模式(即有机型、半嵌入型或嵌入型),这两个系数的取值先由专家意见来决定,然后用 COCOMO 81 数据库的 63 个项目数据来对专家给出的取值再进一步求精;KLOC 为软件项目开发中交付的千代码行,代表软件规模;F 为调整因子。

COCOMO 81 模型将项目的模式分为有机型、嵌入型和半嵌入型 3 种类型。

① 有机型(Organic):主要指各类应用软件项目,如数据处理、科学计算等项目。有机型项目是相对较小、较简单的软件项目,开发人员对其开发目标理解比较充分,与软件系统相关的工作经验丰富,对软件的使用环境很熟悉,受硬件的约束比较小,程序的规模不是很大。

② 嵌入型(Embedded):主要指各类系统软件项目,如实时处理、控制程序等,要求在紧密联系的硬件、软件和操作的限制条件下运行,通常与某种复杂的硬件设备紧密结合在一起,对接口、数据结构、算法的要求高,软件规模任意,如庞大且复杂的事务处理系统、大型操作系统、航天用控制系统、大型指挥系统等。

③ 半嵌入型(Semidetached):主要指各类实用软件项目,如编译器、连接器、分析器等程序,介于上述两种模式之间,规模和复杂度属于中等或者更高。

下面重点研究 COCOMO 81 的 3 个等级的模型。

(1) 基本模型。

基本模型是静态、单变量模型,不考虑任何成本驱动,用一个已估算出来的源代码行数(KLOC)为自变量的函数来计算软件开发工作量,只适于粗略迅速估算,公式为 $\text{Effort} = a \times \text{KLOC}^b$,即通用公式($\text{Effort} = a \times \text{KLOC}^b \times F$)中 $F = 1$,Effort 是所需的人力(人月),a、b 系数值见表 4-21。

这个模型适于项目起始阶段,项目的相关信息很少,只要确定软件项目的模式与可能的规模,就可以用基本模型进行工作量的初始估算。

【例 4-4】 某公司将开发一个规模为 30KLOC 的银行应用项目,其功能以数据处理为主,试估算这个项目的工作量。

这个项目属于有机型软件模式,由表 4-21 可知,系数 $a = 2.4$,$b = 1.05$,调整因子 $F = 1$,则工作量估算为 $\text{Effort} = 2.4 \times 30^{1.05} \approx 85.3$(人月)。

表 4-21 基本模型的系数值

模 式	a	b
有机型	2.4	1.05
半嵌入型	3.0	1.12
嵌入型	3.6	1.2

(2) 中等模型。

随着项目的进展和需求确定后，就可以使用中等模型进行估算了。中等模型在用 KLOC 为自变量的函数计算软件开发工作量的基础上，利用涉及产品、硬件、人员、项目等方面属性的影响因素来调整工作量的估算，即用 15 个成本驱动因子改进基本模型，是对产品、硬件、工作人员、项目的特性等因素的主观评估。

这里通用公式为 $\text{Effort} = a \times \text{KLOC}^b \times F$，其中 F 为调整因子，是根据成本驱动属性打分的结果，是对公式的校正系数；a、b 是系数，系数取值如表 4-22 所示。

表 4-22 中等模型的系数值

模 式	a	b
有机型	3.2	1.05
半嵌入型	3.0	1.12
嵌入型	2.8	1.2

中等模型定义了 15 个成本驱动因子(见表 4-23)，按照对应的项目描述，可将各个成本因子归为不同等级：很低(very low)、低(low)、正常(normal)、高(high)、很高(very high)、极高(extra high)。例如，当软件失效造成的影响只是稍有不便时，要求的软件可靠性因子(RELY)等级为"很低"；当软件失效会造成很高的财务损失时，RELY 等级为"高"；当造成的影响危及人的生命时，RELY 等级为"很高"。不同等级的成本因子会对工作量(也即开发成本)产生不同的影响。例如，当一个项目的可靠性要求"很高"时，RELY 取值为 1.40，也就是说，该项目相对于一个其他属性相同但可靠性要求为"正常"(RELY 取值为 1.00)的项目来说，要多出 40%的工作量。

每个成本驱动因子按照不同等级取值，然后相乘可以得到调整因子 F，即

$$F = \prod_{i=1}^{15} D_i \qquad (4\text{-}13)$$

其中，D_i 是 15 个成本驱动因子的取值，如表 4-23 所示。

表 4-23 中等模型的成本驱动因子及等级列表

成本驱动因子		级 别					
		很低	低	正常	高	很高	极高
产品因素	可靠性：RELY	0.75	0.88	1	1.15	1.40	
	数据规模：DATA		0.94	1	1.08	1.16	
	复杂性：CPLX	0.70	0.85	1	1.15	1.30	1.65
平台因素	执行时间的约束：TIME			1	1.11	1.30	1.66
	存储约束：STOR			1	1.06	1.21	1.56
	环境变更率：VIRT		0.87	1	1.15	1.30	
	平台切换时间：TURN		0.87	1	1.07	1.15	

续表

成本驱动因子		级别					
		很低	低	正常	高	很高	极高
人员因素	分析能力：ACAP	1.46	1.19	1	0.86	0.71	
	应用经验：AEXP	1.29	1.13	1	0.91	0.82	
	程序员水平：PCAP	1.42	1.17	1	0.86	0.70	
	平台经验：PLEX	1.21	1.10	1	0.90		
	语言经验：LEXP	1.14	1.07	1	0.95		
过程因素	使用现代程序设计实践：MODP	1.24	1.10	1	0.91	0.82	
	使用软件工具水平：TOOL	1.24	1.10	1	0.91	0.83	
	进度约束：SCED	1.23	1.08	1	1.04	1.10	

【例 4-5】 对于例 4-4 的系统，若随着项目进展，可以确定其 15 个成本因子的情况，除了 RELY、TURN、SCED 因子的取值见表 4-24 外，其余因子取值均为 1.00，则估算的项目工作量是多少？

由表 4-22 可知，系数 $a=3.2,b=1.05$，则其工作量估算为

$$\text{Effort}=3.2\times30^{1.05}\times(1.15\times0.87\times1.08)\approx123(人月)$$

表 4-24　成本驱动因子的取值

成本驱动因子	级别	取值
RELY	高	1.15
TURN	低	0.87
SCED	低	1.08

（3）高级模型。

一旦软件的各个模块都已确定，估算者就可以使用高级模型。高级模型包括中等模型的所有特性，但用上述各种影响因素调整工作量估算时，还要考虑对软件工程过程中分析、设计等各步骤的影响，将项目分解为一系列的子系统或者子模型，这样可以在一组子模型的基础上更加精确地调整一个模型的属性。当成本和进度的估算过程转到开发的详细阶段时，就可以使用这一机制。例如，AEXP（应用经验因子）在不同阶段的作用是不同的，表 4-25 给出了这个示例，AEXP 在需求设计阶段的影响最大，因此取值较大，而在后期（如集成测试阶段），这个因子的作用就降低了。

表 4-25　高级模型工作量乘数的阶段差异性示例

成本驱动因子	开发阶段	级别					
		很低	低	正常	高	很高	极高
AEXP	需求设计阶段	1.40	1.20	1	0.87	0.75	
	详细设计阶段	1.30	1.15	1	0.9	1.80	
	编码和单元测试阶段	1.25	1.10	1	0.92	0.85	
	集成测试阶段	1.25	1.10	1	0.92	0.85	

总而言之,高级模型通过更细粒度的因子影响分析、考虑阶段的区别,使我们能更加细致地理解和掌控项目,有助于更好地控制预算。

2) COCOMO Ⅱ

COCOMO 81 以及后来的专用 Ada COCOMO,虽然较好地适应了它们所建模的一类软件项目,但是随着软件工程技术的发展,新模型和新方法不断涌现,不但没有好的软件成本和进度估算模型相匹配,甚至因为产品模型、过程模型、属性模型和商业模型之间发生的模型冲突等问题,不断导致项目的超支与失败,COCOMO 81 也显得越来越不够灵活和准确。针对这些问题,Boehm 教授与他的同事们在改进和发展 COCOMO 81 的基础上,于1995 年提出了 COCOMO Ⅱ。

COCOMO Ⅱ 给出了 3 个层次的软件开发工作量估算模型,这 3 个层次的模型在估算工作量时,对软件细节考虑的详尽程度逐级增加。

(1) 应用组合模型。

应用组合(Application Composition)模型主要用于估算构建原型的工作量,在这个阶段,设计了用户将体验的系统的外部特征,模型名称暗示在构建原型时大量使用已有的构件。它基于对象点(Object Point)对采用集成计算机辅助软件工程工具快速开发的软件项目工作量和进度进行估算,用于项目规划阶段。对于可以使用高生产率的应用程序构建工具来构造的小型应用程序,开发可以在此处停止。

(2) 早期设计模型。

早期设计(Early Design)模型适用于体系结构设计阶段。这个阶段设计了基本的软件结构,基于功能点或可用代码行以及 5 个规模指数因子、7 个工作量乘数因子,选择软件体系结构和操作,用于信息还不足以支持详细的细粒度估算阶段。

这个阶段的模型把软件开发工作量表示成代码行数(KLOC)的非线性函数:

$$PM = A \times S^E \times \prod_{i=1}^{7} EM_i \tag{4-14}$$

其中,PM 是工作量(人员数);A 是常数,2000 年定为 2.94;S 是规模(KLOC);E 是指数比例因子,$E = B + 0.01 \times \sum_{j=1}^{5} SF_j$,$B$ 可以校准,目前设定 $B = 0.91$,SF 是指数驱动因子,指数比例因子的效果是对于规模较大的项目,预计的工作量将增加,也就是说,考虑了规模的不经济性;EM 是工作量系数。

下面讨论指数驱动因子(用于计算指数比例因子)的质量属性。每个属性越缺乏可应用性,赋给指数驱动因子的值就越大。事实上,对于一个项目而言,这些属性的缺乏将不成比例地增加更多的工作量。表 4-26 是每个比例因子的每个级别对应的数值。

表 4-26 COCOMO Ⅱ 比例因子值

驱动因子	很低	低	正常	高	很高	极高	说明
PREC	6.2	4.96	3.72	2.48	1.24	0.00	项目先例性
FLEX	5.07	4.05	3.04	2.03	1.01	0.00	开发灵活性
RESL	7.07	5.65	4.24	2.83	1.41	0.00	风险排除度
TEAM	5.48	4.38	3.29	2.19	1.10	0.00	项目组凝聚力
PMAT	7.80	6.24	4.68	3.12	1.56	0.00	过程成熟度

表 4-26 中的 5 个分级因素如下所述。

① 项目先例性。这个分级因素指出,对于开发组织来说该项目的新奇程度。例如,开发类似系统的经验,需要创新体系结构和算法,以及需要并行开发硬件和软件等因素的影响,这些体现在这个分级因素中。

② 开发灵活性。这个分级因素反映出,为了实现预先确定的外部接口需求及为了及早开发出产品而需要增加的工作量。

③ 风险排除度。这个分级因素反映了重大风险已被消除的比例。在多数情况下,这个比例和指定了重要模块接口(即选定了体系结构)的比例密切相关。

④ 项目组凝聚力。这个分级因素表明了开发人员相互协作时可能存在的困难。这个因素反映了开发人员在目标和文化背景等方面相一致的程度,以及开发人员组成一个小组工作的经验。

⑤ 过程成熟度。这个分级因素反映了按照能力成熟度模型度量出的项目组织的过程成熟度。

工作量系数 EM 可用来调整工作量的估算值,但是不涉及规模的经济性和不经济性。表 4-27 列出了早期设计模型的工作量系数,这些系数都可以评定为很低、低、正常、高、很高,每个工作量系数的每次评定有一个与其相关的值,大于 1 的值意味着开发工作量是增加的,而小于 1 的值将导致工作量降低,正常评定意味着该系数对估计没有影响。评定的目的:这些系数及其他在 COCOMO Ⅱ 中使用的值将随着实际项目的细节逐步添加到数据库中而得到修改和细化。

表 4-27   COCOMO Ⅱ 早期设计模型的工作量系数

驱 动 因 子	级 别					
	很低	低	正常	高	很高	极高
产品可靠性和复杂度:RCPX	0.60	0.83	1.00	1.33	1.91	2.72
需求的可重用性:RUSE		0.95	1.00	1.07	1.15	1.24
平台难度:PDIF		0.87	1.00	1.29	1.81	2.61
人员的能力:PERS	1.62	1.26	1.00	0.83	0.63	0.50
人员的经验:PREX	1.33	1.12	1.00	0.87	0.74	0.62
设施的可用性:FCIL	1.30	1.10	1.00	0.87	0.73	0.62
进度压力:SCED	1.43	1.14	1.00	1.00	1.00	

(3) 后体系结构模型。

后体系结构(Post-Architecture)模型适用于完成体系结构设计之后的软件开发阶段。这个阶段,软件结构经历了最后的构造、修改,并在需要时开始创建执行系统。顾名思义,后体系结构模型发生在软件体系结构完好定义和建立之后,基于源代码行和(或)功能点以及17 个工作量乘数因子,用于完成顶层设计和获取详细项目信息阶段。

该模型与早期设计模型基本是一致的,不同之处在于工作量系数不同,Boehm 将后体系结构模型中的工作量系数(即成本因素)划分成产品因素、平台因素、人员因素和项目因素4 类,共 17 个属性。表 4-28 列出了 COCOMO Ⅱ 模型使用的成本因素及与之相联系的工作量系数,比例因子同表 4-26。因此,后体系结构模型为

$$PM = A \times S^E \times \prod_{i=1}^{17} EM_i \tag{4-15}$$

$$E = B + 0.01 \times \sum_{j=1}^{5} SF_j \tag{4-16}$$

表 4-28　中等 COCOMO Ⅱ 后体系结构模型的成本驱动因子及等级列表

成本驱动因子		级别					
		很低	低	正常	高	很高	极高
产品因素	可靠性：RELY	0.82	0.92	1.00	1.10	1.26	
	数据规模：DATA		0.90	1.00	1.14	1.28	
	复杂性：CPLX	0.73	0.87	1.00	1.17	1.34	1.74
	文档量：DOCU	0.81	0.91	1.00	1.11	1.23	
	可复用性：RUSE		0.95	1.00	1.07	1.15	1.24
平台因素	执行时间的约束：TIME			1.00	1.11	1.29	1.63
	存储约束：STOR			1.00	1.05	1.17	1.46
	平台易变性：PVOL		0.87	1.00	1.15	1.30	
人员因素	分析能力：ACAP	1.42	1.19	1.00	0.85	0.71	
	应用经验：AEXP	1.22	1.10	1.00	0.88	0.81	
	程序员水平：PCAP	1.34	1.15	1.00	0.88	0.76	
	平台经验：PLEX	1.19	1.09	1.00	0.91	0.85	
	语言与工具经验：LTEX	1.20	1.09	1.00	0.91	0.84	
	人员连续性：PCON	1.29	1.12	1.00	0.90	0.81	
过程因素	工作地分布程度：SITE	1.22	1.09	1.00	0.93	0.86	0.80
	使用软件工具水平：TOOL	1.17	1.09	1.00	0.90	0.78	
	进度约束：SCED	1.43	1.14	1.00	1.00		

与 COCOMO 81 模型相比，COCOMO Ⅱ 模型使用的成本因素的变化如下。

① 新增加了 4 个成本因素，它们分别是要求的可复用性、需要的文档量、人员连续性（即人员稳定程度）和工作地分布程度。这个变化表明，这些因素对开发成本的影响日益增加。

② 略去了原始模型中的 2 个成本因素（平台切换时间和使用现代程序设计实践）。

③ 某些成本因素（分析能力、平台经验、语言经验）对生产率的影响（即工作量系数最大值与最小值的比率）增加了，另一些成本因素（程序员水平）的影响减小了。

在 COCOMO 81 模型与 COCOMO Ⅱ 模型的工作量方程中，模型指数 b 值的确定方法也不同。

① 原始的 COCOMO 模型把软件开发项目划分成有机型、半嵌入型和嵌入型 3 种类型，并通常指定每种项目类型所对应的 b 值（分别是 1.05、1.12 和 1.2）。

② COCOMO Ⅱ 采用了更加精细的 b 分级模型，这个模型使用 5 个分级因素 W_i（$1 \leqslant i \leqslant 5$），其中每个因素都划分成从甚低（$W_i = 5$）到特高（$W_i = 0$）6 个级别，然后用下式计算 b 的数值：

$$b = 1.01 + 0.01 \times \sum_{i=1}^{5} W_i$$

因此，b 的取值范围为 1.01～1.26。显然，这种分级模式比原始 COCOMO 模型的分级模式更精细、灵活。

3. COCOMO 模型扩展及其系列

随着使用范围的扩大及估算需求的增加,Boehm 教授及其团队除了进行上述改进之外,还增加了不少扩展模型以解决其他问题,形成了 COCOMO 模型系列,包括用于支持增量开发中成本估算的 COINCOMO(constructive incremental COCOMO)、基于数据库实现并支持灵活数据分析的 DBACOCOMO(database(access)doing business as COCOMO Ⅱ)、用于估算软件产品的遗留缺陷并体现质量方面投资回报的 COQUALMO(constructive quality model)、用于估算并跟踪软件依赖性方面投资回报的 iDAVE(information dependability attributed value estimation)、支持对软件产品线的成本估算及投资回报分析的 COPLIMO(constructive product line investment model)、提供在增量快速开发中的工作量按阶段分布的 COPSEMO(constructive phased schedule and effort model)、针对快速应用开发的 CORADMO(constructive rapid application development model)、通过预测新技术中最成本有效(most cost-effective)的资源分配来提高生产率的 COPROMO(constructive productivity improvement model)、针对集成 COTS 软件产品所花费工作量估算的 COCOTS(constructive commercial off the shelf cost model)、估算整个系统生命周期中系统工程所花费工作量的 COSYSMO(constructive systems engineering cost model)、用于估算主要系统集成人员在定义和集成软件密集型 SoS(system of system)组件中所花费工作量的 COSOSIMO(constructive system of systems integration cost model)等。

因为 COCOMO 模型应用的日益广泛,其他研究者也纷纷提出有针对性的改进或者扩展方案,不断丰富和完善基于算法模型的估算方法。

4. Walston-Felix 模型

1977 年,IBM 公司的 Walston 和 Felix 两位专家根据 63 套软件项目数据,通过统计分析,提出了 Walston-Felix 参数估算模型,估算模型如下。

(1) 工作量:$E = 5.2 \times L^{0.91}$,L 是源代码行数(以 KLOC 计),E 是工作量(以人月计)。

(2) 项目时间:$D = 4.1 \times L^{0.36}$,D 是项目持续时间(以月计)。

(3) 人员需要量:$S = 0.54 \times E^{0.6}$,S 是项目人员数量(以人计)。

(4) 文档数量:$DOC = 49 \times L^{1.01}$,DOC 是文档数量(以页计)。

【例 4-6】 某项目采用 Java 完成,估计需要 366 个功能点,采用 Walston-Felix 参数估算模型估算工作量和文档量。

Java 语言代码行与功能点的关系近似为 46LOC/FP,所以,366 个功能点的代码行数为 $L = 366 \times 46 = 16\,836$ 行 $= 16.836$KLOC,则

$$E = 5.2 \times 16.836^{0.91} \approx 68(人月)$$
$$DOC = 49 \times 16.836^{1.01} \approx 849(页)$$

4.3.7 专家估算法

通常意义上讲,专家估算是由一些被认为是该任务专家的人来进行估算的,并且估算过程的很大一部分是基于不清晰、不可重复的推理过程,也就是直觉。对于某一个专家自己所

用的估算方法而言,经常使用任务分解结构图,通过将项目元素放置到一定的等级划分中来简化预算估计与控制的相关工作。当仅有的可用信息只能依赖专家意见而非确切的经验数据时,专家估算法无疑是解决成本估算问题最直接的选择。并且,专家可以根据自己的经验对实际项目与经验项目的差异进行更细致的发掘,甚至可以洞察未来新技术可能带来的影响。但是,其缺点也很明显,即专家的个人偏好、经验差异与专业局限性都可能为估算的准确性带来风险。

由于专家作为个体存在很多可能的个人偏好,因此通常人们会更信赖多个专家一起得出的结果。为此,引入了 Delphi 专家估算法。首先,每个专家在不与其他人讨论的前提下,先对某个问题给出自己的初步匿名评定。第 1 轮评定的结果收集、整理之后,返回给每个专家进行第 2 轮评定。这次专家们仍面对同一评定对象,所不同的是他们会知道第 1 轮总的匿名评定情况。第 2 轮的结果通常可以把评定结论缩小到一个小范围,得到一个合理的中间范围取值。与专家的这种沟通可以多次进行。Delphi 专家估算法的基本步骤如下。

(1)组织者发给每位专家一份软件系统的规格说明和一张记录估算值的表格,请专家估算。

(2)每个专家详细研究软件规格说明后,对该软件提出 3 个规模的估算值,即最小值 a_i、最可能值 m_i、最大值 b_i。

(3)组织者对专家表格中的答复进行整理,计算每位专家的平均值 $E_i = (a_i + 4m_i + b_i)/6$,然后计算出期望值 $E = (E_1 + E_2 + \cdots + E_n)/n$。

(4)综合结果后,再组织专家无记名填表格,比较估算偏差,并查找原因。

(5)上述过程重复多次,最终可以获得一个多数专家共识的软件规模。

4.3.8 猜测估算法

猜测估算法是一种经验估算法。进行估算的人有专门的知识和丰富的经验,据此提出一个近似的数据,是一种原始的估算方法。此方法只适用于要求很快拿出项目的大概数字的情况,不适用于要求详细估算的项目。

4.3.9 估算方法综述

实际上,进行软件规模成本估算时,会根据不同的时期、不同的状况采用不同的方法。在项目初期,尤其是合同阶段,项目的需求不是很明确,而且需要尽快得出估算的结果,可以采用类比法。在需求确定之后,开始规划项目的时候,可以采用自下而上估算法或者参数估算法。随着项目的进展,项目经理需要时时监控项目的状况,尤其在项目的不同阶段,也需要重新评估项目的成本,一般来说,项目经理根据项目经验的不断积累,会综合一个实用的评估方法。自下而上估算法费时费力,参数估算法比较简单,它们的估计精度相似。各种方法不是孤立的,应该注意相互结合使用,类比估算法通常用来验证参数估算法和自下而上估算法的结果。

下面介绍一种目前软件项目中常用的软件成本估算方式,它采用自下而上估算法和参数估算法相结合的模型,步骤如下。

1. 任务分解

对项目任务进行分解,并对分解的任务进行编号(任务分解结构图编号),例如,分解之后共有 n 个任务,即 $T_1,T_2,\cdots,T_n$。

2. 每个任务的规模估算

如果任务 T_i 是固定成本类型(如采用固定价格外包),则不用先计算工作量 E_i,否则,任务 T_i 的规模估算(单位一般是人月)可以采用如下方法之一。

(1)估算任务 T_i 工作量的最大值 E_{max}、最小值 E_{min}、最可能值 E_{avg},则任务 T_i 的规模估算为

$$E_i = \frac{E_{max} + 4E_{avg} + E_{min}}{6} \tag{4-17}$$

(2)估算任务 T_i 工作量的最可能值 E_{avg},则任务 T_i 的规模估算为 $E_i = E_{avg}$。

3. 每个任务的成本估算

如果任务 T_i 是固定成本类型(如采用固定价格外包),则可以直接给出成本 C_i,否则,任务 T_i 的成本估算(一般是货币单位)取 $C_i = E_i \times$ 人力成本参数。

例如,一个软件项目的规模是 3 人月,企业的人力成本参数为 2 万元/人月,则这个任务的成本是 6 万元。

4. 估算直接成本

直接成本 $= C_1 + C_2 + \cdots + C_i + \cdots + C_n$。直接成本包括开发成本、管理成本、质量成本等。

如果任务分解结构图中包括质量任务和管理任务,在估算成本时,就会比较容易。如果任务分解结构图中不包括质量、管理等任务,这时可以采用简易估算方法估算管理、质量工作量(单位:人月)。

例如,管理、质量工作量规模 Scale(Mgn) $= a \times$ Scale(Dev),其中,Scale(Dev)是开发工作量规模; a 是比例系数,可以根据企业的具体情况而定,如 a 可以取值 20%~25%。

5. 估算间接成本

间接成本可以根据企业的具体成本模型计算,如果企业没有成熟的成本模型,可以采用简易的算法计算。例如,间接成本 $=$ 直接成本 $\times$ 间接成本系数,其中,间接成本系数可根据企业的具体情况而定,如间接成本系数为 15%。

6. 项目总估算成本

总估算成本 $=$ 直接成本 $+$ 间接成本。

如果间接成本 $=$ 直接成本 $\times$ 间接成本系数,则总估算成本 $=$ 直接成本 $\times$(1 $+$ 间接成本系数)。

如果项目的总规模为 E,则直接成本 $= E \times$ 人力成本参数。

所以,总估算成本 $= E \times$ 人力成本参数 $\times$(1 $+$ 间接成本系数)。

成本估算的简易算法:总估算成本 $= E \times$ 成本系数,其中,成本系数 $=$ 人力成本参数 $\times$(1 $+$ 间接成本系数),这样可以通过简易的方法估算,不用区分直接成本和间接成本,这里的

成本系数已经包括直接成本和间接成本的系数。

7. 项目报价

项目成本是项目报价的参考值,因为企业要通过项目来盈利,所以在合同报价的时候,除了评估项目的成本,还要考虑项目的利润,这个利润是与风险同在的,所以,项目总报价＝项目总估算成本＋风险利润,其中,风险利润包括项目的风险基金、项目税费以及税后的利润等。

不同企业的项目利润是不同的,项目风险利润＝项目总估算成本×a％,a 是利润系数,根据企业、项目的不同而不同,有的企业利润空间大,系数可能大些;有的项目风险比较大,系数也可能大些等。一般来说,风险在项目中占一定的比例,尤其是在软件行业,很多项目都带有很多不确定性,风险就比较大。所以,要预留一定的风险保证金。

4.4　成本预算

成本预算是将项目的总成本按照项目的进度分摊到各个工作单元中去,即将总的成本安排到各个任务中,这些任务项是基于任务分解结构图分解的结果,所以任务分解结构图、任务分解结构图字典、每个任务的成本估计、进度、资源日历等可以作为成本预算的输入。成本预算的目的是产生成本基线,它可以作为度量项目成本性能的基础。

项目任务编排好了执行的先后关系并分配了资源后,项目中每个任务的成本预算就可以确定了。成本预算是根据项目的各项任务以及分配的相应资源计算的。成本预算提供对实际成本的一种控制机制,为项目管理者控制项目提供一把有效的尺度。

项目成本预算主要包括 3 种情况:

(1) 分配资源成本。这是最常用的一种方式,即根据每个任务的资源分配情况来计算这个任务的成本预算,而资源成本与资源的基本费率紧密相连,所以要设置资源费率,例如,项目中开发人员的费率是 200 元/小时。

(2) 分配固定资源成本。当一个项目的资源需要固定数量的资金时,用户可以向任务分配固定资源成本。例如,项目中"张三"这个人力资源为固定资源成本,固定资源成本是 2 万元,即张三在这个项目中的成本固定为 2 万元,不用计算张三花费的具体工时。

(3) 分配固定成本。有些任务是固定成本类型的任务,也就是说,某项任务的成本不变,不管任务的工期有多长,或不管任务使用了哪些资源。例如,项目中的某些外包任务成本是固定的,假设项目某模块外包的成本是 10 万元,则这个任务的成本为 10 万元。

在编制成本预算过程中应该提供成本基线(cost baseline)。成本基线是每个时间阶段内的成本,它是项目管理者度量和监控项目的依据。如表 4-29 所示,项目 A 采用自下而上的估算方法得到的总成本是 16 万元,表 4-30 给出了总成本 16 万元的分配情况,以此得出项目 A 的成本基线,如图 4-5 所示。成本预算与变更也相关,当发生变更的时候,需要同时变更成本预算,成本为资金需求提供信息。在项目进行过程中,如果通过成本基线发现某个阶段的成本超出预算,则需要研究其原因,必要时采取措施。

表 4-29　项目 A 的成本估算

任务分解结构图项	成本/万元	成本/万元	总成本/万元
项目 A			16
1　功能 1		8	
1.1　子功能 1	5		
1.2　子功能 2	3		
2　功能 2		6	
2.1　子功能 1	3		
2.2　子功能 2	2		
2.3　子功能 3	1		
3　功能 3		2	

表 4-30　项目 A 的成本预算

周	任务	费用/万元
1	规划	1
2	需求	3
3	设计	5
4	开发 1	8
5	开发 2	12
6	测试	14
7	验收	16

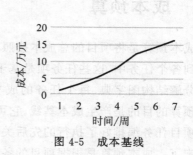

图 4-5　成本基线

习题

一、填空题

1. 软件项目成本包括直接成本和间接成本,一般而言,项目人力成本归属于_____成本。

2. 在项目初期,一般采用的成本估算方法是_____。

3. 功能点估算法中 5 类功能组件的计数项是_____、_____、_____、_____、_____。

4. 软件项目的主要成本是_____。

5. _____方法通过分析用例角色、场景和技术与环境因子等来进行软件估算。

二、判断题

1. 软件项目规模就是软件项目工作量。(　　　)

2. 在软件项目估算中,估算结果是没有误差的。(　　　)

3. 人的劳动消耗所付出的代价是软件产品的主要成本。(　　　)

4. 功能点估算与项目所使用的语言和技术有关。(　　　)

5. COCOMO 81 有 3 个等级的模型:有机型、嵌入型、半嵌入型。(　　　)

6. 经验对于估算来说不重要。(　　　)

7. 估算时既要考虑直接成本,又要考虑间接成本。(　　　)

8. 在进行软件估算的时候,可以直接考虑参照其他企业的模型进行项目估算。(　　　)

9. 间接成本是与一个具体项目相关的成本。(　　　)

三、选择题

1. 下面关于估算的说法,错误的是(　　　)。

    A. 估算是有误差的　　　　　　　　　　B. 估算时不要太迷信数学模型

    C. 经验对于估算来说不重要　　　　　　D. 历史数据对于估算来说非常重要

2. (　　　)是成本的主要因素,是成本估算的基础。

    A. 计划　　　　　　B. 规模　　　　　　C. 风险　　　　　　D. 利润

3. 常见的成本估算方法不包括(　　　)。

    A. 代码行　　　　　B. 功能点　　　　　C. 类比法　　　　　D. 关键路径法

4. 下列不属于 UFC 的功能计数项的是(　　　)。

    A. 外部输出　　　　B. 外部文件　　　　C.内部输出　　　　D. 内部文件

5. 成本预算的目的是(　　　)。

    A. 绘制成本基线　　B. 编写报告书　　　C. 指导设计过程　　D. 方便进度管理

6. 估算的基本方法不包括(　　　)。

    A. 代码行、功能点　B. 参数估算法　　　C. 专家估算法　　　D. 函数估算法

7. 在项目初期进行竞标合同时,一般采用的成本估算方法是(　　　)。

    A. 参数估算法　　　B. 类比估算法　　　C. 专家估算法　　　D. 功能点估算法

8. 下列不属于软件项目规模单位的是(　　　)。

    A. 源代码长度(LOC)　　　　　　　　　B. 功能点(FP)

    C. 人天、人月、人年　　　　　　　　　D. 小时

9. 在成本管理过程中,每个时间段中各个工作单元的成本是(　　　)。

    A. 估算　　　　　　B. 预算　　　　　　C. 直接成本　　　　D. 间接成本

四、计算题

1. 项目经理正在进行一个图书馆信息查询系统的项目估算,他采用 Delphi 专家估算方法,邀请了 3 位专家进行估算,第一位专家给出了 2 万元、7 万元、12 万元的估算值,第二位专家给出了 4 万元、6 万元、8 万元的估算值,第三位专家给出了 2 万元、6 万元、10 万元的估算值,试计算这个项目的成本估算值。

2. 某软件公司正在进行一个项目,预计有 50KLOC 的代码量,项目是中等规模的半嵌入型项目,采用中等 COCOMO 模型,项目属性中只有可靠性为很高级别(取值为 1.3),其他属性为正常,试计算项目是多少人月的规模。如果是 2 万元/人月,则项目的费用是多少?

3. 已知某项目使用 C 语言完成,该项目共有 85 个功能点,请用 Walston-Felix 模型估算源代码行数、工作量、项目持续时间、人员需要量以及文档数量。

第5章

项目进度估算

5.1　进度估算概述

　　一般来说,项目规模、成本和进度的估算基本上是同时进行的,项目的规模不仅决定成本,而且决定进度。规模越大,则成本越高、进度越慢。成本是从费用的角度对项目进行估算,而进度则是从时间的角度对项目进行估算。费用应理解为一个抽象概念,它可以是工时、材料或人员等。其实,成本和时间估算都是做计划的过程。在项目进行的过程中,会有更多新的变化,可能需要不断地调整估算。在项目的不同阶段会采用不同的估算方法,开始估算的结果可能误差比较大,随着项目的进行,会逐步地精确。

　　时间是一种特殊的资源,以其单向性、不可逆性、不可替代性、不可加性而有别于其他资源。如果项目的资金不够,则可以贷款或集资来借用别人的资金,但如果项目的时间不够,就无处可借。

　　项目经理应该定义所有的项目任务,识别出关键任务,跟踪关键任务的进展情况,同时及时发现拖延进度的情况。为此,项目经理必须制定一个足够详细的进度表,以便监督项目进度并控制整个项目。

　　进度计划是项目计划中最重要的部分之一。编制项目进度计划的主要过程如下：首先根据任务分解结构图进一步分解出主要的任务,确立任务之间的关联关系,然后估算出每个任务需要的资源、时间,最后编制出项目的进度计划。

　　交付期作为软件开发合同或者软件开发项目中的时间要素,是软件开发能否获得成功的重要判断标准之一。软件项目管理的主要目标是提升质量,降低成本,保证交付期,追求顾客满意。交付期意味着软件开发在时间上的限制,意味着软件开发的最终速度,也意味着满足交付期带来的预期收益和达到交付期需要付出的代价。目前,软件项目的进度是企业最重视的项目要素之一,原因有很多,例如,客户最关心的是进度,最明确的也是进度；进度是项目各要素中最容易度量的,在许多企业的领导人看来是最理想的管理考核指标。

为了编制进度计划,首先需要进行任务定义。任务分解结构图的每个工作包需要被划分成所需要的任务,每个被分配的任务都应该与一个工作包相关,通过任务定义这一过程可使项目目标体现出来。任务分解结构图是面向可提交物的,任务定义是面向任务的,是对任务分解结构图做进一步分解的结果,以便清楚应该完成的每个具体任务或者提交物应该执行的任务。

5.2 任务之间的关系

任务分解之后,接下来需要确定任务之间的关系。为了进一步制订切实可行的进度计划,必须对任务进行适当的顺序安排。它是通过分析所有的任务、项目范围、里程碑等信息来确定各个任务之间的关系。

5.2.1 任务之间的时间关系

项目各任务之间存在相互联系与相互依赖关系,根据这些关系安排各任务的先后顺序。任务排序过程包括确认并编制任务间的相关性。任务必须被正确地加以排序,以便今后制订现实的、可行的进度计划。排序可由 Project 软件执行或手工执行。对于小型项目,手工排序很方便;对于大型项目,在其早期(此时项目细节了解甚少)手工排序也是方便的。手工排序和计算机排序可以结合使用。任务之间的时间关系主要有 4 种情况,如图 5-1 所示。
其中:

结束→开始(Finish to Start,FS):表示 A 任务在 B 任务开始前结束。

开始→开始(Start to Start,SS):表示 A 任务开始,B 任务也可以开始,即 A、B 任务有相同的前置任务。

结束→结束(Finish to Finish,FF):表示 A 任务结束,B 任务也可以结束,即 A、B 任务有相同的后置任务。

开始→结束(Start to Finish,SF):表示 A 任务开始,B 任务应该结束。

结束→开始是最常见的时间关系,开始→结束关系(例如,A 任务是交接 B 任务的工作,这时就需要这种关系)极少使用。

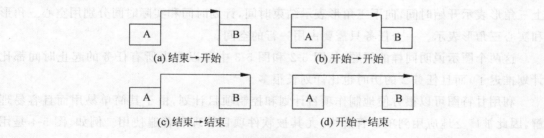

(a) 结束→开始　　　　　(b) 开始→开始

(c) 结束→结束　　　　　(d) 开始→结束

图 5-1　项目各任务之间的关系

5.2.2 任务之间的逻辑关系

任务之间的逻辑关系主要有以下几种。

1. 强制依赖关系

强制依赖关系是工作任务中固有的依赖关系,是一种不可违背的逻辑关系,又称硬逻辑关系或内在的相关性,它是由客观规律和物质条件的限制造成的。例如,需求分析一定要在软件设计之前完成,测试任务一定要在编码任务之后执行。

2. 软逻辑关系

软逻辑关系是由项目经理确定的项目任务之间的关系,是人为的、主观的,是一种根据主观意志去调整和确定的任务之间的关系。例如,安排计划的时候,哪个模块先做,哪个模块后做,哪个任务先做好一些,哪些任务同时做好一些,都可以由项目经理确定。

3. 外部依赖关系

外部依赖是项目任务与非项目任务之间的依赖关系,例如,环境测试依赖于外部提供的环境设备等。

5.3   进度安排的图示

软件项目进度安排的图示有很多,如甘特图、网络图、里程碑图、资源图等,下面分别进行介绍。

5.3.1   甘特图

甘特图(Gantt 图)历史悠久,具有直观简明、容易学习、容易绘制等优点。甘特图可以显示任务的基本信息。使用甘特图能方便地查看任务的开始时间、结束时间、工期、资源信息。甘特图有两种表示方法,这两种方法都是将任务分解结构图中的任务排列在竖直轴,而时间作为水平轴。一种是棒状图,用于表示任务的起止时间,如图 5-2 所示。空心棒状图表示计划起止时间,实心棒状图表示实际起止时间。用棒状图表示任务进度时,一个任务需要占用两行的空间。另外一种表示甘特图的方式如图 5-3 所示,是用三角形表示特定日期,向上三角形表示开始时间,向下三角形表示结束时间,计划时间和实际时间分别用空心三角形和实心三角形表示。一个任务只需要占用一行的空间。

这两个图示说明同样的问题,从图 5-2 和图 5-3 中可以看出所有任务的起止时间都比计划推迟了,而且任务 2 的历时也比计划长很多。

利用甘特图可以很方便地制作项目计划和控制项目计划,由于其简单易用而且容易理解,因此被广泛地应用到项目管理中,尤其被软件项目管理所普遍使用。例如,图 5-4 是用 Project 软件生成的一个软件项目的甘特图。

从甘特图中可以很容易看出一个任务的开始时间和结束时间,但是甘特图的最大缺点是不能反映某一项任务的进度变化对整个项目的影响,不能明显地表示各项任务彼此间的依赖关系,也不能明显地表示关键路径和关键任务。因此,在管理大型软件项目时,仅用甘特图是不够的,而网络图可以反映任务的起止日期变化对整个项目的影响。

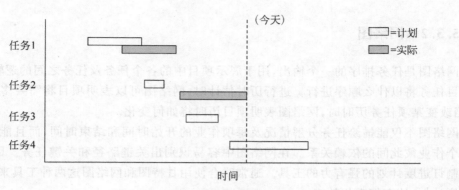

图 5-2　棒状甘特图

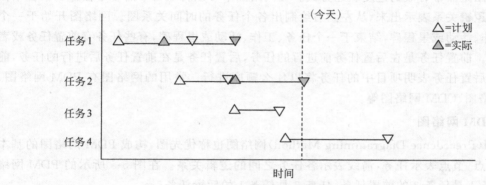

图 5-3　三角形甘特图

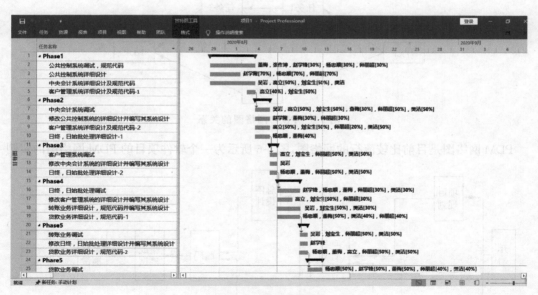

图 5-4　项目甘特图

5.3.2　网络图

网络图是任务排序的一个输出,用于展示项目中的各个任务及任务之间的逻辑关系,表明项目任务将以什么顺序进行。进行历时估计时,网络图可以表明项目将需要多长时间完成,当改变某项任务历时时,网络图表明项目历时将如何变化。

网络图不仅能描绘任务分解情况及每项作业的开始时间和结束时间,而且能清楚地表明各个作业彼此间的依赖关系。在网络图中容易识别出关键路径和关键任务。因此,网络图是制订进度计划的强有力的工具。通常联合使用甘特图和网络图这两种工具来制订和管理进度计划,使它们互相补充。

网络图是非常有效的进度表达方式。在网络图中可以将项目中的各个任务以及各个任务之间的逻辑关系表示出来,从左到右绘制出各个任务的时间关系图。网络图开始于一个任务、工作、活动或里程碑,结束于一个任务、工作、活动或里程碑,有些任务有前置任务或者后置任务。前置任务是在后置任务前进行的任务,后置任务是在前置任务后进行的任务,前置任务和后置任务表明项目中的任务将以什么顺序进行。常用的网络图有 PDM 网络图、ADM 网络图、CDM 网络图等。

1. PDM 网络图

PDM(Precedence Diagramming Method)网络图也称优先图,构成 PDM 网络图的基本特点是节点,节点表示任务,箭线表示各任务之间的逻辑关系。在图 5-5 所示的 PDM 网络图中,任务 1 是任务 3 的前置任务,任务 3 是任务 1 的后置任务。

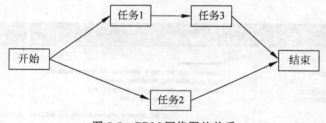

图 5-5　PDM 网络图的关系

PDM 网络图是目前比较流行的网络图,图 5-6 所示为一个软件项目的 PDM 网络图的实例。

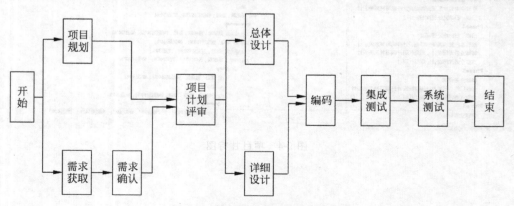

图 5-6　软件项目的 PDM 网络图

2. ADM 网络图

ADM(Arrow Diagramming Method)网络图也称为箭线法图或双代号图。在箭线法图中,箭线表示任务;节点表示前一个任务的结束,同时表示后一个任务的开始。将图 5-6 的项目改用 ADM 网络图表示,如图 5-7 所示。这里的双代号表示网络图中两个代号唯一确定一个任务,例如,代号 1 和代号 3 确定"项目规划"任务,代号 3 和代号 4 确定"项目计划评审"任务。

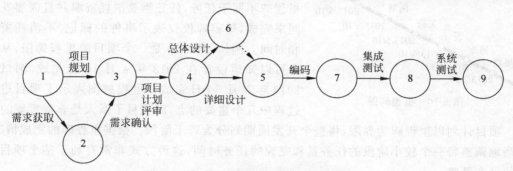

图 5-7 软件项目的 ADM 网络图

在 ADM 网络图中,有时为了表示逻辑关系,需要设置一个虚任务,虚任务不需要时间和资源,一般用虚箭线表示。图 5-8 中的任务 A 和任务 B 表示的 ADM 网络图是不正确的,因为在 ADM 网络图中,代号 1 和代号 2 只能确定一个任务(两个代号唯一确定一个任务),或者任务 A 或者任务 B。为了解决这个问题,需要引入虚任务(见图 5-9),为了表示任务 A、B 的逻辑关系需要引入代号 3,用虚线连接代号 2 到代号 3 的任务就是一个虚任务。它不是一个实际的任务,只是为了表达逻辑关系而引入的。图 5-7 中的代号 6 和代号 5 之间的虚线也代表一个虚任务。

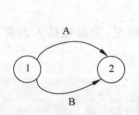

图 5-8 不正确的 ADM 图

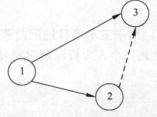

图 5-9 有虚任务的 ADM 图

3. CDM 网络图

CDM(Conditional Diagramming Method)网络图也称为条件箭线法图。它允许任务序列相互循环与反馈,如一个环(如某试验需重复多次)或条件分支(例如,一旦在检查中发现错误,就要修改设计),从而在绘制网络图的过程中会形成许多条件分支,而这在 PDM、ADM 中是不允许的。这种网络图在实际项目中使用很少。

5.3.3 里程碑图

里程碑图是由一系列的里程碑事件组成的,"里程碑事件"往往是一个时间要求为零的任务,即它并非一个要实实在在完成的任务,而是一个标志性的事件。例如,在软件开发项目中的"测试"是一个子任务,"撰写测试报告"也是一个子任务,而"完成测试报告"可能就不能成为一个实实在在需要完成的子任务了,但在制订计划以及跟踪计划的时候,往往加上"完成测试报告"这一个子任务,其工期往往设置为"0 工作日",目的在于检查这个时间点,这是"测试"整个任务结束的标志。

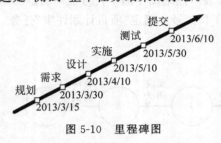

图 5-10　里程碑图

里程碑图显示项目进展中重大工作的完成情况。里程碑不同于任务,任务需要消耗资源并且需要花时间来完成,里程碑仅仅表示事件的标记,不消耗资源和时间。例如,图 5-10 是一个项目的里程碑图,从图中可以知道设计在 2013 年 4 月 10 日完成,测试在 2013 年 5 月 30 日完成。里程碑图表示了项目进展过程中几个重要的点,对项目干系人是非常重要的。

项目计划以里程碑为界限,将整个开发周期划分为若干阶段。根据里程碑的完成情况,适当地调整每一个较小阶段的任务量和完成的任务时间,这种方式非常有利于整个项目计划的动态调整。

对项目里程碑阶段点的设置必须符合实际,它必须有明确的内容并且通过努力能达到,要具有挑战性和可达性,只有这样才能在抵达里程碑时,使开发人员产生喜悦感和成就感,激发大家向下一个里程碑前进。实践表明,未达到项目里程碑的挫败感将严重地影响开发的效率,不能达到里程碑可能是里程碑的设置不切实际造成的。进度管理与控制其实就是确保项目里程碑的达成,因此里程碑的设置要尽量符合实际,并且不轻易改变里程碑的时间。

5.3.4　资源图

资源图可以用来显示项目进展过程中资源的分配情况,资源包括人力资源、设备资源等。图 5-11 就是一个人力资源随时间分布的资源图。

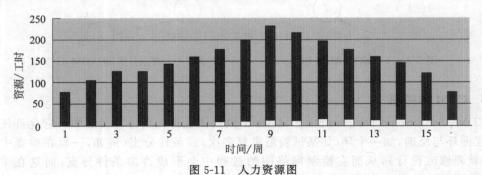

图 5-11　人力资源图

5.4　任务资源估计

在估计每个任务的历时之前,首先应该对每个任务需要的资源类型和数量有一定的考虑,这些资源包括人力资源、设备资源以及其他资源等。对于项目经理来说,应该回答下面的问题。

(1) 对于特定的任务,它的难度如何?

(2) 是否有唯一的特性影响资源的分配?

(3) 企业以往类似项目的状况如何? 个人的成本如何?

(4) 企业现在是否有完成项目合适的资源(人、设备、资料等)? 企业的政策是否会影响这些资源的供给?

(5) 是否需要更多的资源来完成这个项目? 是否需要外包人员等?

为了准确估计任务需要的资源,项目的任务列表、任务属性、历史项目计划、企业的环境因素、企业的过程制度、可用资源状况等信息是必需的。

可以采用专家估算方法或者找有类似项目经验的人来辅助估算,也可以采用脑力风暴方法评估相关选项。由于人力资源是软件项目最主要的成本,因此在项目的早期,应该从不同渠道来获取相关的信息,当然这个结果也会进行修改和完善。

5.5　任务历时估计

定义了项目中的一系列任务和所有任务之间的先后关系,估计了需要的资源后,就需要估计任务的历时,即花费的时间。

任务历时估计就是估计任务的持续时间,它是项目计划的基础工作,直接影响整个项目所需的总时间。任务历时估计太长或太短对整个项目都是不利的。项目历时估计首先是对项目中的任务进行时间估计,然后确定项目的历时。任务时间估计指预计完成各任务所需时间长短,在项目团队中熟悉该任务特性的个人和小组,可对任务所需时间做出估计。

一般地,在历时估计的时候,应该考虑如下信息。

(1) 实际的工作时间:例如,一周工作几天,一天工作几个小时等。要充分考虑正常的工作时间,去掉节假日等。

(2) 项目的人员规模:一般规划项目时,应该按照人员完成时间来考虑,如多少人月、多少人天等,同时要考虑资源需求、资源质量和历史资料等。资源数量的多少也决定任务的历时估计,大多数任务所需时间由相关资源的数量所决定。例如,两人一起工作完成某设计任务只需一半的时间(相对一个人单独工作所需的时间),然而每日只能用半天进行工作的人通常至少需要两倍的时间完成某任务(相对一个人能整天工作所需的时间)。大多数任务所需时间与人和材料的能力(质量)有关。

(3) 生产率:根据人员的技能考虑完成项目的生产率,如 LOC/天等。

(4) 有效工作时间:在正常的工作时间内,去掉聊天、打电话、去卫生间、休息等时间后的有效工作时间。

(5) 连续工作时间:不被打断的持续工作时间。

(6) 人员级别:不同的人员,级别不同,生产率不同,成本也不同。对于同一任务,假设两个人均能全日进行工作,一个高级工程师所需时间少于初级工程师所需时间。资源质量也影响任务的估计,有关各类任务所需时间的历史资料是有用的。

(7) 历史项目:与这个项目有关的先前项目结果的记录,可以帮助进行时间估计。

在项目计划编制过程中,由于开发人员需要休息、吃饭、开会等,可能不会将所有的时间放在项目开发工作上，而且这还不考虑开发人员的工作效率是否保持在一恒定水平上。其实，一天 8 小时工时制并不是花在项目上的时间就是 8 小时。在实际开发中，开发员工的时间利用率能够达到 80% 就已经很好了。

历时估计应该是有效工作时间加上额外时间（或者称为安全时间），历时估计的输出是各个任务的时间估计，即关于完成一个任务需多少时间的数量估计。下面介绍几种软件项目历时估计常用的估算方法。

5.5.1 定额估算法

定额估算法是比较基本的估算项目历时的方法，公式为

$$T = Q/(R \times S)$$

其中，T 为任务的持续时间；Q 为任务的规模（工作量）；R 为人力数量；S 为效率（贡献率）。

定额估算法比较简单，而且容易计算。这种方法比较适合对单个任务的历时估算或者规模较小的项目，它有一定的局限性，没有考虑任务之间的关系。

例如，一个软件任务的规模估算是 $Q=6$（人天），如果有 2 个开发人员，即 $R=2$（人），而每个开发人员的效率是 $S=1$（即正常情况下），则 $T=6/(2 \times 1)=3$（天），即这个任务需要 3 天完成；如果 $S=1.5$，则 $T=6/(2 \times 1.5)=2$（天），即这个任务需要 2 天完成。

5.5.2 经验导出模型

经验导出模型是根据大量项目数据统计分析而得出的模型。不同的项目数据导出的模型略有不同，整体的经验导出模型为

$$D = a \times E^b$$

其中，D 表示月进度；E 表示人月工作量；a 是 2～4 之间的参数；b 为 1/3 左右的参数。a、b 是依赖于项目自然属性的参数。

例如，Walston-Felix 模型的任务历时公式为 $D=2.4 \times E^{0.35}$，基本 COCOMO 模型的任务历时公式为 $D=2.5 \times E^b$（b 是 0.32～0.38 之间的参数）。

【例 5-1】 一个 33.3KLOC 的软件开发项目，属于中等规模、半嵌入型的项目，试采用基本 COCOMO 模型估算项目历时。

根据公式 $D=2.5 \times E^b$ 以及已知条件（中等规模、半嵌入型），得 $b=0.35$，所以工作量为 $E=3.0 \times 33.3^{1.12} \approx 152$（人月），历时估计为 $D=2.5 \times 152^{0.35} \approx 14.5$（月）。

经验导出模型可以根据项目的具体情况选择合适的参数。例如，一个项目的规模估计是 $E=65$ 人月，如果模型中的参数 $a=3$，$b=1/3$，则 $D=3 \times 65^{1/3} \approx 12$（月），即 65 人月的软件规模估计需要 12 个月完成。

5.5.3 工程评估评审技术

工程评估评审技术（Program Evaluation and Review Technique，PERT）最初发展于1958 年，用来适应大型工程年代的需要。当估计历时存在不确定性时，可以采用 PERT 方

法,即估计具有一定的风险时采用这种方法。PERT方法采用加权平均的算法进行历时估算。

$$PERT \text{历时} = (O + 4M + P)/6$$

其中:O 是任务完成的最小估算值,是最乐观值(optimistic time),P 是任务完成的最大估算值,是最悲观值(pessimistic time);M 是任务完成的最大可能估算值(most likely time)。

最乐观值是基于最好情况的估计,最悲观值是基于最差情况的估计,最大可能估算值是基于最大可能情况的估计或者基于最期望情况的估计。

在图 5-12 的网络图中,估计 A、B、C 任务的历时存在很大不确定性,故采用 PERT 方法估计任务历时,图 5-12 中标示了 A、B、C 任务的最乐观、最可能和最悲观的历时估计,根据 PERT 历时公式,计算各个任务的历时估计结果,见表 5-1。

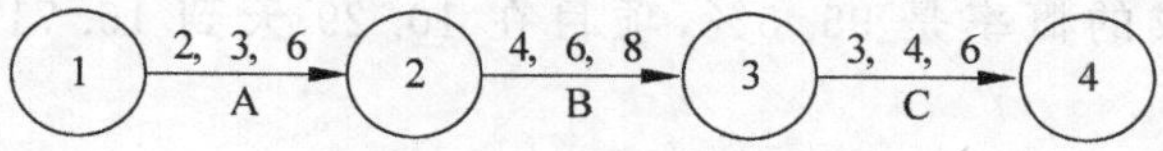

图 5-12 ADM 网络图

一条路径上的所有任务的历时估计之和便是这条路径的历时估计,其值称为路径长度。图 5-12 中的路径长度为 13.5,即这个项目总的时间估计是 13.5,见表 5-1。

表 5-1 PERT 方法估计项目历时

任务	最乐观值	最可能值	最悲观值	PERT 估计值
A	2	3	6	3.33
B	4	6	8	6
C	3	4	6	4.17
项目历时				13.5

用 PERT 方法估计历时存在一定的风险,因此有必要进一步给出风险分析结果。为此引入了标准差和方差。

$$\text{标准差}: \delta = \frac{P - O}{6}$$

$$\text{方差}: \delta^2 = \left(\frac{P - O}{6}\right)^2$$

其中:O 是最乐观的估计;P 是最悲观的估计。

标准差和方差可以表示历时估计的可信度或者项目完成的概率。

我们需要估计网络图中一条路径的历时情况时,如果这条路径中每个任务的 PERT 历时估计分别为 $E_1, E_2, \cdots, E_n$,标准差分别为 $\delta_1, \delta_2, \cdots, \delta_n$,则这条路径的历时、方差、标准差分别为

$$E = E_1 + E_2 + \cdots + E_n$$

$$\delta^2 = \delta_1^2 + \delta_2^2 + \cdots + \delta_n^2$$

$$\delta = \sqrt{\delta_1^2 + \delta_2^2 + \cdots + \delta_n^2}$$

图 5-12 中 A、B、C 任务的标准差和方差以及这条路径的标准差和方差见表 5-2。

表 5-2 任务与项目的标准差和方差

任务与项目	标准差	方差
A 任务	4/6	16/36
B 任务	4/6	16/36
C 任务	3/6	9/36
项目路径	1.07	41/36

根据概率理论,对于遵循正态概率分布的均值 E 而言,$E\pm\delta$ 的概率分布是 68.3%,$E\pm2\delta$ 的概率分布是 95.5%,$E\pm3\delta$ 的概率分布是 99.7%。

图 5-12 所示项目的 PERT 总历时估计是 13.5 天,标准差 $\delta=1.07$。这个项目总历时估计的概率见表 5-3。项目在 12.43 天到 14.57 天内完成的概率是 68.3%,项目在 11.36 天到 15.64 天内完成的概率是 95.5%,项目在 10.29 天到 16.71 天内完成的概率是 99.7%。

表 5-3 项目完成的概率分布

历时估计 $E=13.5,\delta=1.07$

范围	概率	从	到
$E\pm\delta$	68.3%	12.43	14.57
$E\pm2\delta$	95.5%	11.36	15.64
$E\pm3\delta$	99.7%	10.29	16.71

【例 5-2】 图 5-12 所示项目在 14.57 天内完成的概率是多少?

由于 $14.57=13.5+1.07=E+\delta$,因此项目在 14.57 天内完成的概率是箭头 1 以左的概率(见图 5-13),很显然它等于箭头 2 以左的概率加上 68.3%/2,即 84.2%,所以项目在 14.57 天内完成的概率是 84.2%,接近于 85%。

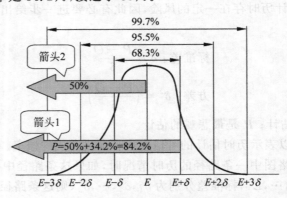

图 5-13 项目在 14.57 天内完成的概率

5.5.4 专家估计方法

估计项目所需时间经常是困难的,因为许多因素(如资源质量的高低、劳动生产率的不同)会影响项目所需时间。专家估计方法是通过专家依靠过去资料信息进行判断,以估算进度的方法。如果找不到合适的专家,估计结果往往不可靠且具有较大风险。

5.5.5　类推估计方法

类推估计意味着利用一个先前类似任务的实际时间作为估计未来任务时间的基础,在项目早期,掌握项目信息不多的时候常使用这种方法。类推估计是专家判断的一种形式,以下情况的类推估计是可靠的:①先前任务和当前任务在本质上类似,而不仅仅是表面相似;②专家能力具备。对于软件项目,利用企业的历史数据进行历时估计是常见的方法。

5.5.6　模拟估计方法

模拟是用不同的假设条件试验一些情形,以便计算相应的时间。最常见的模拟估计方法是蒙特卡罗分析技术(Monte Carlo analysis)。在这种方法中,通过假设各任务所用时间的概率分布来计算整个项目完成所需时间的概率分布。让计算机多次进行一个项目的模拟,就可以得出一个可能结果的范围和每一个结果的概率。

5.5.7　基于承诺的进度估计方法

基于承诺的进度估计方法是从需求出发去安排进度,不进行中间的工作量(规模)估计,而是通过开发人员做出的进度承诺进行的进度估计,它本质上不是进度估算。其优点是有利于开发者对进度的关注,有利于开发者在接受承诺之后鼓舞士气;其缺点是开发人员对进度的估计存在一定的误差。

5.5.8　Jones 的一阶估计准则

Jones 的一阶估计准则是根据项目功能点的总和,从幂次表(见表 5-4)中选择合适的幂次将它升幂。例如,如果一个软件项目的功能点是 FP=350,承担这个项目的公司是平均水平的商业软件公司,则粗略的进度估算是 $350^{0.43} \approx 12$(月)。

表 5-4　一阶幂次表

软件类型	最优级	平均	最差级
系统软件	0.43	0.45	0.48
商业软件	0.41	0.43	0.46
封装商品软件	0.39	0.42	0.45

5.6　进度计划编排方法

进度计划编排是决定项目任务的开始和结束日期的过程,若开始日期和结束日期是不现实的,项目则不可能按计划完成。编排进度计划时,如果资源分配没有被确定,决定项目任务的开始日期和结束日期仍是初步的,资源分配可行性的确认应在项目计划编制完成前做好。其实,编制计划的时候,成本估计、时间估计、进度编制等过程常常交织在一起,这些过程反复多次,最后才能确定项目进度计划。

进度计划编排的输入有项目网络图、任务历时估计、资源需求、资源库描述(对于进度编制而言,有什么资源,在什么时候,以何种方法可供利用是必须知道的)、日历表、超前与滞后、约束和假设(例如,强制性日期、关键事件或里程碑事件,项目资助者、项目客户或其他项目相关人提出在某一特定日期前完成某些工作细目,一旦定下来,这些日期就很难被更改)等。

进度估算和进度编排常常是结合在一起进行的,采用的方法也是一致的。一般来说,项目进度编排的方法主要有关键路径法、时间压缩法等。

5.6.1　关键路径法

关键路径法(Critical Path Method,CPM)是根据指定的网络图逻辑关系进行的单一的历时估算。首先计算每一个任务的单一的、最早和最晚开始日期和完成日期,然后计算网络图中的最长路径,以便确定项目的完成时间估计。采用此方法可以配合进行进度的编制。关键路径法的关键是计算总时差,这样可决定哪一个任务有最小时间弹性,可以为更好地进行项目计划编制提供依据。CPM算法也在其他类型的数学分析中得到应用。

一个项目往往是由若干个相对独立的任务链条组成的,各链条之间的协作配合直接关系整个项目的进度。

讲述关键路径进度编排方法前,先来了解一下有关进度编制的基本术语。

(1) 最早开始时间(Early Start,ES)。表示一项任务最早可以开始执行的时间。

(2) 最晚开始时间(Late Start,LS)。表示一项任务最晚可以开始执行的时间。

(3) 最早完成时间(Early Finish,EF)。表示一项任务最早可以完成的时间。

(4) 最晚完成时间(Late Finish,LF)。表示一项任务最晚可以完成的时间。

(5) 超前时间(lead)。表示两个任务的逻辑关系所允许的提前后置任务的时间,它是网络图中任务间的固定可提前时间。

(6) 滞后时间(lag)。表示两个任务的逻辑关系所允许的推迟后置任务的时间,是网络图中任务间的固定等待时间。举一个简单的例子:装修房子的时候,需要粉刷房子,刷油漆的后续任务是刷涂料,它们之间需要至少一段时间(一般是一天)的等待时间,等油漆变干后,再刷涂料,这个等待时间就是滞后时间。

(7) 浮动时间(float)。浮动时间体现了一个任务的机动性,它是一个任务在不影响项目完成的情况下可以延迟的时间量。

① 总浮动时间(Total Float,TF)。在不影响项目最早完成时间的前提下,本任务可以延迟的时间。TF=LS−ES 或者 TF=LF−EF。

② 自由浮动时间(Free Float,FF)。在不影响后置任务最早开始时间的前提下,本任务可以延迟的时间。FF=ES(s)−EF−lag[ES(s)是后置任务的最早开始时间,lag 是本任务与后置任务之间的滞后时间],即某任务的自由浮动时间等于它后置任务的 ES 减去它的 EF,再减去它的 lag。自由浮动时间是对总浮动时间的描述,表明总浮动时间的自由度。

(8) 关键路径。项目是由各个任务构成的,每个任务都有一个最早、最迟的开始时间和结束时间,如果一个任务的最早时间和最迟时间相同,则表示其为关键任务,一系列不同任务链条上的关键任务链接成为项目的关键路径。关键路径是整个项目的主要矛盾,是确保项目能否按时完成的关键。关键路径在网络图中的浮动时间为 0,而且是网络图中的最长路径。关键路径上的任何任务延迟都会导致整个项目完成时间的延迟,它表明了完成项目的最短时间量。

下面以图 5-14 为例来进一步说明以上基本术语的含义(假设所有任务的历时以天为单位)。

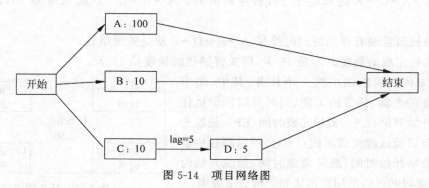

图 5-14 项目网络图

在图 5-14 中,A、B、C 是并行的关系,则项目的完成时间是 100。任务 A 的最早开始时间和最晚开始时间都为 0,最早结束时间和最晚结束时间都为 100,所以 ES(A)=0,EF(A)=100,LF(A)=100,LS(A)=0。

任务 B 的历时为 10 天,可以有一定的浮动时间,只要在任务 A 完成之前完成任务 B 就可以了,所以,任务 B 的最早开始时间是 0,最早结束时间是 10;而最晚结束时间是 100,最晚开始时间是 90,可知任务 B 有 90 天的浮动时间,这个浮动时间是总浮动时间。任务 B 的总浮动时间=90-0=100-10=90。所以 ES(B)=0,EF(B)=10,LF(B)=100,LS(B)=90,TF(B)=LS(B)-ES(B)=LF(B)-EF(B)=90。

任务 C 是任务 D 的前置任务,任务 D 是任务 C 的后置任务,它们之间的 lag=5 表示任务 C 完成后的 5 天开始执行任务 D。任务 C 的历时是 10 天,任务 D 的历时是 5 天,所以任务 C 和任务 D 的最早开始时间分别是 0 和 15,最早结束时间分别是 10 和 20。如果要保证任务 D 的最早开始时间不受影响,则任务 C 是不能自由浮动的,所以任务 C 的自由浮动时间为 0。任务 D 的最晚结束时间是 100,则任务 D 的最晚开始时间是 95,这样,任务 C 的最晚结束时间是 90,任务 C 的最晚开始时间是 80,所以 ES(C)=0,EF(C)=10,ES(D)=15,EF(D)=20,LF(D)=100,LS(D)=95,LF(C)=90,LS(C)=80,TF(C)=LS(C)-ES(C)=LF(C)-EF(C)=80,FF(C)=ES(D)-EF(C)-lag=0。

从图 5-14 看,路径 A 的浮动时间为 0 且是网络图中的最长路径,所以它是关键路径,表明了完成项目的最短时间。

【例 5-3】 项目的 ADM 网络图如图 5-15 所示,如何确定其中的关键路径(所有任务的历时以天为单位)?

(1) 从图 5-15 可以知道有两条路径:A→B→C→E 和 A→B→D→F。

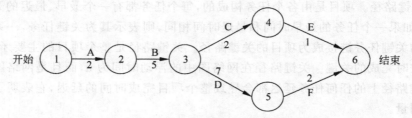

图 5-15　项目的 ADM 网络图

(2) A→B→C→E 的长度是 10,有浮动时间;A→B→D→F 的长度是 16,没有浮动时间。

(3) 最长而且没有浮动时间的路径 A→B→D→F 便是关键路径。

(4) 项目完成的最短时间是 16 天,即关键路径的长度是 16 天。

图 5-16 代表网络图中的一个任务,其中,图中标识出任务的名称、任务的工期,同时可以标识出任务的最早开始时间(ES)、最早完成时间(EF)、最晚开始时间(LS)以及最晚完成时间(LF)。项目路径中各个任务的最早开始时间、最早完成时间、最晚开始时间、最晚完成时间可以采用正推法和逆推法来确定。

图 5-16　任务图示

1. 正推法

在网络图中按照时间顺序计算各个任务的最早开始时间和最早完成时间的方法称为正推法。此方法的执行过程如下。

(1) 确定项目的开始时间。

(2) 从左到右,从上到下进行任务编排。

(3) 计算每个任务的最早开始时间(ES)和最早完成时间(EF)。

① 网络图中第一个任务的最早开始时间是项目的开始时间。

② ES+Duration=EF:任务的最早完成时间等于它的最早开始时间与任务的历时之和,其中 Duration 是任务的历时。

③ EF+lag=ES(s):任务的最早完成时间加上(它与后置任务的)lag 等于后置任务的最早开始时间,其中 ES(s)是后置任务的最早开始时间。

④ 当一个任务有多个前置任务时,选择前置任务中最大的 EF 加上 lag(或者减去 lead)作为其 ES。

图 5-17 所示网络图(假设所有任务的历时以天为单位)中项目的开始时间是 1,如任务 A,它的最早开始时间 ES(A)=1,任务历时 Duration=7,则任务 A 的最早完成时间是 EF(A)=1+7=8。同理可以计算 EF(B)=1+3=4;任务 C 的最早开始时间 ES(C)=EF(A)+0=8,最早完成时间是 EF(C)=8+6=14;任务 G 的最早开始时间 ES(G)=14,最早完成时间 EF(G)=14+3=17。同理 ES(D)=4,EF(D)=7;ES(F)=4,EF(F)=6。由于任务 E 有两个前置任务,选择其中最大的最早完成时间(因为 lag=0,lead=0)作为其后置任务的最早开始时间,所以 ES(E)=7,EF(E)=10;任务 H 也有两个前置任务(任务 E 和任务 G),选择其中最大的最早完成时间 17(因为 lag=0,lead=0),作为任务 H 的最早开

始时间 ES(H)＝17,EF(H)＝19。这样,通过正推法确定了网络图中各个任务的最早开始时间和最早完成时间。

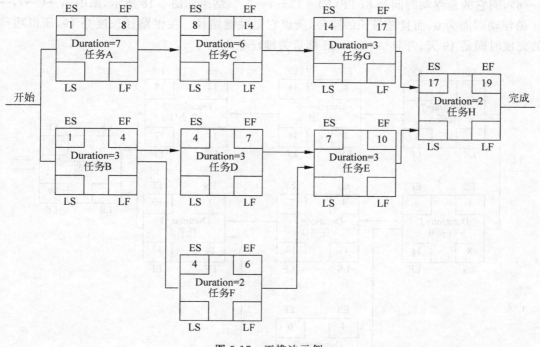

图 5-17　正推法示例

2. 逆推法

在网络图中按照逆时间顺序计算各个任务的最晚开始时间和最晚完成时间的方法,称为逆推法。此方法的执行过程如下。

(1) 确定项目的结束时间。

(2) 从右到左,从上到下进行任务编排。

(3) 计算每个任务的最晚开始时间(LS)和最晚完成时间(LF)。

① 网络图中最后一个任务的最晚完成时间是项目的结束时间。

② LF－Duration＝LS:一个任务的最晚开始时间等于它的最晚完成时间与历时之差。

③ LS－Lag＝LF(p):一个任务的最晚开始与(它与其前置任务的)lag 之差等于它的前置任务的最晚完成时间 LF(p),其中 LF(p)是其前置任务的最晚完成时间。

④ 当一个任务有多个后置任务时,选择其后置任务中最小 LS 减去 lag(或者加上 lead)作为其 LF。

下面确定图 5-17 中各个任务的最晚开始时间和最晚完成时间。由于项目的结束时间是网络图中最后一个任务的最晚完成时间,对于图 5-17 所示网络图,这个项目的结束时间是 19,即 LF(H)＝19,则 LS(H)＝19－2＝17,LF(E)＝17,LS(E)＝17－3＝14。同理,任务 G、C、A、D、F 的最晚完成时间和最晚开始时间分别如下:LF(G)＝17,LS(G)＝17－3＝14;LF(C)＝14,LS(C)＝14－6＝8;LF(A)＝8,LS(A)＝8－7＝1;LF(D)＝14,LS(D)＝14－3＝11;LF(F)＝14,LS(F)＝14－2＝12。任务 B 有两个后置任务,选择其中最小最晚开始时间(因为 lag=0,lead=0)作为其最晚完成时间,所以将 11 作为任务 B 的最晚完成时间,即 LF(B)=11,LS(B)=11-3=8。另外,对于任务 F,它的自由浮动时间是 1(FF(F)=7-6),而它的总浮动时间是 8(TF(F)=12-4=8)。结果如图 5-18 所示,图中 A→C→G→H 的浮动时间为 0,而且是最长的路径,所以它是关键路径。关键路径长度是 19,所以项目的完成时间是 19 天,并且 A、C、G、H 都是关键任务。

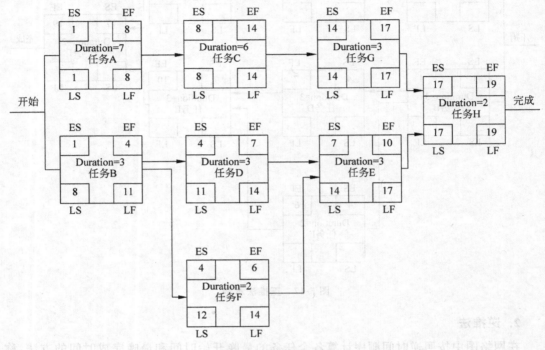

图 5-18　逆推法示例

图 5-18 所示网络图可以称为 CPM 网络图,如果采用 PERT 进行历时估计,则可以称为 PERT 网络图。PERT 网络与 CPM 网络是 20 世纪 50 年代末发展起来的两项重要的技术,其主要区别是 PERT 计算历时时存在一定的不确定性,采用的算法是加权平均$(O+4M+P)/6$,CPM 计算历时的意见比较统一,采用的算法是最大可能值 M。1956 年,美国杜邦公司首先在化学工业上使用了 CPM(关键路径法)进行计划编排,美国海军在建立北极星导弹时,采用了 Buzz Allen 提出的 PERT(计划评审法)技术。此后,这两种方法逐渐渗透到许多领域,为越来越多的人所采用,成为网络计划技术的主流。网络计划技术作为现代管理的方法,与传统的计划管理方法相比较具有明显优点,主要表现为以下几个方面。

(1) 利用网络图模型,明确表达各项工作的逻辑关系。按照网络计划方法,在制订项目计划时,首先必须清楚该项目内的全部工作和它们之间的相互关系,然后才能绘制网络图模型。

(2) 通过网络图时间参数计算,能够确定关键工作和关键线路。

(3) 掌握机动时间,进行资源合理分配。

(4) 运用计算机辅助手段,方便网络计划的调整与控制。

我国从 20 世纪 60 年代中期开始,在著名数学家华罗庚教授的倡导和亲自指导下,开始试点应用网络计划,并根据"统筹兼顾,全面安排"的指导思想,将这种方法命名为"统筹方法"。网络计划技术从此在国内生产建设中卓有成效地推广开来。

为确保网络图的完整和安排的合理,可以进行如下检查。

(1) 是否正确标识了关键路径?

(2) 是否有哪个任务存在很大的浮动? 如果有,则需要重新规划。

(3) 是否有不合理的空闲时间?

(4) 关键路径上有什么风险?

(5) 浮动有多大?

(6) 哪些任务有哪种类型的浮动?

(7) 工作可以在期望的时间内完成吗?

(8) 提交物可以在规定的时间内完成吗?

关键路径法是理论上计算所有任务各自的最早和最晚开始时间与结束时间,但计算时并没有考虑资源限制,这样算出的时间可能并不是实际进度,而是表示所需的时间长短,在编排实际的进度时,应该考虑资源限制和其他约束条件,把任务安排在上述时间区间内,所以还需要如时间压缩、资源平衡等方法。

5.6.2 时间压缩法

时间压缩法是一种数学分析的方法,是在不改变项目范围前提下(例如,满足规定的时间或其他计划目标),寻找缩短项目时间途径的方法。应急法和平行作业法都是时间压缩法。

1. 应急法

应急法也称赶工,用于权衡成本和进度间的得失关系,以决定如何用最小增量成本达到最大量的时间压缩。应急法并不总是产生一个可行的方案,且常常导致成本增加。

如果项目的工作方法和工具得当,就可以简单地通过增加人员和加班时间来缩短进度,进行进度压缩。在进行进度压缩时存在一定的进度压缩和费用增长的关系,很多人提出不同的方法来估算进度压缩与费用增长的关系,下面介绍其中两种方法。

1) 时间成本平衡方法

时间成本平衡方法是基于下面的假设提出的:

(1) 每个任务存在一个正常进度和可压缩进度、一个正常成本和可压缩成本。

(2) 通过增加资源,每个任务的历时可以从正常进度压缩到可压缩进度。

(3) 每个任务无法在低于可压缩进度内完成。

(4) 有足够需要的资源可以利用。

(5) 在"正常"与"可压缩"之间,进度压缩与成本的增长是成正比的,单位进度压缩成本=(可压缩成本-正常成本)/(正常进度-可压缩进度)。

上述的线性关系方法是假设如果任务在可压缩进度内,进度压缩与成本的增长成正比,所以可通过计算任务的单位进度压缩成本来计算在压缩范围之内的进度压缩产生的压缩费用。

【例 5-4】 图 5-19 是一个项目的 PDM 网络图,在可压缩的范围内,假设 A、B、C、D 任务的进度压缩与成本增长呈线性正比关系。表 5-5 分别给出了 A、B、C、D 任务的正常进度、可压缩进度、正常成本、可压缩成本。从 PDM 网络图可知,目前项目的总工期为 18 周,如果将工期分别压缩到 17 周、16 周、15 周并且保证每个任务在可压缩的范围内,试分析应该压缩哪些任务,并计算压缩之后的总成本。

表 5-5 正常进度、可压缩进度、正常成本、可压缩成本

进度、成本	A	B	C	D
正常进度	7 周	9 周	10 周	8 周
正常成本	5 万元	8 万元	4 万元	3 万元
可压缩进度	5 周	6 周	9 周	6 周
可压缩成本	6.2 万元	11 万元	4.5 万元	4.2 万元

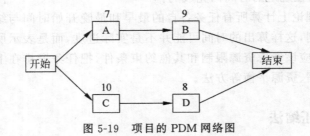

图 5-19 项目的 PDM 网络图

(1) 从 PDM 网络图可以看到,有"开始→A→B→结束"和"开始→C→D→结束"两个路径,前者的长度是 16 周,后者的长度是 18 周,所以"开始→C→D→结束"是关键路径,即项目完成的最短时间是 18 周。

(2) 如果将工期分别压缩到 17 周、16 周、15 周并且保证每个任务在可压缩的范围内,必须满足以下两个前提。

① A、B、C、D 任务必须在可压缩的范围内。

② 保证压缩之后的成本最小。

根据表 5-5 计算 A、B、C、D 任务单位进度压缩的成本,如表 5-6 所示。

表 5-6 每个任务的单位进度压缩成本

任务	A	B	C	D
单位进度压缩成本/(万元/周)	0.6	1	0.5	0.6

根据上述两个条件,首先看可以压缩哪些任务,然后选择压缩后成本增加最小的任务,如表 5-7 所示。

表 5-7 压缩后的项目成本

完成周期/周	压缩的任务	成本计算/万元	项目成本/万元
18		5+8+4+3	20
17	C	20+0.5	20.5
16	D	20.5+0.6	21.1
15	A、D	21.1+0.6+0.6	22.3

（3）如果希望总工期压缩到 17 周，需要压缩关键路径"开始→C→D→结束"，可以压缩的任务有 C 和 D，根据表 5-6 知道压缩任务 C 的成本最小（压缩任务 C 一周增加 0.5 万元成本，压缩任务 D 一周增加 0.6 万元成本），故选择压缩任务 C 一周，压缩到 17 周后的总成本是 20.5 万元。

（4）如果希望总工期压缩到 16 周，需要压缩关键路径"开始→C→D→结束"，可以压缩的任务还是 C 和 D，任务 C 压缩一周后，在可压缩范围内是不能再压缩的，否则压缩成本会非常高，这时应该选择压缩任务 D 一周，项目压缩到 16 周后的总成本是 21.1 万元。这时，项目网络图的两条路径的长度都是 16 周，即有两条关键路径。

（5）如果希望总工期压缩到 15 周，应该压缩两条关键路径，即"开始→A→B→结束"和"开始→C→D→结束"两条路径都需要压缩。在 A、B 任务中应该选择压缩任务 A 一周（压缩任务 A 一周增加 0.6 万元成本，压缩任务 B 一周增加 1 万元成本），在 C、D 中选择压缩 D 一周（这样的压缩成本是最低的），所以，项目压缩到 15 周后的总成本是 22.3 万元。

2）进度压缩因子方法

进度压缩与费用的上涨不是总能呈现正比的关系，当进度被压缩到"正常"范围之外，工作量就会急剧增加，费用会迅速上涨。而且，软件项目存在一个可能的最短进度，这个最短进度是不能突破的。在某些时候，增加更多的软件开发人员会减慢开发速度，而不是加快开发速度。例如，一个人 5 天写 1000 行程序，5 个人 1 天不一定能写 1000 行程序，40 个人 1 个小时不一定能写 1000 行程序。增加人员会存在更多的交流和管理的时间。在软件项目中，不管怎样努力工作，无论怎么寻求创造性的解决办法，无论组织团队多大，都不能突破这个最短的进度点。

进度压缩因子方法是由 Charles Symons 提出来的，而且被认为是精确度比较高的一种方法。它的公式如下：

$$进度压缩因子 = 期望进度 / 估算进度$$

$$压缩进度的工作量 = 估算工作量 / 进度压缩因子$$

这个方法是首先估算初始的工作量和初始的进度，然后将估算与期望的进度相结合，计算进度压缩因子，以及压缩进度的工作量。例如，项目的初始估算进度是 12 个月，初始估算工作量 78 人月。如果期望压缩到 10 个月，则进度压缩因子 = 10/12 ≈ 0.83，压缩进度后的工作量 = 78/0.83 ≈ 94（人月），即压缩进度增加的工作量是 16 人月。也就是说，进度缩短 17%，约增加 21% 的工作量。

很多研究表明，进度压缩因子不应该小于 0.75，这说明一个任务最多压缩 25% 是有意义的。

2. 平行作业法

平行作业法也称为快速跟进，是平行地做任务，这些任务通常要按前后顺序进行（例如，在设计完成前，就开始软件程序的编写）。例如，如图 5-20 所示项目在正常情况下，15 天内完成需求、设计。但是，如果需要在第 12 天内完成设计，则需要对项目的历时进行压缩。压缩方法有两种，一种是应急法，不改变任务之间的逻辑关系，将需求压缩到 8 天，设计压缩到 4 天，这样需求、设计可以在 12 天内完成。也可以采用另外一种方法，即调整任务需求和设计之间的逻辑关系，在需求没有完成前 3 天就开始设计，相当于需求任务与设计任务并行工作一段时间，或者说需求与设计任务之间的 lead = 3，它解决任务的搭接，这样就压缩了项目的时间。但是，平行作业常导致返工和增加风险。

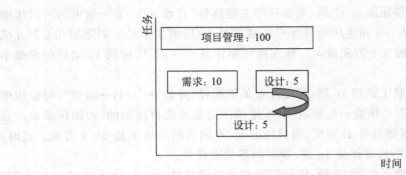

图 5-20　任务之间的快速跟进

5.6.3　资源平衡方法

为了成功地编制了一个项目进度计划,必须对项目中的任务分配资源,项目中的任务必须在一定的条件下人为操纵完成。要使用资源来完成项目中的任务,就必须将资源与任务联系起来。每项任务需要的资源包括人力资源、设备资源等。

资源平衡方法通过调整任务的时间来协调资源的冲突。这个方法的主要目的是形成平稳连续的资源需求,最有效地利用资源,使资源闲置的时间最小化,同时尽量避免超出资源能力。

关键路径法通常可以产生一个初始进度计划,而实施这个计划需要的资源可能比实际拥有的多。资源平衡法可在资源有约束条件下制订一个进度计划。例如,网络图 5-21 中有 A、B、C 3 个任务,A 需要 2 天 2 个开发人员完成,B 需要 5 天 4 个开发人员完成,C 需要 3 天 2 个开发人员完成。如果 3 个任务同时开始执行,如图 5-22 所示,一共需要 8 个开发人员,而资源高峰在项目开始的前 2 天,之后就会陆续有人出现空闲

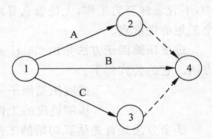

图 5-21　项目网络图

状态,资源利用率不合理。如果 C 任务利用浮动时间,使用最晚开始时间,即 A 任务完成之后再开始 C 任务,如图 5-23 所示,从项目开始到结束,一共需要 6 个开发人员,而且项目同样是 5 天内全部完成,但是资源利用率提高了,这就是一个资源平衡的例子。

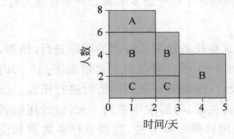

图 5-22　3 个任务同时开始的
人员情况

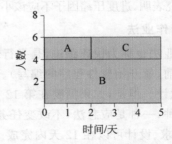

图 5-23　3 个任务不同时开始的
人员情况

5.6.4　管理预留

管理预留是一项加在项目末端的人为任务,不是加在每一个任务间隔上,而是给项目增加一个储备时间。储备时间一般是项目中完成所有任务所需时间的10%~15%。当一项任务超出了分配的时间,超出的部分可以使用关键路径末端的管理预留。

增加管理预留后,项目经理可以用百分比来查看项目的进展情况。例如,一个项目完成了40%,却用去65%的管理预留,如果余下的任务仍然保持这个趋势,那么这个项目就会陷入困境。

帕金森定律(Parkinson's Law)指出,工作总是拖延到它所能够允许最迟完成的那一天。也就是说,如果工作允许拖延、推迟完成,往往这个工作总是推迟到它能够最迟完成的那一刻,很少有提前完成的。如果一项任务需要花费10小时完成,可能任务执行者自己知道只需要6小时就可以完成,但不可思议地花费了10小时。这样他们会不珍惜时间,可能会找一些其他事情来做或者简单地等待,直到预留时间花完,才开始正常地工作以期待将项目成功完成。

在任务的估算过程中,任务执行者常会受到夸大任务完成所估算时间的诱惑,不要受到这种诱惑的影响,应该总是反映任务完成所需要的准确时间。可以使用PERT方法中的最乐观值、最悲观值和最可能值来估算,但不要因为考虑了消极的因素(如出现错误、返工和任务延迟等)而增加每一项任务所需要的时间。所以,管理预留是将每一项任务的预留时间累加在一起,放在关键路径末端,而不要增加每一项任务时间。

5.6.5　Scrum 敏捷计划

Scrum 敏捷计划模型具有两层项目计划,基于远粗近细的原则和项目渐进明细的特点,通过将概要的项目整体规划和详细的近期迭代计划有机结合,帮助团队有效提高计划的准确度、资源管理能力和项目的按时交付能力。近期计划比较细化,长远计划比较粗糙。这两层计划是通过产品待办事项列表和 Sprint 待办事项列表体现的。

产品待办事项列表存在于产品的整个生命周期,它是产品的路线图。任何时候,产品待办事项列表都是团队依照优先排列顺序完成工作的唯一、最终的概括。一个产品只有一个产品待办事项列表,这意味着产品负责人必须纵观全局后做出优先级排列的决策,以体现利益相关人(包括团队)的意愿。表5-8就是一个产品待办事项列表,它相当于比较粗糙的远期计划。

表 5-8　产品待办事项列表

优先级	事　　项	细节 (wiki 链接)	初始规 模估算	每个 Sprint 的新估算					
				1	2	3	4	5	6
1	作为买家,我想把书放入购物车 (见 wiki 页面用户界面草图)		5						
2	作为买家,我想从购物车中删除书		2						
3	提高交易处理性能(见 wiki 页面目标性能指标)		13						

续表

优先级	事　　项	细节 （wiki 链接）	初始规 模估算	1	2	3	4	5	6
4	探讨加速信用卡验证的解决方法 （见 wiki 页面目标性能指标）		20						
5	将所有服务器升级到 Apache 2.2.3		13						
6	分析并修复处理脚本错误（错误号 14834）		3						
7	作为购物者，我想创建并保存愿望表		40						
8	作为购物者，我想增加或删除愿望表中的条目		20						

设定了 Sprint 目标并挑选出 Sprint 要完成的产品待办列表项之后，开发团队将决定如何在 Sprint 中把这些功能构建成“完成”的产品增量。Sprint 中所选出的产品待办列表项以及交付它们的计划统称为 Sprint 待办事项列表。

开发团队通常先由系统设计开始，把产品待办事项列表转换成可工作的产品增量所需要的工作。工作的大小或预估的工作量可能会不同。然而，在 Sprint 计划会议中，开发团队已经挑选出足够的工作量，并且预计他们在即将到来的 Sprint 中能够完成。开发团队所计划的 Sprint 最初几天的工作在会议结束前分解为工作量等于或少于一天的任务。开发团队自发组织地领取 Sprint 待办事项列表中的工作，领取工作在 Sprint 计划会议和 Sprint 期间按实际情况进行。

一旦大家理解了整体的设计，团队会把产品待办事项列表中的事项分解成较细粒度的工作。在开始处理产品待办事项列表中的事项前，团队可能会先为前一个 Sprint 的回顾会议中所创建的改进目标生成一些任务。然后，团队选择产品待办事项列表中的第一个事项，即对于产品负责人来讲最高优先级的事项，然后依次处理，直到他们“容量填满”为止。

他们为每个事项建立一个工作列表，有时由产品待办事项列表中的事项分解出的任务组成，或者当产品待办事项列表中的事项很小，只要几个小时就能实现时，则简单地由产品待办事项列表事项组成，最后完成 Sprint 待办事项列表，如表 5-9 所示。

表 5-9　Sprint 待办事项列表

| 产品待办事项
列表事项 | Sprint 中的任务 | 志愿者 | 初始工作
量估计 | 每日结束时剩余工作量的最新估计 | | | | | |
				1	2	3	4	5	6
作为买家，我想把书放到购物车中	修改数据库		5						
	创建网页（UI）		8						
	创建网页（JavaScript）逻辑		13						
	写自动化验收测试		13						
	更新买家帮助网页		3						
	…								

产品待办事项列表事项	Sprint 中的任务	志愿者	初始工作量估计	1	2	3	4	5	6
事务处理效率	合并 DCP 代码并完成分段测试		5						
	完成 pRank 的机器顺序		8						
	把 DCP 和读入需改为用 pRank http API		13						

习题

一、填空题

1. _____决定了项目在给定的金钱关系和资源条件下完成项目所需的最短时间。

2. _____是一种特殊的资源,以其单向性、不可重复性、不可替代性而有别于其他资源。

3. 在 ADM 网络图中,箭线表示_____。

4. _____和_____都是时间压缩法。

5. 任务(活动)之间的排序依据主要有_____、_____、_____等。

6. 工程评估评审技术采用加权平均的公式是_____,其中 O 是乐观值,P 是悲观值,M 是最可能值。

二、判断题

1. 一个工作包可以通过多个活动完成。(　)

2. 在项目进行过程中,关键路径是不变的。(　)

3. 在 PDM 网络图中,箭线表示的是任务之间的逻辑关系,节点表示的是活动。(　)

4. 项目各项活动之间不存在相互联系与相互依赖关系。(　)

5. 在资源冲突问题中,过度分配也属于资源冲突。(　)

6. 浮动是在不增加项目成本的条件下,一个活动可以延迟的时间量。(　)

7. 在使用应急法压缩时间时,不一定要在关键路径上选择活动来进行压缩。(　)

8. 时间是项目规划中灵活性最小的因素。(　)

9. 外部依赖关系又称强制性依赖关系,指的是项目活动与非项目活动之间的依赖关系。(　)

10. 当估算某活动时间,存在很大不确定性时应采用 CPM 估计。(　)

三、选择题

1. 下面公式中不正确的是(　)。

    A. EF＝ES＋duration   B. LS＝LF－duration

    C. TF＝LS－ES＝LF－EF   D. EF＝ES＋lag

2. "软件编码完成之后,我才可以对它进行软件测试",这句话说明了哪种依赖关系?(　)

    A. 强制性依赖关系   B. 软逻辑关系   C. 外部依赖关系   D. 里程碑

3. (　　)可以显示任务的基本信息,使用该类图能方便地查看任务的工期、开始时间、结束时间以及资源的信息。

    A. 甘特图　　　　　　B. 网络图　　　　　　C. 里程碑图　　　　　　D. 资源图

4. (　　)是项目冲突的主要原因,尤其在项目后期。

    A. 优先级问题　　　　B. 人力问题　　　　　C. 进度问题　　　　　　D. 费用问题

5. 项目计划中灵活性最小的因素是(　　)。

    A. 时间　　　　　　　B. 人工成本　　　　　C. 管理　　　　　　　　D. 开发

6. (　　)不是编制进度的基本方法。

    A. 关键路径法　　　　B. 时间压缩法　　　　C. 系统图法　　　　　　D. 资源平衡方法

7. 快速跟进是指(　　)。

    A. 采用并行执行任务,加速项目进展　　　　B. 用一个任务取代另外的任务

    C. 如有可能,减少任务数量　　　　　　　　D. 减轻项目风险

8. (　　)将延长项目的进度。

    A. lag　　　　　　　　B. lead　　　　　　　C. 赶工　　　　　　　　D. 快速跟进

9. (　　)可以决定进度的灵活性。

    A. PERT　　　　　　　B. 总浮动　　　　　　C. ADM　　　　　　　　D. 赶工

四、简答题

1. 对一个任务进行进度估算时,A 是乐观者,估计用 6 天完成,B 是悲观者,估计用 24 天完成,C 是有经验者,认为最有可能用 12 天完成,那么这个任务的历时估算介于 10 天到 16 天的概率是多少?

2. 请将图 5-24 所示的 PDM(优先图法)网络图改画为 ADM(箭线法)网络图。

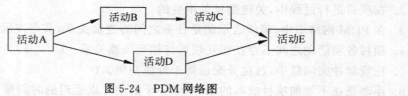

图 5-24　PDM 网络图

第6章

项目人员选择

6.1 团队人员类型

一个软件项目涵盖了项目组、客户、客户需求(或称为项目目标)以及为达到项目目标、满足客户需求所需要的权责、人员、时间、资金、工具、资料、场所等各类项目资源。人员无疑是项目资源中最特别、最重要的资源。人具有主动性和情感,与社会、家庭、企业、员工等的关系密不可分。影响软件项目进度、成本、质量的因素主要是人、过程、技术。在这3个因素中,人是第一位的,人才是企业最重要的资源,人力资源决定项目的成败。

项目中的人力资源一般是以团队的形式存在的,团队是由一定数量的个体组成的集合,包括企业内部的人、供应商、承包商、客户等。通过将具有不同潜质的人组合在一起,形成一个具有高效团队精神的队伍来进行软件项目的开发。团队开发不仅可以发掘作为个体的个人能力,而且可以发掘作为团队的集体能力。当一组人称为团队的时候,他们应该为一个共同的目标工作,每个人的努力必须协调一致,而且能够愉快地在一起合作,从而开发出高质量的软件产品。

人力资源管理是保证参加项目人员能够被最有效使用的过程,是对项目组织所储备的人力资源开展的一系列科学规划、开发培训、合理调配、适当激励等方面的管理工作,使项目组织各方面人员的主观能动性得到充分发挥,做到人尽其才、事得其人、人事相宜,同时保持项目组织高度的团结性和战斗力,从而成功地实现项目组织的既定目标。

软件项目是由不同角色的人共同协作完成的,每种角色都必须有明确的职责定义,因此选拔和培养适合角色职责的人才是首要的因素。项目人员可以通过合适的渠道选取,而且要根据项目的需要进行,不同层次的人员需要进行合理的安排,明确项目需要的人员技能并验证需要的技能。有效的软件项目团队由担当各种角色的人员所组成,每位成员扮演一个或多个角色。常见的项目角色包括项目经理、系统分析员、系统设计员、数据库管理员、支持工程师、程序员、质量保证工程师、业务专家(用户)、测试人员等。

6.1.1 项目组织架构

组建团队时首先要明确项目的组织架构。项目组织架构应该能够提高团队的工作效率,避免摩擦,因此,一个理想的团队结构应当适应人员的不断变化,利于成员之间的信息交流和项目中各项任务的协调。

项目组织是由一组个体成员为实现一个具体项目目标而协同工作的队伍,其根本使命是在项目经理的领导下,群策群力,为实现项目目标而努力工作,具有临时性和目标性的特点。项目管理中的组织架构可以总结为 3 种主要类型:职能型、项目型和矩阵型。具体选择哪种组织架构要考虑多重因素。在这 3 种组织架构中,矩阵型组织架构的沟通最复杂,项目型组织架构在项目收尾时,团队成员和项目经理压力比较大。

1. 职能型组织架构

职能型组织架构是目前最普遍的项目组织形式。它是一个标准的金字塔形组织形式,如图 6-1 所示。

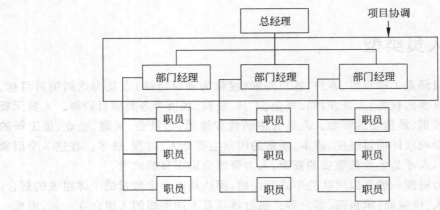

图 6-1　职能型组织架构

职能型组织架构是一种常规的线性组织结构。采用这种组织架构时,项目是以部门为主体来承担的,一个项目由一个或者多个部门承担,一个部门也可能承担多个项目,有部门经理,也有项目经理,所以项目成员有两个负责人。这个组织架构适用于主要由一个部门完成的项目或技术比较成熟的项目。职能型组织架构有优点,也有缺点。

职能型组织架构的优点如下。

(1)以职能部门作为承担项目任务的主体,可以充分发挥职能部门的资源集中优势,有利于保障项目需要资源的供给和项目可交付成果的质量,在人员的使用上具有较大的灵活性。

(2)职能部门内部的技术专家可以被该部门承担的不同项目共享,节约人力,减少了资源。

(3)同一职能部门内部的专业人员便于相互交流、相互支援,对创造性地解决技术问题很有帮助。同部门的专业人员易于交流知识和经验,项目成员在事业上具有连续性和保障性。

（4）当项目成员调离项目或者离开公司，所属职能部门可以增派人员，保持项目技术的连续性。

（5）项目成员可以将完成项目和完成本部门的职能工作融为一体，可以减少因项目的临时性而给项目成员带来的不确定性。

职能型组织架构的缺点如下。

（1）客户利益和职能部门的利益常常发生冲突，职能部门会为本部门的利益而忽视客户的需求，只集中于本职能部门的活动，项目及客户的利益往往得不到优先考虑。

（2）当项目需要多个职能部门共同完成，或者一个职能部门内部有多个项目需要完成时，资源的平衡就会出现问题。

（3）当项目需要由多个部门共同完成时，权力分割不利于各职能部门之间的沟通交流、团结协作，项目经理没有足够的权力控制项目的进展。

（4）项目成员在行政上仍隶属于各职能部门的领导，项目经理对项目成员没有完全的管理权力，项目经理需要不断地同职能部门经理进行有效的沟通，以消除项目成员的顾虑。当小组成员对部门经理和项目经理都要负责时，项目团队的管理常常是复杂的。对这种双重报告关系的有效管理常常是项目最重要的成功因素，而且通常是项目经理的责任。

2. 项目型组织架构

与职能型组织架构相对应的另一种组织架构是项目型组织架构。项目型组织架构中的部门完全是按照项目进行设置，是一种单目标的垂直组织方式，如图 6-2 所示。存在一个项目就有一个类似部门的项目组，当项目完成之后，这个项目组代表的部门就解散了，这时项目人员的去向就是一个问题了。所以，这种组织架构不存在原来意义上的部门的概念。每个项目以项目经理为首，项目工作会运用到大部分的组织资源，而项目经理具有高度独立性，具有高度的权力。完成每个项目目标所需的全部资源完全划分给该项目单元，完全为该项目服务。

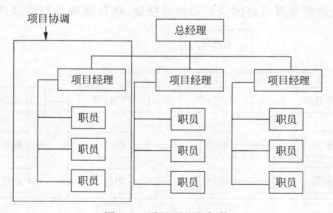

图 6-2　项目型组织架构

在项目型组织架构中，项目经理有足够的权力控制项目的资源。项目成员向唯一领导汇报。这种组织架构适用于开拓型等风险比较大的项目或对进度、成本、质量等指标有严格要求的项目，不适合人才匮乏或规模小的企业。项目型组织架构也有其优点和缺点。

项目型组织架构的优点如下。

（1）项目经理对项目可以全权负责，可以根据项目需要随意调动项目组织的内部资源或者外部资源。

（2）项目型组织的目标单一，完全以项目为中心安排工作，决策的速度得以加快，能够对客户的要求做出及时响应，项目组团队精神得以充分发挥，有利于项目的顺利完成。

（3）项目经理对项目成员有完全的管理权力，项目成员只对项目经理负责，避免了职能型项目组织下项目成员处于多重领导、无所适从的局面，项目经理是项目的真正、唯一的领导者。

（4）组织架构简单，易于操作。项目成员直接属于同一个部门，彼此之间的沟通交流简洁、快速，提高了沟通效率，同时加快了决策速度。

项目型组织架构的缺点如下。

（1）对于每一个项目型组织，资源不能共享，即使某个项目的专用资源闲置，也无法应用于另外一个同时进行的类似项目，人员、设施、设备重复配置会造成一定程度的资源浪费。

（2）公司内各个独立的项目型组织处于相对封闭的环境之中，公司的宏观政策、方针很难做到完全、真正的贯彻实施，可能会影响公司的长远发展。

（3）在项目完成以后，项目型组织中的项目成员或者被派到另一个项目中去，或者被解雇，对于项目成员来说，缺乏一种事业上的连续性和安全感。

（4）项目之间处于一种条块分割状态，项目之间缺乏信息交流，不同的项目组很难共享知识和经验，项目成员的工作会出现忙闲不均的现象。

3. 矩阵型组织架构

矩阵型组织架构是职能型组织架构和项目型组织架构的混合体，既具有职能型组织架构的特征，又具有项目型组织架构的特征，如图 6-3 所示。它是根据项目的需要，从不同的部门中选择合适的项目人员组成一个临时项目组，项目结束之后，这个项目组也就解体了，然后各个成员回到各自原来的部门，团队的成员需要向不同的经理汇报工作。这种组织架构的关键是项目经理需要具备好的谈判和沟通技能，项目经理与职能经理之间建立友好的

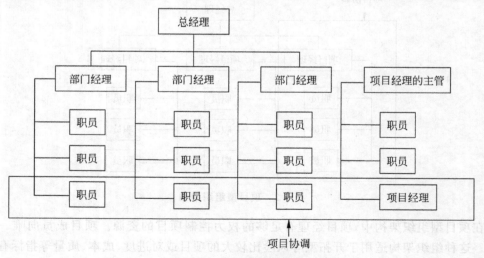

图 6-3　矩阵型组织架构

工作关系。项目成员需要适应与两个上司协调工作。加强横向联结,充分整合资源,实现信息共享,提高反应速度等方面的优势恰恰符合当前的形势要求。采用该管理方式可以对人员进行优化组合,引导聚合创新,而且同时改变了原有行政机构中固定组合、互相限制的现象。这种组织架构适用于管理规范、分工明确的公司或者跨职能部门的项目。矩阵型组织架构也有其优点和缺点。

矩阵型组织架构的优点如下。

(1)专职的项目经理负责整个项目,以项目为中心,能迅速解决问题。在最短的时间内调配人才,组成一个团队,把不同职能的人才集中在一起。

(2)多个项目可以共享各个职能部门的资源。在矩阵管理中,人力资源得到了更有效的利用,减少了人员冗余。研究表明,一般使用这种管理模式的企业能比传统企业少用20%的员工。

(3)既有利于项目目标的实现,也有利于公司目标方针的贯彻。

(4)项目成员的顾虑减少了,因为项目完成后,他们仍然可以回到原来的职能部门,不用担心被解散,而且他们能有更多机会接触自己企业的不同部门。

矩阵型组织架构的缺点如下。

(1)容易引起职能经理和项目经理权力的冲突。

(2)资源共享可能引起项目之间的冲突。

(3)项目成员有多位领导,即员工必须要接受双重领导,因此经常有焦虑与压力。当两个经理的命令发生冲突时,员工必须能够面对不同指令形成一个综合决策来确定如何分配他的时间。同时,员工必须和他的两个领导保持良好的关系,应该显示出对这两个领导的双重忠诚。

项目是由项目团队完成的,在矩阵型的组织架构中,项目经理和项目成员往往来自不同职能部门,由于组织职责不同,参与项目的组织在目标、价值观和工作方法上会与项目经理所在部门有所差异,会在项目团队组建之初的磨合阶段出现矛盾,进而产生"对抗"。对于这种由于分工不同、人员相互之间不熟悉产生的对抗,项目经理应及时识别,并将对抗控制在"建设性"对抗的范围之内,切忌对项目组建初期的磨合放任自流。

矩阵型组织的每一个点都有自己的直属上级,都有各自的团队利益。作为项目经理,如果确认采用矩阵型组织架构,就必须能够认同矩阵管理带来的差异,在确保项目整体目标的前提下,务必要和矩阵型组织架构所涉及的诸多职能部门做好协同工作,平衡各自的利益。在沟通中出现问题时,要立刻敏锐感觉到问题并非出在矩阵点,而是出现在矩阵结构的直线上级,需要花费大量的时间和精力与矩阵结构的直线上级做好充分沟通。在出现严重问题后,首先要确保自己的站位尽可能超越原来的组织定位,以更高的站位看待各职能的差异,更多地以沟通、认同甚至妥协的方式顾全大局,确保项目的成功。如果不能超越自己的组织利益,且没有时间或精力做大量的沟通工作,仍旧习惯于高职责、高压力、强绩效导向的管理模式,那么职能型项目组织也许是最好的选择。

其实,很多的组织架构不同程度地具有以上各种组织类型的结构特点,而且会根据项目具体情况执行一套特定的工作程序。项目的暂时性特征意味着个人之间和组织之间的关系总体而言是既短又新的。项目管理者必须仔细选择适应这种短暂关系的管理技巧。组织架构说明了一个项目的组织环境,在实施一个项目的时候应该明确本项目的具体形式,包括项目中各个层次的接口关系、报告关系、责任关系等。例如,图 6-4 便是一个软件项目组织架构案例。

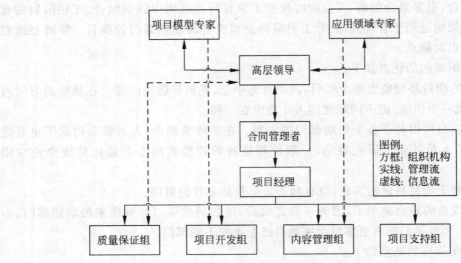

图 6-4 软件项目组织架构

为了创建一个组织架构图,项目管理者首先明确项目需要的人员类型,如需要熟悉 Oracle 还是 DB 2,需要精通 Java 语言还是 C++语言等。项目中的人员有不同的背景、不同的技能,管理这样的团队不是一件容易的事情,因此创建一个组织架构图是必要的。

项目经理完成任务分解结构图之后,可能开始考虑如何将各个独立的工作单元分配给相应的组织单元。任务分解结构图(OBS)可以与组织分解结构(WBS)综合使用,建立一个任务与职责的对应关系,如图 6-5 所示。

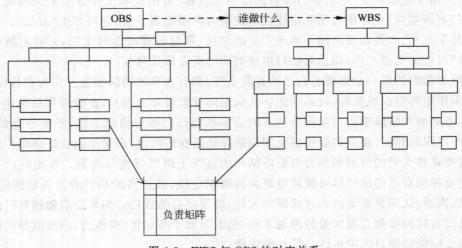

图 6-5 WBS 与 OBS 的对应关系

组织架构图显示组织中哪个单位负责哪项工作任务。也可以对一般组织架构再进行详细分解。确定了组织架构图之后,项目经理需要确定组织架构中的责任分配。

6.1.2 责任分配矩阵

在项目团队内部,有时出现由于各阶段不同角色或同阶段不同角色之间的责任分工不够清晰而造成工作互相推诿、责任互相推卸的现象;各阶段不同角色或同阶段不同角色之间的责任分工比较清晰,但是各项目成员只顾完成自己那部分任务,不愿意与他人协作。这些现象都将造成项目组内部资源的损耗,从而影响项目进展。项目经理应当对项目成员的责任进行合理的分配并清楚地说明,同时强调不同分工、不同环节的成员应当相互协作,共同完善。

责任分配矩阵是用来对项目团队成员进行分工,明确其角色与职责的有效工具。通过这样的关系矩阵,项目团队每个成员的角色是什么、谁做什么以及他们的职责等都得到了直观的反应,项目的每个具体任务都能落实到参与项目的团队成员身上,确保了项目的每项任务有人做,每个人有任务做。

责任分配矩阵是一种矩阵图表,如表 6-1 所示,横向为工作单元,纵向为组织成员或部门名称。纵向和横向交叉处表示项目组织成员或部门在某个工作单元中的职责。矩阵中的符号表示项目工作人员在每个工作单元中的参与角色或责任。采用责任分配矩阵可以确定项目参与方的责任和利益关系。责任分配矩阵确定了工作职责和执行单位。对于很小的项目,这个执行单位最好是个人;对于大的项目,这个执行单位可以是团队或者一个企业单元。

表 6-1 某项目的责任分配矩阵

单 位	任务分解结构图中的任务							
	1.1.1	1.1.2	1.1.3	1.1.4	1.1.5	1.1.6	1.1.7	1.1.8
系统部门	R	RP					R	
软件部门			RP					
硬件部门				RP				
测试部门	P							
质量保证部门					RP			
配置管理部门						RP		
后勤部门							P	
培训部门								RP

注:R 表示负责者(部门),P 表示执行者(部门)。

另外,可以采用责任分配矩阵分配更加详细的工作活动,或者定义一般的角色和职责。例如,表 6-2 展示了一个项目的人员是否参加或者负责项目中的某项活动,是否对项目的某项任务提供输入、进行评审等。

表 6-2 项目人员角色

项 目	项目经理	应用开发人员	网络工程师	专家
建立应用软件	A	C	P	
测试应用软件	A	P	P	
应用软件打包	R		R	P
测试发布应用软件	R	R		C
在工作站上安装应用	A		P	C

注:A=Approver(批准),R=Reviews(评审),P=Participant(参加),C=Creator(建立)。

责任分配矩阵可以帮助项目经理标识完成项目需要的资源,同时确认企业的资源库中是否有这些资源。项目后期,项目经理可以使用更加准确的矩阵来标识哪个任务分配给哪个人,明确项目组织架构,再加上责任分配矩阵,就能够把团队成员的角色、职责以及汇报关系确定下来,使项目团队能够各负其责、各司其职,进行充分、有效的合作,避免职责不明,为项目任务的完成提供了可靠的组织保证。

6.1.3　人员配置原则

软件项目中的开发人员是最大的资源。对人员的配置、调度安排贯穿整个软件开发过程,人员的组织管理是否得当是影响软件项目质量的决定性因素。

在安排人力资源的时候一定要合理,不能少也不可以过多,否则就会出现反作用,即要控制项目组的规模。人数多了,进行沟通的渠道就多了,管理的复杂度就高了,对项目经理的要求也就高了。一般项目组的人数不要超过 10 人,当然这不是绝对的,和项目经理的水平有很大关系,但是人员“贵精而不贵多”,这是一个基本的原则。

首先在软件开发的一开始,要合理地配置人员,根据项目的工作量、所需要的专业技能,再参考各个人员的能力、性格、经验,组织一个高效、和谐的开发小组。一般来说,一个开发小组的人数在 5 人到 10 人之间最为合适。如果项目规模很大,可以采取层级式结构,配置若干个这样的开发小组。

在选择人员的问题上,要结合实际情况来决定是否选入一个开发组员,并不是一群高水平的程序员在一起就一定可以组成一个成功的小组。作为考查标准,技术水平、与本项目相关的技能、开发经验、团队工作能力都是很重要的因素。一个编程能力很强却不能与同事沟通的程序员未必适合一个对组员的沟通能力要求很高的项目。另外,还应该考虑分工的需要,合理配置各个专项的人员比例。例如,对于一个网站开发项目,小组中有页面美工、后台服务程序、数据采集整理、数据库设计等几个部分,应该合理地组织各项工作的人员配比。

在人员组建方面,需要对项目组人员进行规划配置,合理分工,明确责任,保证项目各阶段、各方面的工作能够按计划完成。

例如,某项目经理在一个项目中配置了以下人员:技术组长 1 名,负责技术难题攻关和组间沟通协调;需求人员 3 名,负责将用户需求转换成项目内的功能需求和非功能需求,编制项目需求规格说明书,针对每个集成版本与用户交流以获取需求的细化;设计人员 2 名,负责根据需求规格说明书,进行系统设计;开发人员 5 名,负责编程实现用户功能;集成人员 1 名,负责整套系统的编译集成,督促小组提交系统功能,及时发现各模块的集成问题,起到各小组之间沟通的纽带作用;测试人员 2 名,对集成人员集成的版本进行测试,尽可能地发现程序缺陷以及未满足需求的设计;文档整理人员 1 名,负责小组内产生文档的统一整合。

人员配置是人力资源规划的一个输出,描述了项目团队人员何时加入团队和何时离开团队。作为项目计划的一部分,其详细程度因项目而异。

6.2 项目干系人识别

干系人是能影响项目决策、活动或者结果的个人、群体或者组织,以及会受到或者自认为会受到项目决策、活动或者结果影响的个人、群体或者组织。在软件项目进行过程中,有时一些人员会左右项目的成败,因此,项目经理应该识别出对项目有关键作用的人,然后进行规划,以保证项目的顺利进行。干系人管理就是基于对干系人需求、利益和潜在影响的分析,然后有效调动干系人参与项目决策和执行的过程。

6.2.1 识别项目干系人

进行干系人管理,首先要识别出干系人,分析和记录他们的相关信息,如联络信息,他们的利益、参与度、影响力以及对项目成功的潜在影响。

下面都可能是主要的项目干系人。

(1) 项目经理。包括甲、乙方项目经理,负责对项目进行管理的人员。

(2) 客户。使用项目产品的组织或个人,指项目产品的购买者。

(3) 用户。产品的直接使用者。

(4) 项目执行组织。其员工主要投入项目工作的组织。

(5) 项目团队成员。具体从事项目工作,并直接或者间接向项目经理负责的人员。

(6) 项目出资人。为项目提供资助的个人或者团体。

(7) 项目承包人。依据合同而投入项目实施工作的一方,不具有对项目产品的所有权。

(8) 供货商。一个项目常常离不开供货商,它提供项目组织外的某些产品,包括服务。

每个项目都会涉及很多的项目干系人,每个干系人又会顾及项目对自己产生的不同程度的利害影响。因此,关注项目干系人也是项目管理的一个方面。

为了识别出项目的全部干系人,项目经理需要对项目干系人有一个全面的了解,在心中有一张完整的项目干系人结构图。在项目干系人识别中,对甲方项目干系人的识别和分析更是重中之重,例如,通过某项目案例的分析,可以绘制出一张甲方项目干系人结构图,如图6-6所示。

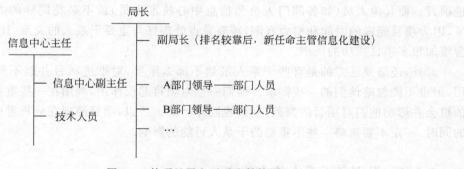

图 6-6 某项目甲方干系人结构图

在识别出项目干系人之后,还需要分析干系人之间的关系和历史渊源,切实处理好他们之间的关系。如果不做进一步的分析,会在项目过程中遇到不小的麻烦。

通过以上对干系人的识别和初步分析,可以看出,如果不能对项目干系人进行无遗漏的识别,仅仅关注项目具体事情和计划,项目出了问题可能都不清楚问题出在哪里。项目干系人结构图为项目经理描绘了甲方项目干系人的全景,为进一步对干系人进行分析、为更好地把握项目管理奠定了基础。

6.2.2　识别各干系人的重要性

按照一般项目的干系人分类方法,项目的甲方干系人主要有如下几类:出资人、决策者、辅助决策者、采购者、业务负责人、业务人员、技术负责人、技术人员、使用者等。他们的不同身份会因甲方组织的情况不同和项目的不同,对项目产生不同程度的影响,需要具体情况具体分析。

作为项目干系人识别的第二步,需要分析出本项目干系人的重要程度。在图 6-6 所示的项目中,只要细加分析,不难厘出项目干系人的重要程度,具体分析结果可以参看图 6-7。不同的人可能会得出不同的顺序,最后管理的重点也就不同了,这就更说明这一步分析的重要性。

> 技术人员、部门人员、信息中心副主任、部门领导、信息中心主任、副局长、局长

干系人重要程度由弱到强

图 6-7　甲方项目干系人重要程度排序图

通过上面的分析,可以看到甲方项目干系人在本项目中的不同重要程度。对于比较重要的干系人,我们要对他们的全部需求进行比较详细的分析,以便能更好地获得他们的支持。例如,局长提出的需求是将信息系统整合好,没提出的需求是最好不要否定他提拔的信息中心主任,否则有领导决策错误之嫌。另外,局长也有一些无意识的需求,如果我们能分析出来,并能以可接受的代价替局长考虑周全,那会让局长更加满意,项目也就好做多了。副局长和信息中心副主任提出的需求也是将信息系统整合成功,但他们未提出的需求就有些不同了。副局长未提出的需求是希望很快能出政绩,为自己排名靠前争取更大的机会,为以后接任局长提供更大的把握。信息中心副主任由于刚刚提拔上来,未提出的需求自然是要做好"新官上任的第一把火",这对其在信息中心"站稳"非常重要,他自己也会全力协助推进项目。而其他人员(如各部门人员和信息中心技术人员)就不必花同样的力气进行分析了,因为项目经理的时间和精力有限,需要重点处理好与重要干系人的关系,让他们满意,这会增加很多项目成功的概率。

此外,还需要注意的是有些干系人虽然不那么重要,对推进项目并起不到实质性的作用,但也不能忽略他们的一些需求。他们一旦对项目起反作用,利用在一些重要干系人身边的机会并影响他们对项目的判断,后果也同样严重。所以,项目经理在分析重要项目干系人的同时,一定不要忽略一些不重要的干系人可能的影响。

6.2.3　识别各干系人的支持度

通过重要性的分析,我们能分辨出项目干系人的重要程度,但他们是支持还是反对本项目的立场将决定他们对项目产生积极或消极的影响,这说明我们还需要对干系人的支持度

进行分析。

　　作为项目干系人识别的第三步,需要分析出本项目干系人对项目的不同立场。不同的立场,最终体现在对项目的支持度上不同。就一般项目而言,按支持度依次递减的顺序,干系人主要类别有首倡者、内部支持者、较积极者、参与者、无所谓者、不积极者、反对者。按照项目的前进方向,可以得出如图 6-8 所示的甲方项目干系人支持度分析图。

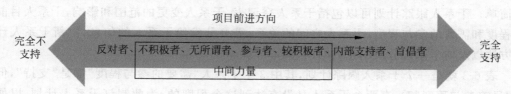

图 6-8　甲方项目干系人支持度分析图

　　以上面的项目案例来分析,完全支持项目的有 3 位,分别是作为首倡者的局长、作为内部支持者的副局长和信息中心副主任。与项目目标不一致的主要是信息中心主任,不积极的人是某些部门领导,因为他们在信息系统整合的过程中会受到一定程度的影响,他们不会积极参与项目。其他一些干系人大多是中间力量,是可以争取获得支持的对象。

　　在项目管理实战中,需要建立项目管理的统一战线,即为了实现项目管理目标需要争取干系人中大部分人的支持,尤其是中间力量的支持。比较现实的做法是充分借助首倡者和内部支持者,积极寻求中间力量的支持,让不支持者至少不要反对。

　　另外,需要非常重视的一点就是,干系人的支持度并不是一成不变的,有时候项目的内部支持者可能会因为各种原因在项目进行中逐渐演变成项目的反对者,也有些项目干系人前期是反对者,到后面却逐渐支持项目。随着项目的推移,情况在不断变化,各干系人的支持度也必将发生变化。因此,项目经理需要动态调整项目干系人支持度分析图,及时分析并修正各干系人的支持度,以便灵活应对项目的各种新变化。

6.2.4　项目干系人识别坐标格

　　在上述项目干系人分析的步骤中,依次做到了无遗漏地识别出全部项目干系人、对干系人的重要性进行分析和对干系人的支持度进行分析。这些分析都是从一个维度对干系人进行的分析,但其分析结果往往不是孤立的,一般都交织在一起,所以还有必要在此基础上对项目干系人进行整合分析,形成对干系人的完整分析。

　　作为项目干系人识别的第四步,需要将全部项目干系人放到项目干系人分析坐标格的合适位置,具体如图 6-9 所示。项目干系人识别坐标格的纵轴是项目干系人对项目的重要性,分为高、中、低 3 个等级;项目干系人识别坐标格的横轴是项目干系人对项目的支持度,分为支持、中间、不支持 3 个等级。由这两个维度就组成了如图 6-9 所示的 9 个分区:A1、A2、A3、B1、B2、B3、C1、C2、C3。

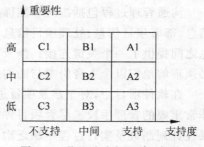

图 6-9　项目干系人识别坐标格

6.2.5　项目干系人跟踪计划

项目干系人跟踪计划是项目计划的组成部分,是为了有效调动项目干系人参与项目而制定的策略。根据项目的需要,干系人跟踪计划可以是正式或者非正式的,可以详细,也可以简单。干系人跟踪计划可以包括干系人登记表,干系人变更的范围和影响,干系人目前参与程度和需要的参与程度,干系人之间的关系,需要分发给干系人的信息,更新干系人计划的方法以及向干系人分发信息的时间、频率等。

表 6-3 就是一个干系人跟踪计划,其中 3 个干系人"需要的参与程度"都是"支持",但是从"目前参与程度"看,有两个干系人是没有达到这个程度的,为此制订干系人计划,以便期待通过"定期拜访"等行为来达到希望的程度。

表 6-3　干系人跟踪计划

干系人	联系方式	角色	目前参与程度	需要的参与程度	规划	备注
干系人 1			不支持	支持	定期拜访	
干系人 2			中立	支持	定期拜访	
干系人 3			支持	支持	定期拜访	
...						

项目经理应该认识到干系人跟踪计划的敏感性,并采取恰当的预防措施,例如,有关抵制项目的干系人的信息对项目有潜在的破坏作用,因此,对于这类信息的发布必须特别谨慎。

6.3　项目沟通技能

沟通是一个过程,在这个过程中,信息通过一定的符号、标志或者行为系统在人员之间交换,人员之间可以通过身体的直接接触、口头或者符号的描述等方式沟通。项目经理很大一部分工作是进行项目沟通,统计表明,项目经理 80% 以上的时间用于沟通管理。

沟通管理是对传递项目信息的内容、传递项目信息的方法、传递项目信息的过程等几个方面的综合管理,确定项目干系人的信息交流和沟通需要,确定谁需要信息,需要什么信息,何时需要信息,以及如何将信息分发给他们。沟通管理的基本原则是及时性、准确性、完整性、可理解性。

沟通管理过程包括按时和准确产生项目信息、收集项目信息、发布项目信息、存储项目信息、部署项目信息、处理项目信息。项目沟通管理为成功所必需的因素——人、想法和信息之间提供了一个关键连接。涉及项目的任何人都应以项目"语言"发送和接收信息,并且必须理解他们以个人身份参与的沟通怎样影响整个项目。

在软件项目中,对于涉及项目进度和人力资源调度的一些问题而言,充分的沟通是一个非常重要的管理手段。尽管项目评估能够在一定程度上解决一些问题,但需要注意的是,如果在计划制订及实行过程中缺乏沟通,不但会从进度上影响项目的进行,而且会对项目团队人员的积极性产生不良影响,令供需双方产生彼此的不信任感,从而严重干扰项目的开发进度。

在软件项目中,许多专家认为,成功最大的威胁就是沟通的失败。软件项目成功的 4 个主要因素分别为管理层的大力支持、用户的积极参与、有经验的项目管理者、明确的需求表达。这 4 个要素全部依赖于良好的沟通技巧,特别是对技术人员而言。

传统的教育体制注重培养学生的技术技能,而不重视培养他们的沟通与社交技能,很少有沟通(听、说、写)、心理学、社会学和人文科学等软技能方面的课程。但是,在软件项目开发过程中需要进行大量沟通,例如,要开发满足用户需要的软件,必须首先清楚用户的需求,同时必须让用户明白你将如何实现这些需求,让用户知道为什么有些需求不能实现,在哪些方面可以做得更好。更重要的是,要让用户非常愿意地使用所提交的软件,就必须让用户了解它、熟悉它、喜欢它,这些都要充分发挥个人的沟通能力。

项目经理可以根据具体情况选择适当的沟通形式,以保证沟通的有效性,必要时可以建立沟通计划,保证团队内沟通渠道的畅通。

6.3.1　沟通方式的选择

沟通管理的目标是及时并适当地创建、收集、发送、储存和处理项目的信息。沟通是占据项目组成员很多时间的工作,他们需要与客户、销售人员、开发人员、测试人员等进行沟通,还需要在项目组内部进行信息交换。获得的信息量越大,项目现状就越透明,对后续工作的把握就越大。

沟通是一种人与人之间的信息交流活动,所采用的方式应该是双方都可以理解的通用符号和技巧,这样可以保证信息的传送与接收畅通。信息沟通模型一般至少包括信息发送者、信息、信息接收者,如图 6-10 所示。从信息沟通模型中可以看出,当信息在媒介中传播时,如果想最大限度地保障沟通顺畅,要尽力避免干扰造成的信息损耗,使信息在传递中保持原始状态。信息发送出去并被接收之后,双方必须对信息的理解情况进行检查和反馈,确保沟通的正确性。

图 6-10　信息沟通模型

信息发送者感觉自己把信息正确传达了,但是信息在接收端可能千差万别。其中的影响因素很多,如语言、文化、语义、知识、信息内容、道德规范、名誉、权利、组织状态等。在项目执行中经常碰到由于背景不同而在沟通中产生理解差异的情况。保证沟通渠道畅通是前提,传递有效信息是关键。很多人以为沟通就是多说话,结果是令人产生厌烦,因此漫无目的的沟通是无效的沟通。

沟通前,项目经理要弄清楚沟通的真正目的是什么,要对方理解什么。确定了沟通目标,沟通的内容就围绕沟通要达到的目标组织规划,根据不同的目的选择不同的沟通方式。

沟通方式主要有书面沟通和口头沟通、语言沟通和非语言沟通、正式沟通和非正式沟通、单向沟通和双向沟通、网络沟通等。很多人不太习惯成堆的文件或者通篇的邮件,相比之下,利用非正式的方式或者双方会谈的方式来传递信息,更能让人接受。沟通具有 4 个基本法则:沟通是一种感知;沟通是一种期望;沟通产生要求;信息不是沟通。

对于紧急的信息,可以通过口头的方式沟通;对于重要的信息,可以采用书面的方式沟通。项目人员应该了解以下内容。

（1）许多非技术专业人员更愿意以非正式的形式和双向的会谈来听取重要的项目信息。

（2）有效地发送信息依赖于项目经理和项目组成员良好的沟通技能。口头沟通还有助于在项目人员和项目干系人之间建立较强的联系。

（3）人们有不愿报告坏消息的倾向，报喜不报忧的状况要引起注意。

（4）对重大的事件、与项目变更有关的事件、关系到项目和项目成员利益的承诺等要采用正式方式发送和接收。

（5）与合同有关的信息要以正式方式发送和接收。

6.3.2　沟通渠道的约束

沟通渠道像连接每个人的电话线一样，随着项目的进行和范围的增加，项目团队成员的数量也在不断地增加，人越多，沟通的渠道就越多，例如，3 个人有 3 条沟通渠道，5 个人有 10 条沟通渠道，如图 6-11 所示。

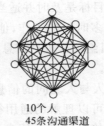

3个人
3条沟通渠道

5个人
10条沟通渠道

10个人
45条沟通渠道

图 6-11　沟通渠道

沟通渠道的数量为 $N(N-1)/2$，其中 N 为人员总数。可见，团队中的人越多，存在的沟通渠道就越多，管理者的管理难度就会加大。

为保证沟通的良好效果，必须保持沟通渠道的畅通和单一。例如，作为客户项目经理，应该是唯一的客户接口，所有针对客户的信息只能通过客户项目经理来传递，所有跟客户相关的会议，客户项目经理必须在场，这样才能保证客户需求和客户信息的一致性。

6.3.3　项目沟通计划

保证项目成功必须进行沟通，为了有效地沟通，需要编制沟通计划。沟通计划决定项目相关人的信息和沟通需求：谁需要什么信息、什么时候需要、怎样获得、选择什么沟通模式——什么时候采用书面沟通和什么时候采用口头沟通、什么时候使用非正式的备忘录和什么时候使用正式的报告等。沟通计划常常与组织计划紧密联系在一起，因为项目的组织架构对项目沟通要求有重大影响。

在项目初始阶段就应该制订沟通计划，根据对项目相关人员的分析，项目经理和项目团队的成员可以确定沟通的需求。沟通计划可以将沟通的过程、沟通的类型和沟通的需求进行组织和文档化，从而使沟通更加有效、顺畅。

1. 沟通计划编制

项目沟通计划是对项目全过程的沟通内容、沟通方法、沟通渠道等各个方面的计划与安排。就大多数项目而言,沟通计划的内容是作为项目初期阶段工作的一个部分。由于项目相关人员有不同的沟通需求,所以应该在项目的早期,与项目相关人员一同确定沟通计划,并且评审这个计划,可以预防和减少项目进行过程中存在的沟通问题。同时,项目沟通计划还需要根据计划实施的结果进行定期检查,必要时还需要加以修订,所以项目沟通计划管理工作是贯穿于项目全过程的一项工作。尤其是企业在同时进行多个项目的时候,制订统一的沟通计划和沟通方式,有利于项目的顺利进行。例如,公司所有的项目有统一的报告格式,有统一的技术文档格式,有统一的问题解决渠道,起码给用户的感觉是公司的管理是有序的。编制沟通计划的具体步骤如下。

1) 准备工作

(1) 收集信息。收集沟通过程中的信息,包括:

① 项目沟通内容方面的信息。

② 项目沟通所需沟通手段的信息。

③ 项目沟通的时间和频率方面的信息。

④ 项目信息来源与最终用户方面的信息。

(2) 加工处理沟通信息。对收集到的沟通计划方面的信息进行加工和处理也是编制项目沟通计划的重要一环,而且只有经过加工处理过的信息才能作为编制项目沟通计划的有效信息使用。

2) 确定项目沟通需求

项目沟通需求的确定是在信息收集的基础上,对项目组织的信息需求做出的全面决策,其内容包括:

① 项目组织管理方面的信息需求。

② 项目内部管理方面的信息需求。

③ 项目技术方面的信息需求。

④ 项目实施方面的信息需求。

⑤ 项目与公众关系的信息需求。

3) 确定沟通方式与方法

在项目沟通中,不同信息的沟通需要采取不同的沟通方式和方法,因此在编制项目沟通计划过程中,必须明确各种信息需求的沟通方式和方法。影响项目选择沟通方式和方法的因素主要有以下几个方面:

(1) 沟通需求的紧迫程度。

(2) 沟通方式和方法的有效性。

(3) 项目相关人员的能力和习惯。

(4) 项目本身的规模。

4) 编制项目沟通计划

项目沟通计划的编制过程是根据收集的信息,先确定项目沟通要实现的目标,然后根据项目沟通目标和沟通需求确定沟通任务,进一步根据项目沟通的时间要求安排这些项目沟通任务,并确定保障项目沟通计划实施的资源和预算。

制订一个协调的沟通计划非常重要,清楚地了解什么样的项目信息要报告、什么时候报告、如何报告、谁来负责编写这些报告非常重要。项目经理要让项目组人员和项目干系人都了解沟通管理计划,要让他们针对各自负责的部分根据相关规范来编制沟通管理计划。

在制订项目计划时,可以根据需要制订沟通计划,沟通计划可以是正式的或者非正式的,可以是详细的或提纲式的。沟通计划没有固定的表达方式,它是整个项目计划的一个部分。沟通计划主要包括以下内容。

(1)沟通需求。分析项目相关人需要什么信息,确定谁需要信息,何时需要信息。对项目干系人的分析有助于确定项目中各种参与人员的沟通需求。

(2)沟通内容。确定沟通内容,包括沟通的格式、内容、详细程度等。如果可能的话,可以统一项目文件格式,统一各种文件模板,并提供编写指南。

(3)沟通方法。确定沟通方式、沟通渠道等,保证项目人员能够及时获取所需的项目信息。确定信息如何收集、如何组织,详细描述沟通类型、采用的沟通方式、沟通技术等。例如,检索信息的方法,信息保存方式,信息读写权限,会议记录、工作报告、项目文档(需求、设计、编码、发布程序等)、辅助文档等的存放位置,以及相应的约束条件与假设前提等。明确表达项目组成员对项目经理或项目经理对上级和相干人员的工作汇报关系和汇报方式,明确汇报时间和汇报形式。例如,项目组成员对项目经理通过邮件发送周报,项目经理对直接客户和上级按月通过邮件发送月报,紧急汇报通过电话及时沟通,项目组每两周进行一次当前工作沟通会议,每周同客户和上级进行一次口头汇报等。汇报内容包括问题的解决程序、途径等。

(4)沟通职责。谁发送信息,谁接收信息,制定一个收集、组织、存储和分发适当信息给适当人的系统。这个系统也包括对发布的错误信息进行修改和更正,详细描述项目内信息的流动图。这个沟通结构描述了沟通信息的来源、信息发送的对象、信息的接收形式,以及传送重要项目信息的格式、权限。

(5)沟通时间安排。创建沟通信息的日程表,类似项目进展会议的沟通应该定期进行,设置沟通的频率等。其他类型的沟通可以根据项目的具体条件进行。

(6)沟通计划维护。在项目进展过程中,明确沟通计划如何修订,明确本计划在发生变化时由谁进行修订,并发送给相关人员。

其实,沟通计划也包括很多其他的方面,例如,应该有一个专用于项目管理中所有相关人员联系方式的小册子,其中包括项目组成员、项目组上级领导、行政部人员、技术支持人员、出差订房订票等人员的相关联系信息。联系方式做到简洁明了,最好能有对特殊人员的一些细小标注。

沟通计划在项目计划的早期进行并且贯穿于项目生存期,若项目干系人发生变化,他们的需求可能也会发生变化,沟通计划也需要定期地审核和更新。

2. 沟通方式建议

如果针对项目中的一些重要信息没有进行充分和有效的沟通,会造成各做各事、重复劳动,甚至不必要的损失。例如,沟通过程中的沉默、没有反应等可能表示项目人员尚未弄清楚问题,为此项目管理者还需要同开发人员进行充分沟通,了解开发人员的想法。在对项目没有一个共同、一致理解的前提下,一个团队是不可能成功的。为此,需要制定有效的沟通制度和沟通机制,对由于缺乏沟通而造成的事件进行通报,以作为教训,以提高沟通意识,提高大家对沟通作用的认识。沟通方式应根据内容而多样化,讲究有效率的沟通。例如,通过制度规定对由于未及时收取邮件而造成损失的责任归属;对于特别重要的内容,要采用多种方式进行有效沟通以确保传达到位,除发送邮件外还要电话提醒、回执等,重要的内容还要通过举行各种会议进行传达。

　　为解决沟通中的问题,建议采取多种、灵活、经济的沟通方式,例如,一般的小问题或者简单问题可进行电话交流,复杂的、必要的、重要的沟通需要以会议形式解决,形成书面的会议纪要。在保证效果的前提下节省时间,提高工作效率。规定项目组成员在每天工作过程中记录下遇到的问题,然后再以邮件方式发送给需要沟通者或者询问者。对于可以直接回答的问题,则直接以邮件方式回复;对于无法直接答复而只需与提出问题者讨论的问题,需商议确定。对于需要众人一起讨论的问题,则召开会议讨论。对于较紧急的问题,则召开临时性会议。通过以上方法,可以及时发现、解决问题,从而避免因各方立场不一致造成严重对立而影响项目进度,避免因交流不畅形成重大质量问题。

习题

一、填空题

1. 沟通管理的基本原则是_____、_____、_____、_____。
2. 可以充分发挥部门资源优势集中的组织结构为_____。
3. 组织架构的主要类型有_____、_____、_____。
4. 当项目中有 20 个人时,沟通渠道最多有_____。

二、判断题

1. 项目干系人是项目计划的一部分。（　　）
2. 项目型组织架构的优点是可以资源共享。（　　）
3. 应尽量多建立一些沟通渠道。（　　）
4. 在软件项目中,成功的最大威胁是沟通的失败。（　　）
5. 责任分配矩阵是明确项目团队成员的角色与职责的有效工具。（　　）
6. 口头沟通不是项目沟通的方式。（　　）
7. 对于紧急的信息,应该通过口头的方式沟通;对于重要的信息,应采用书面的方式沟通。（　　）
8. 沟通计划包括确定谁需要信息,需要什么信息,何时需要信息,以及如何接收信息等。（　　）
9. 人员管理计划没有明确的具体体现形式,作为项目计划的一部分,其详细程度因项目而异。（　　）

三、选择题

1. 在项目管理的 3 种组织架构中,适用于主要由一个部门完成的项目或技术比较成熟的项目组织架构是（　　）。
    A. 矩阵型组织架构　　　　　　　　B. 项目型组织架构
    C. 职能型组织架构　　　　　　　　D. 都一样

2. 项目经理花在沟通上的时间是(　　)。
　　A. 20%～40%　　　　B. 75%～90%　　　　C. 60%　　　　D. 30%～60%

3. 在(　　)组织架构中,项目成员没有安全感。
　　A. 职能型　　　　　B. 矩阵型　　　　　C. 项目型　　　　D. 弱矩阵型

4. 下列关于干系人的描述中,不正确的是(　　)。
　　A. 影响项目决策的个人、群体或者组织
　　B. 影响项目活动的个人、群体或者组织
　　C. 影响项目结果的个人、群体或者组织
　　D. 所有项目人员

5. 编制沟通计划的基础是(　　)。
　　A. 沟通需求分析　　B. 项目范围说明书　　C. 项目管理计划　　D. 历史资料

6. 在 3 种组织架构中,(　　)组织结构是目前最普遍的项目组织形式,它是一个标准的金字塔形组织形式。
　　A. 矩阵型　　　　　B. 项目型　　　　　C. 职能型　　　　D. 都一样

7. 项目团队原来有 4 个成员,现在人员扩充,又增加了 4 个成员,这样沟通渠道增加了(　　)。
　　A. 4.7 倍　　　　　B. 两倍　　　　　C. 4 条　　　　D. 无法确定

8. 对于项目中比较重要的通知,最好采用(　　)沟通方式。
　　A. 口头　　　　　　B. 书面　　　　　C. 网络　　　　D. 电话

9. 以下说法错误的是(　　)。
　　A. 团队是一定数量的个体成员的集合
　　B. 团队包括自己组织的人、供应商、分包商、客户
　　C. 团队应注重个人发挥,应该将某项任务分工给擅长该技术的职员
　　D. 团队的目的是开发出高质量的产品

10. 在一个高科技公司,项目经理正在为一个新的项目选择合适的组织架构,这个项目涉及多个领域和特性,他应该选择(　　)组织架构。
　　A. 矩阵型　　　　　B. 项目型　　　　　C. 职能型　　　　D. 组织型

四、简答题

1. 写出 5 种以上的项目沟通方式。
2. 对于特别重要的内容,你认为一般采用哪些方式才能确保有效沟通?
3. 写出干系人对项目可能的几种态度。
4. 矩阵型项目组织架构的优缺点是什么?

第7章

软件版本管理

7.1 版本管理概述

软件项目进行过程中面临的一个主要问题是持续不断的变化,变化是多方面的,如版本的升级、不同阶段的产品变化。版本管理是有效管理变化的重要手段。软件项目的开发和实施往往都是在"变化"中进行的。可以毫不夸张地说,软件项目的变化是持续的、永恒的。需求会变,技术会变,系统架构会变,代码会变,甚至连环境都会变。有效的项目管理能够控制变化,以最有效的手段应对变化,不断命中移动的目标,无效的项目管理则被变化所控制。如何在受控的方式下引入变更、监控变更的执行、检验变更的结果、最终确认变更,并使变更具有追溯性,这一系列问题直接影响项目的成败,而有效的版本管理可以应对这一系列问题。

随着软件工程的发展,软件版本管理越来越成熟,从最初的仅仅实现版本控制,发展到现在的提供工作空间管理、并行开发支持、过程管理、权限控制、变更管理等一系列全面的管理能力,已经形成了一个完整的理论体系。另外,在软件版本管理的工具方面,也出现了大批的产品,如 ClearCase、CVS、Microsoft VSS、Hansky Firefly 等。

7.1.1 版本管理定义

软件版本管理是一套管理软件开发和维护以及其中各种中间软件产品的方法和规则,同时是提高软件质量的重要手段,它帮助开发团队对软件开发过程进行有效的变更控制,高效地开发高质量的软件。版本管理的使用取决于项目规模和复杂性以及风险水平。

软件版本管理通过在特定的时刻选择软件配置,系统地控制对版本的修改,并在整个软件生命周期中维护配置的完整性和可追踪性。中间软件产品和用于创建中间软件产品的控制信息都应处于版本管理的控制下。

随着软件开发规模的不断扩大,一个项目中间软件产品的数目越来越多,中间软件产品之间的关系也越来越复杂,对中间软件产品的管理也越来越困难,有效的软件版本管理则有助于解决这一系列问题。

版本管理在系统周期中对一个系统中的配置项进行标识和定义,这个过程是通过控制某个配置项及其后续变更,通过记录并报告配置项的状态以及变更要求,证明配置项的完整性和正确性实现的。

版本管理是软件项目能顺利进行的基础。在一个软件项目开发过程中会有大量的"中间产品"产生,典型的如代码、技术文档、产品文档、管理文档、数据、脚本、执行文件、安装文件、配置文件甚至一些参数等,这些中间成果都是项目的产品,而且不断变化的软件项目还会使这些产品产生多个不同的版本。可以想象,一旦版本管理失控,项目组成员就会陷入配置项的"泥潭"。很显然,制订版本管理计划,建立版本管理系统,确定版本管理的流程和规程,严格按照版本管理流程来处理所有配置项,是确保版本管理顺利实现的方法和必要的手段。

软件版本管理包括标识在给定时间点上软件的配置(即选定的软件工作产品及其描述),系统地控制对配置的更改并维护在整个软件生存周期中配置的完整性和可追溯性。置于软件版本管理之下的工作产品包括交付给顾客的软件产品(如软件需求文档和代码),以及与这些软件产品等同的产品项或生成这些软件产品所要求的产品项(如编译程序)。在版本管理过程中需要建立一个软件基线库,当软件基线形成时就将它们纳入该库。通过软件版本管理的变更控制和配置审计功能,系统地控制基线的更改和那些利用软件基线库构造成的软件产品的发行。

软件版本管理贯穿于软件生存期的全过程,目的是建立和维护软件产品的完整性和可追溯性。下面介绍一下软件版本管理中的几个重要概念:配置项、基线以及软件配置控制委员会。

1. 配置项

软件配置项是项目定义其受控于软件版本管理的项。一个软件配置项是一个特定的、可文档化的工作产品集,这些工作产品是在生存期中产生或者使用的。例如,一个比较简单的软件配置项定义如下。

软件过程的输出信息可以分为3个主要类别:①计算机程序(源代码和可执行程序);②描述计算机程序的文档(针对技术开发者和用户);③数据(包含在程序内部或外部)。这些项包含了所有在软件过程中产生的信息,总称为软件配置项。

每个项目的配置项也许会不同。软件产品某一特定版本的源代码及其相关的工具都可能受控于软件版本管理。也就是说,在取出软件产品某一版本时,同时可以取出与此版本相关的工具。配置是一组有共同目的的中间软件产品,每一个产品称为一个配置项。

软件版本管理的对象是软件开发活动中的全部开发资产。所有这一切都应作为配置项纳入管理计划进行统一管理,从而保证及时地对所有软件开发资源进行维护和集成。

在项目之初,定义配置项的命名规则以及配置项的逻辑组织结构,在项目进行当中,定义以什么规则做变更。所有需要被及时更新的文件都必须在软件版本管理控制之下。例如,下面的文档可以作为软件版本管理的一些配置项:软件项目计划、需求分析结果、软件需求规格说明书、设计规格说明书、源代码清单、测试规格说明书、测试计划、测试用例与实验结果、可执行程序(每个模块的可执行代码、链接到一起的代码)、用户手册、维护文档。除此之外,有时把软件工具和中间产生的文件也列入版本管理的范畴,即把软件开发中选用的编辑器、编译器和其他一些 CASE 工具固定地作为软件配置的一部分。当配置项发生变化时,应该考虑这些工具是否与之适应和匹配。

　　配置项也有不同的版本,这里类似地将面向对象的类和实例类比成配置项和配置项的版本。配置项可以看成面向对象的类,版本可以看成类的实例。在图 7-1 表示的需求规格配置项中,需求规格的不同版本类似于需求规格配置项的实例,配置项的不同版本是从最原始的配置项演变出的不同情况,尽管每个都是不同的,但是它们具有相关性。

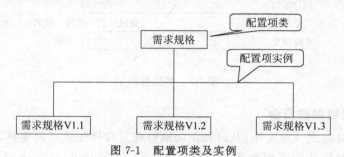

图 7-1　配置项类及实例

　　由此可见,配置项的识别是版本管理活动的基础,也是制订版本管理计划的重要内容。所有配置项都应按照相关规定统一编号,按照相应的标准生成。在引入软件版本管理工具进行管理后,这些配置项都应以一定的目录结构保存在配置库中。

2. 基线

　　软件的开发过程是一个不断变化着的过程,由于各种原因,可能需要变动需求、预算、进度和设计方案等,尽管这些变动请求中的绝大部分是合理的,但在不同的时机做不同的变动,难易程度和造成的影响差别甚大。为了有效地控制变动,软件版本管理引入了"基线"这一概念。

　　基线是一个或者多个配置项的集合,它们的内容和状态已经通过技术的复审,并在生存期的某一阶段被接受了。对配置项复审的目标是验证它们被接受之前的正确性和完整性,一旦配置项经过复审,并正式成为一个初始基线,那么该基线就可以作为项目生存期开发活动的起始点。

　　IEEE 对基线的定义是:已经正式通过复审和批准的某规约或产品,它因此可作为进一步开发的基础,并且只能通过正式的变化控制过程改变。根据这个定义,我们在软件的开发流程中把所有需加以控制的配置项分为基线配置项和非基线配置项两类。例如,基线配置项可能包括所有的设计文档和源程序等,非基线配置项可能包括项目的各类报告等。

　　基线代表软件开发过程的各个里程碑,标志开发过程中一个阶段的结束。已成为基线的配置项虽然可以修改,但必须按照一个特殊的、正式的过程进行评估,确认每一处修改。相反,未成为基线的配置项可以进行非正式修改。在开发过程中,我们在不同阶段建立各种基线。所以,基线是具有里程碑意义的一个配置。

　　基线可在任何级别上定义,图 7-2 展示了常用的软件基线。基线提供了软件生存期中各个开发阶段的一个特定点,其作用是把开发阶段工作的划分更加明确化,使本来连续的工作在这些点上断开,以便于检查与肯定阶段成果。在交付项中确定一个一致的子集,作为测试软件配置基线,这些版本一般不是同一时间产生的,但具有在开发的某一特定步骤上相互一致的性质,如系统的一致、状态的一致。基线可以作为一个检查点,正式发行的系统必须是经过控制的基线产品。

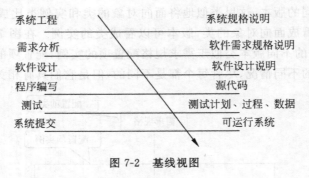

图 7-2 基线视图

3. 软件配置控制委员会

版本管理的目标之一是有序、及时和正确地处理对软件配置项的变更,而实现这一目标的基本机制是通过软件配置控制委员会(Software Configuration Control Board,SCCB)的有效管理。软件配置控制委员会可以是一个人,也可以是一个小组,基本是由项目经理及其相关人员组成的。对于一个新的变更请求,所执行的第一个动作是依据配置项和基线,将相关的配置项分配给适当的软件配置控制委员会,软件配置控制委员会从技术的、逻辑的、策略的、经济的和组织的角度,以及基线的层次等,对变更的影响进行评估,将一个变更的期望与它对项目进度、预算的影响进行比较。软件配置控制委员会的一个目标是保持一种全局观点,评估基线的变更对项目的影响,并决定是否变更。软件配置控制委员会承担变更控制的所有责任,具体责任如下。

(1) 评估变更。

(2) 批准变更申请。

(3) 在生存期内规范变更申请流程。

(4) 对变更进行反馈。

(5) 与项目管理层沟通。

一个项目可只有一个软件配置控制委员会,也允许存在多个软件配置控制委员会,它们可能有不同的权利和责任。不同的项目具有不同的软件配置控制委员会定义。

7.1.2 版本管理作用

软件版本管理在软件项目管理中有着重要的地位。软件版本管理工作是以整个软件流程的改进为目标,是为软件项目管理和软件工程的其他领域奠定基础,以便于稳步推进整个软件企业的能力成熟度。软件版本管理的主要思想和具体内容在于版本控制。版本控制是软件版本管理的基本要求,是指对软件开发过程中各种程序代码、配置文件及说明文档等文件变化的管理。版本控制最主要的功能是追踪文件的变更。它将什么时候、什么人更改了文件的什么内容等信息忠实地记录下来。对于每一次文件的改变,文件的版本号都将增加,如 V1.0、V1.1、V2.1 等。它可以保证任何时刻恢复任何一个配置项的任何一个版本。版本控制还记录了每个配置项的发展历史,这样可保证版本之间的可追踪性,也为查找错误提供了帮助。除了记录版本变更外,版本控制的另一个重要功能是并行开发。软件开发往往是多人协同进行,版本控制可以有效地解决版本的同步以及不同开发者之间的开发通信问题,提高协同开发的效率。

许多人将软件的版本控制和软件版本管理等同起来,这是错误的观念。版本控制虽然在软件版本管理中占据非常重要的地位,但这并不是它的全部,对开发者工作空间的管理等都是软件版本管理不可分割、不可或缺的部分。而且,简单地使用版本控制,并不能解决开发管理中的深层问题。软件版本管理给开发者带来的好处是显而易见的,但对于项目管理者来说,他所关心的角度与开发者是不一样的,他更关注项目的进展情况,这不是简单的版本控制能够解决的。项目管理者从管理者的角度去运用软件版本管理中的各种记录数据,将有巨大的收获。从这些记录数据中,可以了解到谁在什么时候更改了些什么,为什么更改;可以了解到开发项目进展得如何,完成了多少工作量;可以了解到开发工程师的资源是否得到充分使用,工作是否平衡等。

现在人们逐渐认识到,软件版本管理是软件项目管理中的一种非常有效和现实的技术,它能非常有效地适应软件开发需求。版本管理对软件产品质量和软件开发过程的顺利进行和可靠性有着重要的意义。图 7-3 说明了版本管理在软件开发过程中的作用,可以看出版本管理相当于软件开发生产线中的仓库和调度。

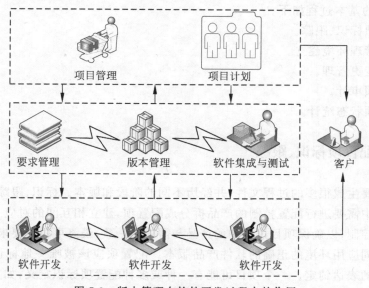

图 7-3 版本管理在软件开发过程中的作用

合理地实施版本管理,软件产品的质量可以得到提高,开发团队能够工作在一个有助于提高整体工作效率的版本管理平台上。如果没有很好地进行版本管理,将会影响成本、进度和产品的规格。没有变更管理,项目就会无限放大。版本管理是对工作成果的一种有效保护。

软件版本管理是软件开发环境管理部分的核心,有些管理功能(如过程管理)在最初并不属于软件版本管理,但随着软件版本管理的不断发展,也逐渐成为软件版本管理的一部分。

7.2 版本管理过程

软件版本管理可以唯一地标识每个软件项的版本,控制由两个或多个独立工作的人员同时对一个给定软件项的更新,按要求在一个或多个位置对复杂产品的更新进行协调,标识并跟踪所有的措施和更改,这些措施和更改是由于更改请求或问题引起的。

版本管理主要包括配置项标识、变更控制、配置项状态统计和配置项审计等活动。配置项标识用于识别产品的结构、产品的构件及其类型,为其分配唯一的标识符,并以某种形式提供对它们的存取,同时找出需要跟踪管理的项目中间产品,使其处于版本管理的控制之下,并维护它们之间的关系。变更控制用于记录变化的有关信息,控制软件产品的发布和在整个软件生存期中对软件产品的修改。有效的变更控制可以保证软件产品的质量。例如,它将解决哪些修改会在该产品的最新版本中实现的问题。配置项状态统计用于记录并报告配置项和修改请求的状态,并收集关于产品构件的重要统计信息。例如,它将解决修改这个错误会影响多少个文件的问题,以便报告整个软件变化的过程。配置项审计利用配置项记录验证软件达到的预期结果,确认产品的完整性并维护构件间的一致性,即确保产品是一个严格定义的构件集合。例如,它将解决目前发布的产品所用的文件的版本是否正确的问题。

版本管理的基本过程如下。

(1) 配置项标识、跟踪。

(2) 版本管理环境建立。

(3) 基线变更管理。

(4) 配置项审计。

(5) 配置项状态统计。

7.2.1 配置项标识、跟踪

一个项目要生成很多的过程文件,并经历不同的阶段和版本。标识、跟踪配置项过程用于将软件项目中需要进行配置控制的产品拆分成配置项,建立相互间的对应关系,进行系统的跟踪和版本控制,以确保项目过程中的产品与需求相一致,最终可根据要求将配置项组合生成适用于不同应用环境的正确的软件产品版本。配置项应该被唯一地标识,同时应该定义软件配置项的表达约定。一个项目可能有一种或多种配置项标识定义,如文档类的、代码类的、工具类的等,或者统一一个规范定义。下面给出一个配置项标识的实例。

某项目的配置项标识:项目名称_所属阶段_产品名称_版本标识。

其中,版本标识的约定如下。

(1) 版本标识以"V"开头,之后是版本号。

(2) 版本号分3节:主版本号、次版本号和内部版本号。每小节以小数点(.)间隔。

例如,School_Design_HLD_V2.1.1表示的配置项是名称为School的项目,在设计(Design)阶段的总体设计(HLD)的V2.1.1版本。

通常,一个配置项与其他配置项存在一定的关系,跟踪配置项之间的关系是很重要的。图 7-4 是需求规格配置项和系统测试用例配置项的跟踪关系。

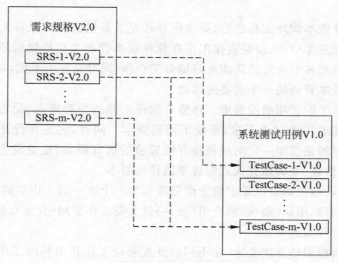

图 7-4　配置项跟踪

7.2.2　版本管理环境建立

版本管理环境是为了更好地进行软件版本管理的系统环境。其中最重要的是建立版本管理库,简称配置库。软件配置库是用来存储所有基线配置项及相关文件等内容的系统,是在软件产品的整个生存期中建立和维护软件产品完整性的主要手段。配置库存储包括配置项相应版本、修改请求、变化记录等内容,是所有配置项的集合和配置项修改状态记录的集合。

从效果上来说,配置库是集中控制的文件库,并提供对库中所存储文件的版本控制。版本控制是软件版本管理的核心功能。所有置于配置库中的元素都应自动予以版本的标识,并保证版本命名的唯一性。配置库中的文件是不会变的,即它们不能被更改。任何更改被视为创建了一个新版本的文件。文件的所有版本管理信息和文件的内容都存储在配置库中。

配置库就是受控库,受控库的任何操作都要受到控制。如图 7-5 所示,从受控库导出的文件自动被锁定,直到文件重新被导入,一个版本号自动与新版本文件相关联。这样,用户可以随时根据特定的版本号来导出最新的版本文件,对最新版本修改的结果是产生一个新的、顺序递增的版本,而对更老版

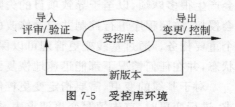

图 7-5　受控库环境

本修改的结果是产生一个分支版本。配置库中不但存储了文件的不同版本、更改的理由,而且存储谁在什么时候替换了某个版本的文件等历史信息。注意,有的版本管理库,对于每个不同版本文件,不是将所有的代码都存储起来,而只是将不同版本间实际的差异存储起来,这称为增量。这种方法有利于节省空间和节省对最新文件版本的访问时间。另外,可以根

据状态给文件加上标签,然后基于状态的值进行导出。它们同样可以根据修订版本号、日期和作者进行导出操作。配置库捕捉版本管理信息并把不同版本的文件存储为不可修改的对象。

在引入了软件版本管理工具之后,要求所有开发人员把工作成果存放到由软件版本管理工具所管理的配置库中去,或是直接工作在软件版本管理工具提供的环境之下。所以为了让每个开发人员和各个开发团队能更好地分工合作,同时又互不干扰,对工作空间的管理和维护成为软件版本管理的一个重要的活动。

版本管理维护了配置项的发展史。在整个软件产品的生存期内,配置项的每次变更都会被版本管理系统忠实地记录下来,形成不同的版本。同时,它是并行开发得以实现的基础。版本控制的目的是按照一定的规则保存配置项的所有版本,避免发生版本丢失或混淆等现象,并且可以快速、准确地查找到配置项的任何版本。

一般来说,比较理想的情况是把整个配置库视为一个统一的工作空间,然后根据需要把它划分为个人(私有)、团队(集成)和全组(公共)这3类工作空间(分支),从而更好地支持将来可能出现的并行开发的需求。

每个开发人员按照任务的要求,在不同的开发阶段工作在不同的工作空间上,例如,对于私有开发空间而言,开发人员根据任务分工获得对相应配置项的操作许可之后,即在自己的私有开发分支上工作,其所有工作成果体现为在该配置项的私有分支上的版本的推进,除该开发人员外,其他人员均无权操作该私有空间中的元素。集成分支对应的是开发团队的公共空间,该开发团队拥有对该集成分支的读写权限,而其他成员只有只读权限。公共工作空间用于统一存放各个开发团队的阶段性工作成果,提供全组统一的标准版本。

另外,由于选用的软件版本管理工具不同,在对工作空间的配置和维护的实现上有比较大的差异。

7.2.3　基线变更管理

在软件项目进行过程中,项目的基线(配置项)发生变更几乎是不可避免的,变更的原因很多:人们可能犯错误,客户的需求变更,产品的环境发生变更,人们开发了新的技术等。变更包括需求、设计、实施、测试等所有开发过程以及相关的文件。变更如果没有控制好,就会产生很多麻烦,以至于导致项目的失败。所以,变更应受到控制。变更要经版本控制委员会授权,按照程序进行控制并记录修改的过程,即基线变更管理,它是软件版本管理的另一个重要任务。通过基线变更管理可以保证基线在复杂多变的开发过程中真正地处于受控的状态,并在任何情况下都能迅速地恢复到任一历史状态。

对于基线的变更,需要指定变更控制流程,如图7-6所示。它的基本任务是批准变更请求,进行变更时,首先填写变更请求表,提交给软件配置控制委员会,由软件配置控制委员会组织相关人员分析变更的影响,其中包括范围的影响、规模的影响、成本的影响、进度的影响等,根据分析的结果,决定是否可以变更,或者对变更的一部分提出意见,可能拒绝变更请求,也可能同意变更请求,还可能同意变更部分请求。项目经理根据批准的结果,指导项目组进行相应的修改,包括项目计划、需求、设计、代码等相应文档、数据、程序或者环境等的修改。

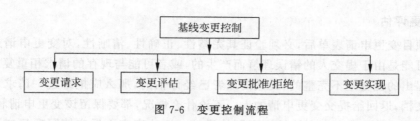

图 7-6 变更控制流程

有时称这样的流程为变更控制系统,之所以称为系统,是因为在进行变更控制的时候,需要综合运用各种系统,将分工、授权、控制有机地结合在一起,使其各司其职。一旦有问题,可以通过一定的方式提出请求,一些小的变更可以自行决定,而一些大的纠正行为需通过一系列的审批程序。所以,要注意内部结构和相互之间的关联,控制系统的流程必须清晰、明确,否则会产生混乱。

1. 变更请求

变更请求是变更控制的起始点。变更请求很少来自版本管理活动本身,通常来自系统之外的事件触发。例如,需求变化、不符合项或者软件测试报告就是一些普遍的触发事件。它们可能组成大量的变更,对开发基线产生影响,并传播到开发基线中的配置项。变更请求需要准备一个项目变更申请表单,如图 7-7 所示,这是一个正式的文档,变更申请者使用这一文档描述所标识的变更。

项目名称			
变更申请人		提交时间	
变更题目		紧急程度	
变更具体内容			
变更影响分析			
变更确认			
处理结果			
签字			

图 7-7 项目变更申请

2. 变更评估

提交项目变更申请表单后,必须验证其完整性、正确性、清晰性,对变更申请进行评估。变更请求可能是由于提交人的错误理解而产生的,或者可能与现存的请求相重复,如果在检查中发现提出的变更是不完整的、无效的或者已经评估的,那么应拒绝这一请求,并建立拒绝原因的文档,返回给提交变更申请的人。不论什么情况,都要保留该变更申请和相关的处理结果。图 7-8 展示了一个有效的变更评估活动。评估完变更后应填写项目变更评估表,如图 7-9 所示。

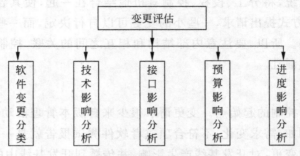

图 7-8 变更申请的评估

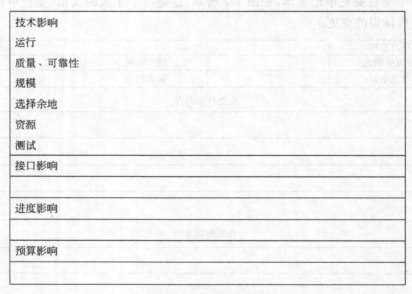

图 7-9 项目变更评估表

3. 变更批准/拒绝

批准或者拒绝软件变更请求中涉及的活动见图 7-10。

根据变更评估的结果,软件配置控制委员会对变更请求做出决策。通常,决策包括:

(1) 直接实现变更。

(2) 挂起或者延迟变更。

(3) 拒绝变更。

对于拒绝变更这种情况,应该通知变更请求人,并且保存所有的相关记录,如果以后的

图 7-10 批准/拒绝变更的活动

事件证明拒绝变更是错误的,这些保存下来的记录是有用的。挂起或者延迟的变更常常是在软件配置控制委员会评估分析之后,但是变更请求不在软件配置控制委员会的控制范围之内的。

当变更被接受时,应该按照选择的进度实现变更,实现进度可以采用下面3种形式之一。

(1)尽可能快地实现变更。期望的变更是修改开发基线中的一个配置项,只有解决了这个变更,其他的工作才能展开。

(2)按照一个特定的日期实现变更。考虑项目内或者项目外的事件,确定合适的日期实现变更。

(3)在另外的版本中实现。出于技术或者运行等原因,期望与另外的变更一起发布。

4. 变更实现

实现已批准的软件变更请求中包含的活动如图 7-11 所示。项目人员使用软件配置控制委员会给予的权限并遵循软件配置控制委员会的指导,从受控库中取出基线的副本,并实现被批准的变更,对已经实现的变更实施验证。一旦软件配置控制委员会认为正确实现并验证了一个变更,就可以将更新的基线放入配置库中,更新该基线的版本标识等。

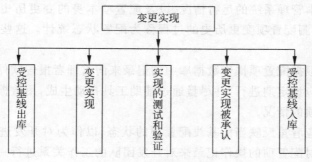

图 7-11 变更实现过程

前面讲到的需求变更便是很重要的一个基线变更,软件需求变更表现在文档的需求变更和相关过程模型的变更。

版本管理员可以通过软件版本管理工具来进行访问控制和同步控制,基线变更管理可以通过结合人的规程和自动化工具,提供一个方便的变更控制机制。

7.2.4 配置审计

配置审计是一种质量审计活动,需要对版本管理的产品和过程进行审计。配置审计的主要作用是作为变更控制的补充手段,以确保某一变更需求已被实现。在某些情况下,它被作为正式的技术复审的一部分。

配置审计包括两方面的内容：版本管理活动审计和基线审计。版本管理活动审计用于确保项目组成员的所有版本管理活动，遵循已批准的软件版本管理方针和规程，如导入/导出的频度、产品版本升级原则等。实施基线审计，要保证基线化软件工作产品的完整性和一致性，其目的是保证基线的配置项正确地构造并正确地实现，并且满足其功能要求。基线的完整性可从以下几个方面考虑：基线库是否包括所有计划纳入的配置项？基线库中配置项自身的内容是否完整？此外，对于代码，要根据代码清单检查是否所有源文件都已存在于基线库。同时，还要编译所有的源文件，检查是否可产生最终产品。一致性主要考查需求与设计以及设计与代码的一致关系，尤其在有变更发生时，要检查所有受影响的部分是否都做了相应的变更。记录审核发现的不符合项，并跟踪直到解决。

简单的版本管理活动审计是记录版本管理工具执行的所有命令，复杂的版本管理活动审计还包括记录每个配置项的状态变化。

当软件版本管理发布一个新版本时，可能需要审核一个构造记录，以确保这一构造中确实包含组件配置项的正确版本，或者复审变化历史数据库，以验证在新的发布中只有所期望的变更，验证配置系统是否保持了自身的完整性。通过基线审计可以发现系统中一直没有被处理的变化请求，或者发现那些不按照规程文档随意出现或者变更的软件项。

7.2.5　配置状态统计

由于软件版本管理覆盖了整个软件的开发过程，因此它是改进软件过程、提高过程能力成熟度的理想的切入点。版本管理贯穿整个项目生存期，而且具有非常重要的作用，因此必须定期检测软件版本管理系统的运行情况，以及配置项本身的变更历史记录。检查版本管理系统及其内容，检测配置项变更历史的过程称为配置状态统计。这些过程的结果应以报告的形式给出。

配置状态报告根据配置项操作数据库中的记录来向管理者报告软件开发活动的进展情况。配置状态报告应该定期进行，并尽量通过辅助工具自动生成，用数据库中的客观数据来真实地反映各配置项的情况。

配置状态报告应着重反映当前基线配置项的状态，以作为对开发进度报告的参照。同时能根据开发人员对配置项的操作记录来对开发团队的工作关系进行一定的分析。配置状态报告可以包括下列主要内容：配置库结构和相关说明、开发起始基线的构成、当前基线位置及状态、各基线配置项集成分支的情况、各私有开发分支类型的分布情况、关键元素的版本演进记录、其他应予报告的事项。

此外，在评估一个配置系统状态以及系统所支持的产品状态时，经常需要以下信息。

（1）变更请求的数量，可以按照类别进行分类，如需求变更、文档变更、设计变更、源码变更等。

（2）变更请求的历史报告，包括请求编写、请求复审、请求批准、请求实现、请求测试、请求接受等一系列活动所花费的时间和每个单项活动所花费的时间。

（3）版本管理系统以及软件配置控制委员会在运作中发生异常的次数等。

7.3 版本管理计划

软件版本管理计划由版本管理者制订,它是软件版本管理规划过程的产品,并在整个软件项目开发过程中作为版本管理活动的依据进行使用和维护。首先由项目经理确定版本管理者,版本管理者通过参与项目规划过程,确定版本管理的策略,然后负责编写版本管理计划。版本管理计划是项目计划的一部分。

7.3.1 版本管理的角色

版本管理的实施需要消耗一定的资源,在这方面一定要预先规划。具体来说,版本管理实施主要需要两方面的资源要素:人力资源和工具。

在人力资源方面,因为版本管理是一个贯穿整个软件生存期的基础支持性活动,所以版本管理涉及团队中比较多的人员角色,如项目经理、版本管理员、软件配置控制委员会、开发人员、维护人员等。但是,在一个良好的版本管理平台上并不需要开发人员、测试人员等角色了解太多的版本管理知识,所以版本管理实施集中在版本管理者上。对于一个实施了版本管理、建立了版本管理工作平台的团队来说,版本管理者是非常重要的,整个开发团队的工作成果都在他的掌管之下,他负责管理和维护版本管理系统。如果出现问题,轻则影响团队其他成员的工作效率,重则可能出现丢失工作成果、发布错误版本等严重的后果。

对于任何一个管理流程来说,保证该流程正常运转的前提条件是要有明确的角色、职责和权限的定义。特别是在引入了软件版本管理的工具之后,比较理想的状态是:组织内的所有人员按照不同的角色要求,根据系统赋予的权限来执行相应的动作。一般来说,软件版本管理过程中主要涉及以下角色和分工。

1. 项目经理

项目经理是整个软件开发活动的负责人,他根据软件配置控制委员会的建议批准版本管理的各项活动并控制它们的进程。其具体职责为以下几项。

（1）制定和修改项目的组织结构和版本管理策略。

（2）批准、发布版本管理计划。

（3）决定项目起始基线和开发里程碑。

（4）接受并审阅软件配置控制委员会的报告。

2. 软件配置控制委员会

软件配置控制委员会负责指导和控制版本管理的各项具体活动的进行,为项目经理的决策提供建议。其具体职责为以下几项。

（1）定制变更控制流程。

（2）建立、更改基线的设置,审核变更申请。

（3）根据版本管理员的报告决定相应的对策。

3. 版本管理员

版本管理员根据版本管理计划执行各项管理任务,定期向版本配置控制委员会提交报告,并列席版本配置控制委员会的例会。其具体职责为以下几项。

(1) 软件版本管理工具的日常管理与维护。

(2) 提交版本管理计划。

(3) 各配置项的管理与维护。

(4) 执行版本控制和变更控制方案。

(5) 完成配置审计并提交报告。

(6) 对开发人员进行相关的培训。

(7) 识别软件开发过程中存在的问题并拟定解决方案。

4. 开发人员

开发人员的职责是根据组织内确定的软件版本管理计划和相关规定,按照软件版本管理工具的使用模型来完成开发任务。

7.3.2 版本管理计划模板

版本管理计划的形式可繁可简,根据项目的具体情况而定。下面给出一个版本管理计划的参照模板。

1　引言

2　软件版本管理(SCM)

　2.1　SCM 组织

　2.2　SCM 责任

　2.3　SCM 与项目中其他机构的关系

3　软件版本管理活动

　3.1　配置标识

　　3.1.1　配置项的标识

　　3.1.2　项目基线

　　3.1.3　配置库

　3.2　配置控制程序

　　3.2.1　变更基线的规程

　　3.2.2　变更要求和批准变更的程序

　　3.2.3　软件配置控制委员会

　　(1) 规章。

　　(2) 组成人员。

　　(3) 作用。

　　(4) 批准机制。

　　3.2.4　用于执行变更控制的工具

　3.3　配置状态报告

　　3.3.1　项目媒体的存储、处理和发布

　　3.3.2　需要报告的信息类型以及对于这类信息的控制

3.3.3　需要编写的报告、各报告的相应读者以及编写各报告所需的信息

3.3.4　软件版本处理

(1) 软件版本中的内容。

(2) 软件版本提供给谁,何时提供。

(3) 软件版本载体是何种媒体。

(4) 安装指导。

3.3.5　必要的变更管理状态统计

3.4　配置审核

3.4.1　何时审核及审核次数

(1) 审核的是哪个基线。

(2) 谁进行审核。

(3) 审核对象。

(4) 审核中版本管理者的任务是什么,其他机构的任务是什么。

(5) 审核的正式程度如何。

3.4.2　版本管理评审

(1) 有待评审的材料。

(2) 评审中版本管理者的责任,其他机构的责任。

版本管理是对软件开发过程中的产品进行标识、追踪、控制的过程,目的是减少一些不可预料的错误,提高生产率。在实施版本管理的时候,一定要结合企业的实际情况,制定适合本企业、适合本项目的版本管理方案。这里给出一些建议:

(1) 对于小的企业或者小的项目,可以通过制定版本管理的过程规则(可以不使用版本管理工具),实现版本管理的功能。如果条件允许,使用版本管理工具更好。

(2) 对于中小企业或者中小项目,可以通过制定过程规则,同时使用简单的版本管理工具,实现部分版本管理功能。

(3) 对于大企业、大项目或者异地开发模式,必须配备专门的版本管理人员,同时需要制定版本管理严密的过程规则并使用版本管理工具,尽可能多地实现版本管理功能。

综上所述,版本管理是当今复杂软件项目得以实施的基础。通过有效地将复杂的系统开发过程以及产品纳入版本管理之下,使软件项目得以有效、清晰、可维护、可控制地进行。也许在软件工程初期,可以手工维护所有软件产品及中间文档,但随着软件工程的发展,更主要的是随着软件系统复杂度的提高、可靠性的提高,必须要求有高效的版本管理与之相适应。

7.4　版本管理工具

版本管理包括 3 个要素:人、规范、工具。首先,版本管理与项目的所有成员都有关系,项目中的每个成员都会产生工作结果,这个工作结果可能是文档,也可能是源程序等。规范是版本管理过程的实施程序。为了更好地实现软件项目中的版本管理,除了过程规范外,版本管理工具能够起到很好的作用。现代的版本管理工具提供了一些自动化的功能,从而大大方便了管理人员,减少了烦琐的人工劳动。

选择什么样的版本管理工具,一直是大家关注的热点问题。与其他的软件工程活动不

一样,版本管理工作更强调工具的支持。如果缺乏良好的版本管理工具,则要做好版本管理的实施会非常困难。

选择工具就要考虑经费。市场上现有的商业版本管理工具大多价格不菲。一般来说,如果经费充裕的话,采购商业的版本管理工具会让实施过程更顺利,商业工具的操作界面通常更方便,实施过程中出现与工具相关的问题也可以找厂商解决。如果经费有限,不妨采用自由软件。无论在稳定性还是在功能方面,自由软件也是一个不错的选择。

一个好的版本管理工具应该具备如下功能。

(1) 并行开发支持。要求能够实现开发人员同时在同一个软件模块上工作,同时对同一个代码部分做不同的修改,即使跨地域分布的开发团队也能互不干扰、协同工作,而又不失去控制。对于这一点,可能 CVS 比 VSS 做得更好,如果 VSS 不使用辅助工具 SOS (Source Off Site),那么公司或者是团队会把自己的 VSS 库共享到 Internet 上。

(2) 履历管理。修改的历史记录具有可追踪性。能够明确地知道什么时候,谁做了什么,为什么那么做,从而管理和追踪开发过程中危害软件质量以及影响开发周期的缺陷和变化。

(3) 版本控制。能够简单、明确地取得软件开发期间的任何一个历史版本。

(4) 过程控制。能够贯彻、实施开发规范,包括访问权限控制、开发规则的实施等。

(5) 产品发布管理。软件开发过程中的一个关键活动是提取工件的相关版本,以形成软件系统的阶段版本或发布版本,一般将其称为稳定基线。一个稳定基线代表新开发活动的开始,而一系列定制良好的活动之后又会产生一个新的稳定基线。有效地利用此项功能,在项目开发过程中可以自始至终管理、跟踪工件版本间的关联。

版本管理工具可以提供必要的配置项管理,支持建立配置项的关系,并对这些关系进行维护、版本管理、变更控制、审计控制、配置项报告/查询管理等。有的版本管理工具也提供了相关的其他功能,如软件开发的支持、过程管理、人员管理功能等。

下面介绍几种常见的版本管理工具。

1. Rational ClearCase

Rational 公司是全球最大的软件 CASE 工具提供商,现已被 IBM 收购。也许是受到其拳头产品、可视化建模第一工具 Rose 的影响,其开发的版本管理工具 ClearCase 也深受用户的喜爱,是现在应用面广泛的企业级、跨平台的版本管理工具,是版本管理工具的高档产品,是软件业公认的功能最强大的版本管理工具之一。

ClearCase 主要应用于复杂的并行开发、发布和维护。功能包括版本控制、工作空间管理、Build 管理等。

1) 版本控制

ClearCase 不仅可以对文件、目录、链接进行版本控制,而且提供了先进的版本分支和归并功能,用于支持并行开发。另外,它还支持广泛的文件类型。

2) 工作空间管理

ClearCase 可以为开发人员提供私人存储区,同时可以实现成员之间的信息共享,从而为每一位开发人员提供一致、灵活、可重用的工作空间域。

3) Build 管理

对于 ClearCase 控制的数据,既可以使用定制脚本,也可使用本机提供的 make 程序。

虽然 ClearCase 有很强大的功能,但是由于其不菲的价格,令很多的软件企业望而却步。而且其需要一个专门的配置库管理员负责技术支持,还需要对开发人员进行较多的培训。

2. Hansky Firefly

作为 Hansky 公司软件开发管理套件中重要一员的 Firefly 可以轻松管理、维护整个企业的软件资产,包括程序代码和相关文档。Firefly 是一个功能完善、运行速度极快的软件版本管理系统,可以支持不同的操作系统和多种集成开发环境,因此它能在整个企业中的不同团队、不同项目中得以应用。

Firefly 基于真正的 C/S 体系结构,不依赖于任何特殊的网络文件系统,可以平滑地运行在不同的 LAN、WAN 环境中。Firefly 的安装配置过程简单、易用,可以自动、安全地保存代码的每一次变化内容,避免代码被无意中覆盖、修改。项目管理人员使用 Firefly 可以有效地组织开发力量进行并行开发和管理项目中各阶段点的各种资源,使得产品发布易于管理,并可以快速地回溯到任一历史版本。系统管理员使用 Firefly 的内置工具可以方便地进行存储库的备份和恢复,而不依赖于任何第三方工具。

3. CVS

CVS(Concurrent Versions System)是开放源代码软件世界的一个杰作,它的基本工作思路是:在服务器上建立一个仓库,仓库中可以存放许多文件,每个用户在使用仓库文件的时候,先将仓库的文件下载到本地工作空间,在本地进行修改,然后通过 CVS 的命令提交并更新仓库的文件。由于其简单易用、功能强大、跨平台、支持并发版本控制而且免费,它在全球中小型软件企业中得到了广泛使用。

其最大的遗憾是缺少相应的技术支持,许多问题的解决需要自己寻找资料,甚至是读源代码。

4. SVN

SVN(Subversion)是在 CVS 基础上发展而来的,2000 年,CollabNet 公司的协作软件采用 CVS 作为版本控制系统,因为 CVS 本身的一些局限性,从而需要一个替代品,于是开发了新的版本管理系统 Subversion。

SVN 可以实现文件以及目录的保存及版本回溯。SVN 将文件存放在中心版本库中,它可以记录文件和目录每一次的修改情况,这样就可以将数据恢复到以前的某个版本,并且可以查看更改的细节,也就是说,一旦一个文件被传到 SVN 上,不管对它进行什么操作,SVN 都会有清晰的记录,即使被删除了,也可以找回来。

SVN 是一种集中的分享信息系统,其核心是版本库,存储所有的数据。版本库按照文件树形式存储数据,任意数量的客户端都可以连接到版本库,读写这些文件。通过读写数据,别人可以看到这些信息;通过读数据,也可以看到别人的修改。

SVN 的基本操作如下。

(1)导入文件。

(2)导出文件。

(3)更新项目。

(4)修改版本库。

　　(5) 查看文件日志。

　　(6) 查看文件的版本树。

　　(7) 重命名和删除文件。

　　(8) 查看版本库。

5. Microsoft VSS

　　VSS(Visual Source Safe)是 Microsoft 公司为 Visual Studio 配套开发的一个小型的版本管理工具,准确来说,它仅能够算是一个小型的版本控制软件。VSS 的优点在于其与 Visual Studio 实现了无缝集成,使用简单,提供了创建目录、文件添加、文件比较、导入/导出、历史版本记录、修改控制、日志等基本功能。与 ClearCase 比起来,VSS 的功能比较简单,且由于其实惠的价格、方便的功能,目前在国内比较流行。但其缺点也是十分明显的,只支持 Windows 平台,不支持并行开发,通过 Checkout-Modify-Checkin 的管理方式,一个时间只允许一个人修改代码,而且速度慢,伸缩性差,不支持异地开发。

6. 其他工具

　　软件版本管理的工具还有很多,如 MERANT 公司的 PVCS、CCC Harvest 等。PVCS 能够提供对软件版本管理的基本支持,通过使用其图形界面或类似 SCCS 的命令,能够基本满足小项目开发的版本管理需求。虽然 PVCS 的功能基本能够满足需求,但是其性能表现一直较差,因此逐渐被市场所冷落。

习题

一、填空题

　　1. 配置管理最终保证软件产品的_____、_____、_____、_____。

　　2. _____是软件配置管理的核心功能。

　　3. _____标志着开发过程中一个阶段的结束和里程碑。

　　4. 基线变更控制包括_____、_____、_____等步骤。

　　5. _____、_____是配置管理的主要功能。

　　6. 基线变更时,需要经过_____授权。

　　7. SCCB 的全称是_____。

二、判断题

　　1. 一个软件配置项可能有多个标识。(　　　)

　　2. 在软件项目配置管理中最终应保证软件产品的完整性、一致性、有效性、机密性。(　　　)

　　3. 基线提供了软件开发阶段的一个特定点。(　　　)

　　4. 有效的项目管理能够控制变化,以最有效的手段应对变化,不断命中移动的目标。(　　　)

　　5. 一个(些)配置项形成并通过审核,即形成基线。(　　　)

　　6. 软件配置项是项目需定义其受控于软件配置管理的款项,每个项目的配置项是相同的。(　　　)

　　7. 基线的修改不需要每次都按照正式的程序执行。(　　　)

8. 基线产品是不能修改的。（　　　）

9. 基线修改应受到控制，但不一定要经 SCCB 授权。（　　　）

10. 变更控制系统包括从项目变更申请、变更评估、变更审批到变更实施的文档化流程。（　　　）

三、选择题

1. 下列不属于 SCCB 的职责的是（　　　）。

    A. 评估变更　　　　　　　　　　　　B. 与项目管理层沟通

    C. 对变更进行反馈　　　　　　　　　D. 提出变更申请

2. 为了更好地管理变更，需要定义项目基线，下列关于基线的描述正确的是（　　　）。

    A. 不可变化

    B. 可以变化，但是必须通过基线变更控制流程处理

    C. 所有的项目必须定义基线

    D. 基线发生变更时，必须修改需求

3. 软件配置管理无法确保的软件产品属性是（　　　）。

    A. 正确性　　　　　　B. 完整性　　　　　　C. 一致性　　　　　　D. 可控性

4. 变更控制需要关注的是（　　　）。

    A. 阻止变更　　　　　　　　　　　　B. 标识变更，提出变更，管理变更

    C. 管理 SCCB　　　　　　　　　　　D. 客户的想法

5. （　　　）不是项目配置管理中可能遇到的问题。

    A. 找不到某个文件的历史版本

    B. 甲方与乙方在资金调配上存在意见分歧

    C. 开发人员未经授权修改代码或文档

    D. 因协同开发或者异地开发，版本变更混乱导致整个项目失败

四、简答题

1. 写出配置管理的基本过程。

2. 说明软件配置控制委员会的基本职责。

3. 简述配置管理在软件开发中的作用，并列举至少两种配置管理工具。

4. 写出几个常见的软件配置项。

第8章

项目质量保证

8.1 软件质量定义

1979 年,Fisher 和 Light 将软件质量定义为表征计算机系统卓越程度的所有属性的集合。1982 年,Fisher 和 Baker 将软件质量定义为软件产品满足明确需求的一组属性的集合。1990 年左右,Norman 和 Robin 等将软件质量定义为表征软件产品满足明确的和隐含的需求的能力的特性或特征的集合。1994 年,国际标准化组织公布的国际标准 ISO 8042将软件质量定义为反映实体满足明确的和隐含的需求的能力的特性的总和。GB/T 11457—2006《信息技术 软件工程术语》中定义软件质量如下。

(1) 软件产品中能满足给定需要的性质和特性的总体。

(2) 软件具有所期望的各种属性的组合程度。

(3) 顾客和用户觉得软件满足其综合期望的程度。

(4) 确定软件在使用中将满足顾客预期要求的程度。

综上所述,软件质量是产品、组织和体系或过程的一组固有特性,反映它们满足顾客和开发商要求的程度。如 Watts Humphrey 所言:"软件产品必须提供用户所需的功能,如果做不到这一点,什么产品都没有意义。其次,这个产品能够正常工作。如果产品中有很多缺陷,不能正常工作,那么不管这种产品性能如何,用户也不会使用它。"而 Peter Denning 强调:"越是关注客户的满意度,软件就越有可能达到质量要求。程序的正确性固然重要,但不足以体现软件的价值。"

8.2 软件质量模型

软件质量的度量主要是根据软件生存周期中对软件质量的要求所进行的一项活动。它主要分为三方面:外部度量、内部度量和使用度量。

1）外部度量

外部度量是在测试和使用软件产品过程中进行的，通过观察该软件产品的系统行为，执行对其系统行为的测量得到度量的结果。

2）内部度量

内部度量是在软件设计和编码过程中进行的，通过对中间产品的静态分析来测量其内部质量特性。内部度量的主要目的是确保获得所需的外部质量和使用质量，与外部关系相辅相成，密不可分。

3）使用度量

使用度量是在用户使用过程中完成的，因为使用质量是从用户观点来对软件产品提出的质量要求，所以它的度量主要是针对用户使用的绩效，而不是软件自身。

有如下三种著名的软件质量模型。

1. Bohm 质量模型

Bohm 质量模型是 1976 年由 Bohm 等提出的分层方案，将软件的质量特性定义成分层模型，如图 8-1 所示。

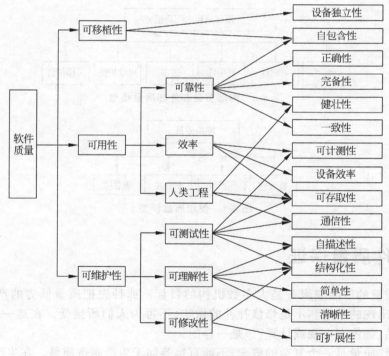

图 8-1 Bohm 质量模型

2. McCall 质量模型

McCall 质量模型是 1979 年由 McCall 等人提出的软件质量模型。它将软件质量的概念建立在 11 个质量特性之上，而这些质量特性分别是面向软件产品的运行、修正和移植的，具体见图 8-2。

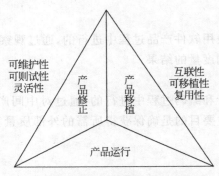

图 8-2　McCall 质量模型

3. ISO 的软件质量模型

按照 ISO/IEC 9126—1:2001,软件质量模型可以分为内部质量和外部质量模型、使用质量模型,而内部和外部质量模型又可分成六个质量特性,使用质量模型可分成四个质量属性,具体如图 8-3 和图 8-4 所示。

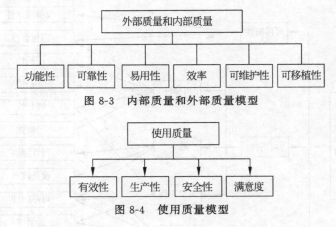

图 8-3　内部质量和外部质量模型

图 8-4　使用质量模型

8.3　软件质量保证

提供高质量的产品或服务是大多数机构的目标。那种先把质量低劣的产品移交给客户,然后再对出现的毛病和不足修修补补的做法,不再为人们所接受。在这一点上,软件和其他加工产品(如汽车电视或计算机)是一样的。

然而,软件质量是一个复杂的概念,不能直接等同于生产制造质量。在生产制造中的质量概念是开发的产品应该符合它的描述。理论上,这个定义应该对所有的产品都适用,但对软件系统而言重在过程控制。

8.3.1　质量标准

质量保证(QA)活动为达到高质量软件提供了一个框架。QA 过程包括对软件开发过程标准或软件产品标准的定义和选择。这些标准应该融化在开发的规程或过程中。可以采用具有质量管理知识的工具来支持这些过程。

在质量保证过程中要制定如下两种类型的标准。

(1) 产品标准。这些标准用于被开发的软件产品,包括文档标准,如生成的需求文档结构;文档编写标准,如定义对象类时注释头的标准写法;编码标准,如何使用某种程序语言。

(2) 过程标准。这些标准定义了软件开发必须遵循的过程,包括对描述、设计和有效性验证过程的定义,以及对在这些过程中产生的文档描述。

产品标准和过程标准之间的关系很密切。产品标准用于软件过程的输出,而在许多情况下,过程标准包括各种专门的过程活动,确保产品标准的执行。

软件标准非常重要,原因如下。

(1) 软件标准封装了最成功的、至少是最恰当的软件开发经验。这些知识往往是经过反复试验才得出的。把这些知识加入到标准中去可以避免重犯过去的错误。标准是智慧的结晶,对一个机构有重要意义。

(2) 软件标准提供了一个框架,围绕这个框架才能实现质量保证过程。假设制定的标准是成功经验的总结,是一个好的标准,那么质量控制的任务只是保证这些标准的严格执行就行了。

(3) 软件标准还有助于工作的连贯性,由一个人着手进行的工作别人可以接着做。软件标准确保一个机构中所有的工程人员采用相同的做法。这样一来,开始一项新工作时就节省了学习时间。

软件工程项目标准的制定是一个既困难又耗时的过程。一些国家和国际组织,如美国 DoD、ANSI、BSI、NATO 和 IEEE,都积极参与标准的制定工作。这些制定出来的标准具有普遍性,能够适用于许多领域内的项目。像 NATO 和其他的国防机构就需要在软件开发合同中遵守自己的执行标准。

已经制定的国家标准和国际标准涵盖了软件工程术语、编程语言(如 Ada 和 C++)、符号系统(如制图符号)、软件需求的导出和书写规程、质量保证规程以及软件检验和有效性验证过程(IEEE,1994)等许多方面。

质量保证团队在制定机构标准时,一般要参照国家标准和国际标准。以这些标准作为出发点,质量保证团队应该拟定一本标准"手册",定义适合自己机构的标准。这种手册可能要包含的标准种类列于表 8-1 中。

软件工程人员有时会把软件标准视为一种行政命令,与软件开发的技术活动毫不相干,尤其是在标准中要求填写烦琐的表格和工作记录的时候。尽管他们大都承认贯彻实施通用标准是十分必要的,但工程师们总能找出一些理由,力图说明某些标准并不适合他们的具体项目。

表 8-1 产品标准和过程标准

产品标准	过程标准	产品标准	过程标准
设计评审形式	设计评审行为	Java 编程范式	项目计划批准过程
需求文档结构	提交文档给 CM	项目计划格式	变更控制过程
规程标题格式	版本发放过程	变更请求形式	测试记录过程

为了避免出现上述问题,制定标准的质量管理者要充分利用各种资源,并且应该采取以下措施。

(1) 让软件工程人员参与产品标准的制定。他们了解了标准制定背后的原因,就会自觉执行这些标准。标准文档不应只强调标准的严格执行,还应该扼要说明某一标准确立的基本思路。

(2) 定期评审和修改标准,以反映技术的变化。标准一经制定就要载入公司的标准手册,一般多年不进行改动。标准手册是必备的,但是它要随着环境和技术的变化而不断完善。

(3) 尽可能提供支持软件标准的软件工具。由于文秘工作很烦琐,人们常常对文秘标准不满意。如果有工具支持,标准的制定就不用付出额外的劳动。

如果把不切实际的过程强加给开发团队,那么过程标准可能会引发许多问题。这种标准通常是指南性的,某一项目的管理者只能意会它。如果某种工作方式不适合一个项目或项目团队,对它做出规定是没有意义的。因此每个项目管理者都应该有根据个别情况改动标准的权力。然而,有关产品质量和产品交付以后的标准,在进行修改时,必须要经过慎重的考虑。

项目管理者和质量管理者可以通过切实可行的质量规划避免标准的不适当问题。他们应该确定质量手册中哪些标准应该不折不扣地执行,哪些标准应该修改,哪些标准应该废止。对于某些特定的项目需求可以制定相应的标准。例如,如果以前的项目中没有用到形式化描述的标准,就需要制定这些标准。而且这些新标准可以在项目进行期间逐步得到完善。

8.3.2　质量规划

质量规划应该在软件过程的早期阶段开始进行。质量规划应该说明产品的质量要求,规定产品质量的评定方法,也就是要规定什么样的软件产品才是高质量的。没有这些规定,不同的工程人员就会以不同的方式工作,导致真正需要关注的产品属性没有得到应有的关注。质量规划过程是制订出项目质量规划。

质量规划应该选择那些适合具体产品和开发过程的机构标准。如果项目中要使用新的方法和工具,还要制定新的标准。1989 年 Humphrey 在关于软件管理的经典著作中,提出了质量规划的结构框架,包括如下内容。

(1) 产品介绍。说明产品、产品的意向市场及对产品性质的预期。

(2) 产品计划。包括产品确切的发布日期、产品责任以及产品的销售和售后服务计划。

(3) 过程描述。产品的开发和管理中应该采用开发和售后服务质量过程。

(4) 质量目标。产品的质量目标和规划包括鉴定和验证产品的关键质量属性。

(5) 风险和风险管理。说明影响产品质量的主要风险和这些风险的应对措施。

在写质量规划时,应该尽可能写得短一些。如果文档太长,工程人员就不愿意读它,这样就背离了制订质量规划的初衷。

在质量规划过程中应该考虑到各种潜在的软件质量属性,如表 8-2 所示。一般来说,要对任何一个系统的所有属性都重点关注是不可能的,因此质量规划的一个关键任务就是挑选出关键的属性质量,然后对如何达到这些属性质量做出规划。

表 8-2　软件的质量属性

安全性	可理解性	可移植性
保密性	可测试性	可使用性
可靠性	适应性	复用性
弹性	模块性	效率
鲁棒性	复杂性	可学习性

　　质量规划应该明确被开发产品的最重要的质量属性。有时效率可能是极为重要的,为了实现这一属性要牺牲其他的质量属性。如果把效率写进质量规划中,搞开发的工程人员就会给予配合,并最终实现这个目标。质量规划还应该详细说明质量评估过程,这应该是评估产品是否具有某一性质(如可维护性)的标准化过程。

8.3.3　质量控制

　　质量控制就是监督检查整个软件开发过程,以确保质量保证规程和标准被严格执行,在检查软件过程产生的可交付的文档时,要与质量控制过程中规定的质量标准相对照。

　　质量控制过程有一套自己的规程和报告,在软件开发期间必须使用。这些规程应该简单明了,使软件开发人员易于理解。

　　质量控制还有如下另外两种方式。

　　(1)质量评审。即一组人对软件、文档编制和软件制作过程进行评审。他们负责检查项目标准是否被贯彻实施,软件和文档是否遵从了这些标准。然后把与标准偏离的地方记录下来,并提醒项目管理层注意。

　　(2)自动化的软件评估。即软件和文档生成以后,经过一定的程序进行处理,并与用于具体项目的标准相对照。这个自动化的评估可能包括某些软件属性的定量度量。

　　质量评审是验证一个过程或产品质量的应用最广泛的方法。这种方法通过一组人检查软件过程的全部或一部分、软件系统或者相关文档以发现潜在的问题。评审结论正式记录下来以后,交给开发者或者负责修改所发现问题的人员。

　　表 8-3 简要描述了几种不同类型的评审活动。

表 8-3　评审类型

类　　型	主　要　目　的
设计或程序检查	检出需求、设计或编码中的细小错误。评审应该参照可能的错误核查清单进行
进展评审	为项目管理提供项目总体进展情况的有关信息。这种评审既是过程评审,又是产品评审,涉及成本、规划和进度安排
质量评审	对产品组件或文档进行技术分析,除找出描述和组件设计、代码或文档之间不一致之外,确保制定的标准被贯彻实施

　　评审团队的任务是发现错误或者不一致的地方,并向设计者或文档制作者指出来,评审是以文档为基础的,但又不限于描述、设计或代码。诸如过程模型、测试计划、配置管理规程、过程标准和用户手册等文档都有可能被评审。

评审团队应该包括那些能做出突出贡献的项目成员。举例来说，如果评审一个子系统的设计，应该把子系统的相关设计者吸收到评审团队中。他们会对子系统接口有重要见解，这些子系统接口在被单独考虑的时候容易被忽略。

评审团队应该挑选 3～4 名主要评审员作为团队的核心，应该有一个资深设计人员负责做技术上的重大决策。主要评审员可以邀请其他的项目成员帮助评审，他们不必参与整个文档评审，而应集中精力解决影响他们工作的问题。另外，评审团队可以把要评审的文档进行传阅，并要求其他的项目成员写出书面意见。

要评审的文档必须预先分配好，才能给评审员充分的时间去阅读和理解。尽管这样做延迟、打乱开发进程，但是如果评审员在评审前没有正确理解这些文档，评审就会毫无效果。

评审过程本身所用的时间应该相对较短（最多两个小时）。被评审文档的制作者应该与评审团队一起"浏览"这个文档。团队中应有一名成员主持评审，另有一名成员对所有的评审结论做正式记录。在评审过程中，主持人负责保证所有的书面意见都在考虑之中。在评审完成时，整个评审过程都记录下来，设计人员和评审主持人在记录各种意见和评审过程的文档纸上签名，然后存档作为正式的项目文档，如果只发现一些小问题，就没有必要做进一步的评审。在需要变更时，评审主持人负责保证变更的实施。如果需要做重大的变更，就要安排重审。

8.3.4 质量评估

1. 软件测量

软件测量（measurement）就是对软件产品或对软件过程的某种属性进行量化。在得到的数据之间以及数据和机构的通用标准之间进行比较，就可以得出有关软件或软件过程质量的结论。举个例子，假设一个机构计划引入新的软件测试工具，在引入这个工具之前，记录下在一定时间内发现的软件缺陷数目；在引入后，重复这个过程。如果引入该工具后在相同的时间内发现的缺陷数目增多，就可以认为这种工具能给软件有效性验证过程提供有益的支持。

许多大型公司，像惠普都引入了度量（metric）程序，并在质量管理过程中使用收集到的度量。绝大多数工作焦点是在收集有关程序缺陷、检验和有效性验证过程的度量上。对这种度量程序引入到工业中的问题，给出了关于测量以及使用测量进行过程改进的详细建议。

然而系统地使用软件度量和测量还很不普遍。由于对测量能带来的益处到底有多大还很不清楚，大家不情愿使用软件测量。其中一个原因是许多公司对已使用的软件过程组织不利，不具备使用测量的条件。另一个原因是没有度量标准，因而对数据的收集和分析提供的支持是有限的。大多数公司在拥有这些标准和工具之前，不准备使用测量。

软件度量是有关软件系统、过程或相关文档的任何一种测量指标。例如，软件度量包括以代码行数表示的软件产品的规模。

度量可以分为控制型度量和预测型度量。控制型度量通常与软件过程相关；预测型度量则与软件产品相关。修复发现的缺陷所需平均工作量和时间是控制型度量或过程的例子。预测型度量的例子有模块的回路复杂性、一个程序中标识符的平均长度与对象有关的属性和操作的数目。无论控制型度量还是预测型度量都能影响管理决策，如图 8-5 所示。

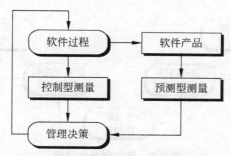

图 8-5　预测型度量和控制型度量

　　直接测量软件的质量属性通常是不可能的。像可维护性、复杂性和易懂性等属性受许多不同因素的影响，对它们还没有找到直接的度量方法，只能测量这个软件的某些内在属性（如软件规模大小），并且假定我们所能测量的属性和想要了解的属性之间有一定的关系。理论上讲，软件的内在属性和外部属性之间的关系应该是清楚和确定的。

　　图 8-6 给出了一些重要的外部质量属性和与其有关的可测量的内在属性。该图说明了内、外部属性之间有关系，但没有说明这种关系是什么。内在属性的测量能否对外部的软件特性做出有益的预测，取决于以下三个条件。

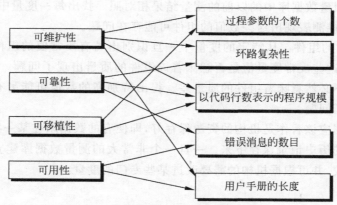

图 8-6　内部和外部软件属性间的关系

　　(1) 内在属性必须能被准确测量。

　　(2) 能够测量的属性和外部行为属性之间必须有一定关系。

　　(3) 这种关系必须被人们所理解，并且已经过验证，能用公式或模型表达出来。

　　模型表示法包括通过分析收集到的数据确定模型（线性的、指数的等）的函数形式，确定模型中要包含的参数，并用现有数据进行校正。这种模型开发要想可靠，必须要有统计方法方面的经验，在这一过程中应该有一个专业的统计人员参与。

　　软件测量过程是质量控制过程的一部分，如图 8-7 所示。这个过程对系统的每一个组件都单独分析，在得出的不同度量值之间进行比较，有时还要与以前的项目中收集的历史测量数据进行比较。容易出现质量问题的组件是质量保证的重点，对它们还应使用反常测量。

　　软件测量过程中的几个关键阶段如下。

　　(1) 选择测量方法。测量要回答的问题应该用公式表示，而测量需要回答这些确定的问题。与这些问题不直接相关的度量不必收集。

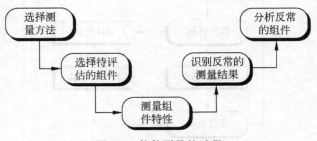

图 8-7 软件测量的过程

(2) 选择待评估的组件。在一个软件系统中评估所有组件的度量值既没有必要,也没有意义。在有些情况下,要选择有代表性的组件进行测量。而在其他情况下,则要评估一些特别关键的组件,例如几乎被连续使用的核心组件。

(3) 测量组件特性。测量选出的组件并计算度量值。这一过程中通常使用一个自动化的数据收集工具对组件的表现形式(设计、代码等)进行处理。这种工具可以是专门写的,也可以与一个机构所使用的 CASE 工具合为一体。

(4) 识别反常的测量结果。组件测量一旦完成,就应该把它们彼此进行对照,还要把它们与已经记录到测量数据库中的以前的测量结果相对照。找出每一度量中特别高或者特别低的值,从中可以推测表现出这些数值的组件可能存在问题。

(5) 分析反常的组件。从特定的度量中一旦识别出具有反常值的组件,就应该检查这些组件,从而确定这些反常度量值是否意味着该组件的质量出现了问题。复杂性(比方说)的反常度量值并不必然意味着组件的质量差。得出特别高的数值可能另有原因,并不能说明组件的质量出了问题。

对收集的数据应该看作是机构的资源保存好,即使有的数据未在某一特定项目中使用,也要把所有项目的历史记录保存下来。一旦一个非常大的测量数据库建立起来,就可以进行项目之间的比较,并可根据机构的需要改进某些专门的度量。

2. 软件度量

产品度量关注的是软件本身的特性。然而很不幸的是,容易测量的软件特性如规模大小和回路复杂性,与易懂性、可维护性等质量属性之间没有一个清晰而又普遍的关系。这种关系是随着开发过程、技术以及被开发系统类型的不同而不同。对测量有兴趣的机构必须要建立一个历史数据库,从中可以发现软件产品属性与对机构有益的质量属性之间的关系。

产品度量分为以下两类。

(1) 动态度量。通过测量运行的程序收集。

(2) 静态度量。通过测量系统的表现形式(如设计、程序或文档等)收集。

这些不同的度量类型与不同的质量属性有关。动态度量用于评估一个程序的效率和可靠性,而静态度量被用于评估一个软件系统的复杂性、易懂性和可维护性。

动态度量与软件质量属性的关系通常较为密切。测量特定函数的执行时间和评估系统的启动时间相对比较容易,它们与系统的效率有直接的关系。同样,记录下来的系统失败数和失败的类型则与软件的可靠性直接有关。

静态度量则不同,它与质量属性的关系是间接的。有很多这类度量已被提出,并进行试验,试图导出和验证这些度量与系统的复杂性、易懂性以及可维护性之间的关系。表 8-4 描述了几个面向过程软件的度量,这些度量已被用于质量属性的评估中。其中的程序(或组件)长度和控制复杂性能对易懂性、系统复杂性和可维护性做出最可靠的预测。

表 8-4　面向过程软件的度量

面向过程度量	描　　述
扇入/扇出	扇入是测量调用某些其他函数(设为 X)的函数个数,扇出是被某函数(X)调用的函数个数。扇入数大意味着 X 与其他设计的耦合程度较高,更改 X 会带来很广的负面影响;很高的扇出数意味着 X 的总的复杂度很高,因为需要复杂的控制逻辑来协调所调用的组件
代码长度	这是对程序规模的测量。一般来讲,程序组件中代码越长,组件就越复杂,而且更易出错
回路复杂性	这是对程序控制复杂度的测量。这个控制复杂度是与程序可理解性相关联的
标识的长度	这是对程序中标识符平均长度的测量。标识符越长,它们可能就越有意义,因而程序就更容易被理解
条件嵌套的深度	这是对程序中 if 语句嵌套深度的测量。很深的 if 语句嵌套会使得程序难于理解,而且容易出错
雾指数	这是关于文档中字和语句平均长度的测量。雾指数越高,说明文档越不容易理解

从 20 世纪 90 年代初期以来,人们对面向对象的度量进行了大量的研究。其中有些研究是在表 8-4 中原有度量的基础上开展的,另外一些则只针对面向对象系统。表 8-5 解释了许多面向对象的度量。这些度量与表 8-4 相比还不成熟,它们主要用于面向功能的设计,因而它们的预测型度量的效用还在证实之中。

表 8-5　面向对象软件的度量

面向对象度量	描　　述
继承树深度	代表在继承树中分离的层次,继承树中子类继承父类中的属性和操作(方法)。继承树越深,设计就越复杂,因为,要想理解树中叶节点,就必须理解相当多的树中其他节点
扇入/扇出	这与表 8-4 描述的扇入和扇出直接相关,实际上是同样的。不过,区分对象内方法调用和外部方法调用是合适的
每个类的加权方法	这是一个类中方法数的测量,每个方法加上了一个其复杂度的权值。因而,一个简单的方法可能有一个复杂度权值 1,大的和复杂的方法有较高的权值。该度量越大,对象类就越复杂。复杂对象更难于理解。这种对象在逻辑上结合性可能比较差,所以不能在继承树中作为超类被有效复用
重载的操作数	这是超类中要被重载的操作数。该度量值高意味着所用的超类对其子类来说可能是不合适的

相关的专门度量取决于项目、质量管理团队的目标和被开发软件的类型。表 8-4 和表 8-5 中给出的所有度量在某些情况下可能是有用的,而在其他情况下可能就不适用了。在质量管理过程中引入软件度量的时候,机构应该通过试验找出最合适机构需要的度量。

习题

一、填空题

1. _____是对过程或产品的一次独立质量评估。
2. 质量成本包括预防成本和_____。
3. 质量管理包括_____、_____、_____等过程。
4. _____是软件满足明确说明或者隐含的需求的程度。
5. McCall 质量模型关注的 3 个方面是_____、_____、_____。
6. 质量保证的主要活动是_____和_____。

二、判断题

1. 质量是满足要求的程度,包括符合规定的要求和客户隐含的需求。(　　　)
2. 软件质量可以通过后期测试得以提高。(　　　)
3. 质量计划可以确定质量保证人员的特殊汇报渠道。(　　　)
4. 软件质量是代码正确的程度。(　　　)

三、选择题

1. 下列不属于质量管理过程的是(　　　)。
   A. 质量计划　　　　B. 质量保证　　　　C. 质量控制　　　　D. 质量优化
2. 项目质量管理的目标是满足(　　　)的需要。
   A. 老板　　　　　　B. 项目经理　　　　C. 项目　　　　　　D. 组织
3. 下列属于质量成本的是(　　　)。
   A. 预防成本　　　　B. 缺陷数量　　　　C. 预测成本　　　　D. 缺失成本
4. 下列不是质量计划方法的是(　　　)。
   A. 质量成本分析　　B. 因果分析图　　　C. 抽样分析　　　　D. 基准对照
5. 下列不是软件质量模型的是(　　　)。
   A. Boehm 质量模型　　　　　　　　　　B. McCall 质量模型
   C. ISO/IEC 9216 质量模型　　　　　　　D. Mark 质量模型
6. 质量控制非常重要,但是进行质量控制也需要一定的成本,(　　　)可以降低质量控制的成本。
   A. 进行过程分析　　B. 使用抽样统计　　C. 对全程进行监督　D. 进行质量审计
7. McCall 质量模型不包含(　　　)。
   A. 产品修正　　　　B. 产品移植　　　　C. 产品特点　　　　D. 产品运行

四、问答题

1. 质量计划中可以采用哪些方法?
2. 简述质量保证的主要活动,以及质量保证的要点。
3. 简述质量保证与质量控制的关系。
4. 软件质量的定义是什么?
5. 软件质量模型有哪些?
6. 软件质量因素有哪些?

第9章

项目风险管控

由于软件项目具有一定程度的不确定性,具有很高的风险。这些不确定性产生于宽泛定义的需求、估算软件开发所需时间和资源的困难、项目对个人技术的依赖以及由于客户需求发生变化而引起的需求变更。因此软件项目必须进行风险管理,项目管理者应该预见风险,了解这些风险对项目、产品和业务的冲击,并采取措施规避这些风险。项目管理者可以制订应急计划,这样一旦风险来临,就能采取快速防御行动。在项目开展过程中,需要不断地进行风险识别、风险分析、风险规划和风险控制,如图 9-1 所示。

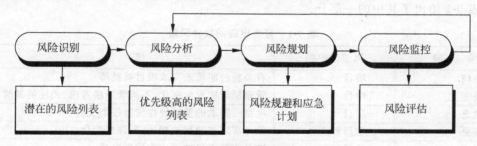

图 9-1 风险管理过程

能预见可能影响项目进度或软件产品质量的风险,并采取行动避免这些风险,是项目管理者的一项重要任务。风险分析的结果以及对该风险发生时的后果分析都应该在项目计划中记录在案。识别风险并制订计划,以最大限度降低风险对项目的影响,这种活动叫作风险管理。包括以下阶段。

(1)风险识别。识别项目、产品和业务可能存在的风险。

(2)风险分析。评估这些风险出现的可能性及后果。

(3)风险规划。制订计划说明如何规避风险或降低风险对项目的影响。

(4)风险监控。不断地进行风险评估,并随着有关风险信息的增多及时修正缓解风险的计划。

和其他的项目规划一样,风险管理过程也是一个贯穿项目全过程的反复进行的过程。从最初制订的计划开始,项目就处于被监控状态。随着有关风险的信息的增多,需要进行重新分析,制订新的风险计划。在新的风险信息出现时,对风险规避和应急计划要进行修正。

风险管理过程的结果应该记录在风险管理计划中,具体包括对项目所面临的风险的讨论、对这些风险的分析以及管理这些风险的计划。有的时候,还可以包括风险管理的结果,即风险来临时启动专门的应急计划。

9.1 风险识别

风险识别是风险管理的第一阶段。这一阶段主要是发现项目中可能存在的风险。理论上,不应该在这个阶段评估风险或给各种风险排出次序,在实际过程中,人们常常忽略掉那些后果不严重的或出现的可能性很小的风险。

简单地说,可以把风险看作是一些不利因素实际发生的可能性。有些风险可能危及整个项目、正在开发的软件或开发机构的正常运行。这些风险主要有如下几种。

(1) 项目风险,是影响项目进度或项目资源的风险。

(2) 产品风险,是影响正被开发的软件的质量或性能的风险。

(3) 业务风险,是影响软件开发机构或软件产品购买机构的风险。

当然,这种分类方式不是绝对的。如果富有经验的程序设计者离职,由此带来的风险可能是项目风险(系统交付可能延迟),同时也是产品风险(继任者可能不如前任有经验,因而可能犯错)和业务风险(继任者缺乏经验无法招揽更多业务)。

风险类型取决于项目本身的特点和软件开发的机构的环境。然而有许多风险是普遍存在的,表 9-1 给出了其中的一部分。

表 9-1 可能出现的软件风险

风 险	风 险 种 类	描 述
职员跳槽	项目	有经验的职员未完成项目就跳槽
管理层变更	项目	管理层结构发生变化,不同管理层考虑、关注的事情不同
硬件缺乏	项目	项目所需求的基础硬件没有按期交付
需求变更	项目和产品	软件需求与预期的相比,有许多变化
描述延迟	项目和产品	有关主要接口的描述为按期完成
低估了系统规模	项目和产品	低估系统规模
CASE 工具性能变差	产品	支持项目的 CASE 工具达不到要求
技术变更	业务	系统的基础技术被新技术取代
产品竞争	业务	系统尚未完成,其他有竞争力的产品已经上市

风险识别可以通过项目组集体讨论完成,或者只凭借管理者的经验进行。为完成这一过程,需要列出可能存在的风险类型。包括如下类型。

(1) 技术风险。源于组成开发系统的软件技术或硬件技术的风险。

(2) 人员风险。与软件开发团队的成员有关的风险。

(3) 机构风险。源于软件开发机构的环境的风险。

(4) 工具风险。源于 CASE 工具和其他用于系统开发的支持软件的风险。

（5）需求风险。源于客户需求的变更和需求变更过程中产生的风险。

（6）估算风险。源于对系统特性和构建系统所需资源进行估算的风险。

表 9-2 对上述每一种风险都给出了可能的风险实例。风险识别的结果应该是列出一长串可能发生的风险，这些风险可能影响到软件产品、过程或业务。

表 9-2　风险及风险实例

风 险 类 型	可能的风险
技术	系统使用的数据库的处理速度不够快； 要复用的软件组件有缺陷，限制了项目的功能
人员	招聘不到符合项目技术要求的职员； 在项目的非常时期，关键性职员生病，不能发挥作用； 职员所需的培训跟不上
机构	重新进行机构调整，由不同的管理层负责这个项目； 开发机构的财务出现问题，必须削减项目运算
工具	CASE 工具产生的编码效率低； CASE 工具不能被集成
需求	需求发生变化，主体设计要返工； 客户不了解需求变更对项目造成的影响
估算	低估了软件开发所需要的时间； 低估了缺陷的修补成功率； 低估了软件的规模

9.2　风险分析

在进行风险分析时，要逐一考虑每个已经识别出的风险，并对风险出现的可能性和严重性做出判断。除此之外没有捷径可以走，只能靠项目管理者的经验做主观判断。风险评估的结果一般不是精确的数字，会有一定的差别。

（1）对风险出现的可能性进行评估，结果有风险出现的可能性非常小（<10%）、可能性小（10%～25%）、可能性中等（25%～50%）、可能性大（50%～75%）或可能性非常大（>75%）。

（2）对风险的严重性进行评估，可能的结果有灾难性的、严重的、可以容忍的和可以忽略的。

风险分析过程结束后，应该根据风险严重程度的大小按顺序制成表格。表 9-3 是对表 9-2 中已识别的风险进行分析，得出结果后制成的表格。很显然，其中对分析的可能性和后果的评估带有随意性。在实际操作中，需要根据项目、过程、开发团队和机构状况等有关信息进行评估。

表 9-3　风险分析

风　　险	出现的可能性	后果
开发机构的财务出现问题，必须削减项目预算	小	灾难性的
招聘不到符合项目技术要求的职员	大	灾难性的
在项目的非常时期，关键性职员生病	中等	严重的
要复用的软件组件有缺陷，限制了项目的功能	中等	严重的

续表

风　　险	出现的可能性	后果
需求发生变化，主体设计要返工	中等	严重的
开发机构重新调整，由新的管理层负责该项目	大	严重的
系统使用的数据库的处理速度不够快	中等	严重的
低估了软件开发所需要的时间	大	严重的
CASE 工具不能被集成	大	可以容忍的
客户不了解需求变更对项目造成的影响	中等	可以容忍的
职员所需的培训跟不上	中等	可以容忍的
低估了缺陷的修补成功率	中等	可以容忍的
低估了软件的规模	大	可以容忍的
CASE 工具产生的编码效率低	中等	可以忽略的

　　当然，随着有关风险的可用信息的增多和风险管理计划的实施，一项风险出现的可能性和对这一风险的影响后果的评估都可能改变。因此，这个表格必须在风险过程的每个反复期间得到更新。

　　风险一经分析和排序，下一步就该判断哪些风险是最重要的，这是在项目期间必须考虑的。做出以上判断必须综合考虑风险出现的可能性大小和该风险的影响后果。一般而言，所有灾难性的风险都应该考虑，所有出现的可能性超过中等、影响严重的风险同样要考虑。

　　1988 年 Boehm 曾建议识别和监控"前十位"的风险，这种排名太绝对化，需根据项目自身的情况确定要进行监控的风险的数量，可能 5 个，也可能 15 个。不过，选出的接受监控的风险的数目应该便于管理。管理大量的风险需要收集大量的信息。在表 9-3 已识别的风险中，考虑具有灾难性或严重后果的 8 种风险已经足够了。

9.3　风险规划

　　在风险规划中，项目管理者要考虑已经识别出的每一个重大风险，并确定这个风险的应对策略。制订风险管理计划同样没有捷径可走，同样要靠项目管理者的判断和经验。表 9-4 给出了处理表 9-3 中重大风险的应对策略。

表 9-4　风险管理策略

风　　险	策　　略
机构的财务问题	拟一份简短的报告，提交高级管理层，说明这个项目将对业务目标有重大贡献
职员招聘问题	告诉客户项目潜在的困难和延迟的可能性，检查要买进的组件
职员生病问题	重新对团队进行组织，使更多工作有重叠，员工可以了解他人的工作
有缺陷的组件	用买进的可靠性稳定的组件更换有潜在缺陷的组件
需求变更	导出可追溯信息来评估需求变更带来的影响，把隐藏在设计中的信息扩大化
机构调整	拟一份简短的报告，提交高级管理层，说明这个项目将对业务目标有重大贡献
数据库的性能	研究一下购买高性能数据库的可能性
低估开发时间	对要买进的组件、程序生成器的效用进行检查

这些风险管理策略分为以下三类。

（1）规避策略。采用这些策略会降低风险出现的可能性。表 9-4 中处理缺陷的组件的应对策略就是一个例子。

（2）最低风险策略。采用这些策略会减小风险的影响。表 9-4 中解决职员生病问题的策略就属于这种。

（3）应急策略。采用这些策略，就算最坏的事情发生，也要有备而来，有适当的对策。表 9-4 中应对机构的财务问题的策略就属于这类。

9.4　风险监控

风险监控是实施和监控风险管理计划，对每一个识别的风险定期进行评估，从而确定风险出现的可能性是变大还是变小，风险的影响后果是否有所改变，保证风险计划的执行，评估和削减风险的有效性。风险监控针对一个预测的风险，监视它事实上是否发生了，确保针对某个风险而制定的风险消除步骤正在合理使用；同时监视剩余的风险和识别新的风险，收集可用于将来的风险分析信息的过程。风险监控应该是一个持续不断的过程，需要重复进行风险识别、风险评估以及风险对策研究一整套基本措施。在每一次对风险管理进行评审时，每一个重大风险都应该单独评审并在会上进行讨论。

风险监控首先需要建立风险监控体系，然后评审和评价风险。

1．建立项目风险监控体系

项目风险监控体系的建立，包括制订项目风险的方针、程序、责任制度、报告制度、预警制度、沟通程序等方式，以此来控制项目的风险。

在软件项目管理过程中，应该任命一名风险管理者，该管理者的主要职责是在制订与评估规划时，从风险管理的角度对项目计划进行审核并发表意见，不断寻找可能出现的任何意外情况，试着指出各个风险的管理策略及常用的管理方法，以能够随时处理出现的风险。风险管理者可以是由项目经理以外的人担任。

2．项目风险评审评估

确定项目风险监控活动和有关结果是否符合项目风险管理计划和项目风险应对计划的安排，以及这些安排是否有效地实施并达到了预定的、有系统的检查。项目风险审核是开展项目风险监控的有效手段，也是作为改进项目风险监控活动的一种有效的机制。如果风险事件未被预料到，或后果远大于预料，那么计划的风险策略可能不充分，这时就有必要再次重复进行风险对策研究甚至风险管理程序，需要增加附加风险策略研究。

在项目实施过程中，项目经理应该定期回顾和维护风险计划，及时更新风险清单，对风险进行重新排序，并更新风险的解决情况，这些活动应该包含在项目计划中。只有这样才能使项目经理们经常思考这些风险，居安思危，对风险的严重程度保持警惕。

为了保证项目的透明性，风险清单应该向项目组的所有人公开，同时鼓励所有人员有风险意识，随时上报发现的问题。项目组应当建立一个匿名交流渠道，这样，项目组的所有成员可以利用这个渠道报告项目进展和风险消息。例如，开发人员推迟交付代码，测试人员可以上报；如果测试人员没有充分测试就将产品写成书面文件，那么文档撰写者可以上报；

如果项目经理向高层经理夸大项目的进展情况,相关人员可以上报;等等。

9.5 常见风险及其处理

在软件项目管理活动中,要积极面对风险,越早识别风险、越早管理风险,就越有可能规避风险,或者在风险发生时能够降低风险带来的影响。特别是在项目参与方多、涉及面广、影响面大、技术含量高的复杂项目,应加强风险管理。软件项目中常见的风险及其处理方法如下。

1. 项目缺少可见性

当一个项目经理或一名开发者说已经完成80%的任务,需保持审慎的态度。因为剩下的20%可能需要80%的时间,甚至永远不能完成。软件项目,往往在项目进度和软件质量方面缺少可见性。项目越缺少可见性,就越难以控制,就越有可能失败。我们可以通过迭代开发、技术评审、持续集成来增强项目的可见性。

2. 新技术引入

技术创新是一种具有探索性、创造性的技术经济活动。在开发过程中引入新技术,不可避免地要遇到各种风险。通过原型开发、充分论证、多阶段评审、同行经验等措施可降低新技术引入风险。

3. 技术兼容性风险

硬件产品之间、系统软件(操作系统、中间件、数据库管理系统)与主机设备之间、系统软件之间、应用软件与系统软件之间以及应用软件之间,都可能存在兼容性问题。往往系统集成的项目越复杂,兼容性问题就越可能存在。可以通过设计先行、售前产品测试等方法来降低这种风险。

4. 性能问题

由于先期设计不足,性能问题往往在系统切换或新系统使用一段时间后暴露,出现性能问题,往往要进行大量的优化工作,甚至局部的或全面的重新设计。无论是用户还是开发者,谁都不希望出现性能问题。可以通过性能规划、性能测试等方法来降低这种风险。

5. 仓促上线

在项目实施过程中,系统切换上线环节最容易出纰漏。项目好不容易开发完成,却在最后时刻功亏一篑。尤其是针对影响面大的项目,在系统切换前,应充分考虑各种可能出现的问题,做好风险对策。可以通过应急预案、分步切换、交叉培训等方法降低风险。

6. 可用性问题

软件的可用性包括软件的使用是不是高效、是否容易学习、是否容易记忆、是否令人愉快、是否不易出错等诸多因素。往往由于软件的可用性差,导致用户不满意,甚至被市场淘汰。在项目开发中应注意可用性问题,避免软件出现可用性方面的风险。可以通过了解用户、参与设计、竞争性分析等方法降低风险。

习题

一、填空题

1. 风险管理包括_____、_____、_____、_____四个阶段。

2. 风险种类包括_____、_____、_____三种。

3. 风险规划的主要策略是_____、_____、_____。

二、判断题

1. 任何项目都是有风险的。（　　）

2. 风险是损失发生的不确定性，是对潜在的、未来可能发生损害的一种度量。（　　）

3. 风险识别、风险分析、风险规划、风险监控是风险管理的四个过程。（　　）

4. 应对风险的常见策略是回避风险、转移风险、损失控制和自留风险。（　　）

5. 项目的风险几乎一样。（　　）

6. 当风险发生的概率极高、风险后果影响很严重时，才可以考虑采用规避风险策略。（　　）

三、选择题

1. 下列属于可预测风险的是（　　）。

 A. 不现实的交付时间   B. 没有需求或软件范围的文档

 C. 人员调整   D. 恶劣的开发环境

2. 下列不是风险管理过程的是（　　）。

 A. 风险评估   B. 风险识别   C. 风险规划   D. 风险收集

3. 在一个项目的开发过程中采用了新的技术，为此，项目经理找来专家对项目组人员进行技术培训，这是（　　）风险应对策略。

 A. 规避风险   B. 损失控制   C. 转移风险   D. 自留风险

第10章

软件生存期执行监控

10.1　项目生存期执行控制

10.1.1　生存期的执行

在项目实施过程中,需要依据项目设定的生存期模型执行项目,从项目的需求、分析、设计、构造软件产品,这个过程相当于软件生产过程。保证项目最终提交一个让客户满意的产品是项目经理的职责。图 10-1 是某项目实施基本流程。

(1)项目准备阶段分为项目分析和合同评审。项目分析阶段的目的是对用户提出的项目需求进行分析,根据分析结果确定完成项目所需时间、资源、成本及实施能力要求,并对项目的可行性进行分析。合同评审阶段的目的是根据项目分析的结果与用户就合同有关条款进行协商,并最终签署合同。在项目准备阶段,项目可能会因为可行性分析或合同谈判的结果不理想而终止。

(2)项目规划阶段包括项目规划、系统设计、计划确认和任务分配等。项目规划和计划确认阶段的目的是对项目的规模和实施风险进行分析,对整个项目的实施从时间、资源、成本等方面进行规划,并使最终的项目计划获得各方认可。任务分配阶段的目的是根据计划的要求将任务进行分类并落实到指定人员,使得计划的执行得以保证。

(3)项目开发阶段主要是根据用户的需求和项目计划的要求对产品进行开发,并通过测试。其实施阶段与开发生存期的阶段保持一致。

(4)产品交付阶段分为 3 个主要实施阶段:产品提交、产品验收和项目总结。产品提交阶段的目的是根据合同的要求向用户提交产品。产品验收阶段的目的是使产品通过合同规定的验收标准。项目总结阶段的目的有两个,一是总结提高,二是积累数据。

(5)产品维护阶段的目的是根据合同的要求保证产品能够被有效地应用。

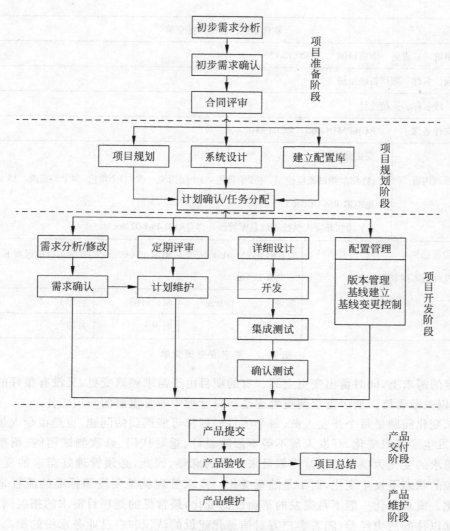

图 10-1 某项目实施基本流程

10.1.2 需求变更控制

需求变更的原因是多方面的。项目经理必须通过绩效报告、当前进展情况等来分析和预测可能出现的需求变更,在发生变更时遵循规范的变更流程来管理变更。图 10-2 是一个需求变更提交单实例,它是在软件项目实施过程中,对需求提出的一个变更。这个变更发生在设计阶段,还没有进行具体的编程工作,按照变更控制系统流程,首先提出需求变更请求,然后评估变更的影响,最后通过软件版本控制委员会的表决,决定可以接受其中一部分变更,另外一部分变更则推迟到下一版本实现。

需求变更后需要重新修改任务分解结构图。需求是项目中的一个重要基线,所以需求变更管理也是一个重要的基线变更管理。在进行需求分析时,要懂得防患于未然,尽可能地分析清楚哪些是稳定的需求,哪些是易变的需求,以便在进行系统设计时,将软件的核心构

图 10-2　需求变更提交单

建在稳定的需求上,同时留出变更空间。有的项目由于需求频繁变更,又没有很好的变更管理,最后以失败告终。所以需求变更管理是项目管理中非常重要的一项工作。

需求变化问题是每个开发人员、每个项目经理都可能遇到的问题,也是很令人烦扰的问题,一旦发生了需求变化,开发人员不得不修改设计、重写代码、修改测试用例、调整项目计划等。需求的变化为项目的正常进展带来不尽的麻烦,因此,必须管理好需求的变更,使需求在受控的状态下发生变化,而不是随意变化。需求管理就是要按照标准的流程来控制需求的变化。需求变化一般不是突发的革命性的变化,最常见的是项目需求的拓展问题。

根据以往的历史经验,随着客户方对信息化建设的认识和自己业务水平的提高,客户会在不同的阶段和时期对项目的需求提出新的要求和需求。用户总是有新的需求要项目开发方来做,有些客户认为软件项目需求的改变可以很容易地被实现。就像用户在"漫天要价",而开发方在"就地还钱"。这个现象的本质问题是由需求变更所引发的。需求一扩大,就如同河堤出现了缺口,会越来越大,甚至失去控制。

需求变更可以发生在任何阶段,即使到项目后期也可能发生变更(例如,在测试阶段,用户根据测试的实际效果会提出一些变更要求),后期的变更会对项目产生很负面的影响。

之所以发生需求变更,主要是因为在需求确定阶段,用户往往不能确切地定义自己需要什么。用户常常以为自己清楚,但实际上他们提出的需求只是依据当前的工作所需,而采用的新设备、新技术通常会改变他们的工作方式;或者要开发的系统对于用户来说也是个未知事物,他们以前没有相关的使用经验。随着开发工作不断获得进展,系统开始呈现功能的雏形,用户对系统的了解也逐步深入。于是,他们可能会想到各种新的功能和特色,或对以前提出的要求进行改动。他们了解得越多,新的要求也越多,需求变更因此不可避免地一次又一次出现。

　　项目经理一定要坚持一个最基本的原则：一般不要轻易答应需求变更的要求。只要你答应一次，需求变更就会一个一个接踵而至，这种现象严重时甚至导致项目失去控制，不能通过最终验收。为了把需求控制在一定的范围，要避免与一般业务人员交谈，树立顾问的权威和信心，要以专家的姿态与客户接触。

　　管理需求变更应该处理好变更的请求，对需求变更进行严格地控制，没有控制的变更会对项目的进度、成本、质量等产生严重的影响。对于变更，项目人员常常存在某种顾虑，其实变更并不可怕，可怕的是应对变更束手无策，或者不采取任何的预防控制措施。对待变更的正确处理方法是，根据变更的输入，按照变更控制系统规定的审批程序执行，通过严格审查变更单后，决定项目变更是否应该得到批准或者拒绝。

　　如果开发团队缺少明确的需求变更控制过程或采用的变更控制机制无效，抑或不按变更控制流程来管理需求变更，那么很可能造成项目进度拖延、成本不足、人力紧缺，甚至导致整个项目失败。当然，即使按照需求变更控制流程进行管理，由于受进度、成本等因素的制约，软件质量还是会受到不同程度的影响。但实施严格的软件需求管理会最大限度地控制需求变更给软件质量造成的负面影响，这也正是我们进行需求变更管理的目的所在。

　　需求变更管理的过程很大程度上是用户与开发人员的交流过程。软件开发人员必须学会认真听取用户的要求、考虑和设想，并加以分析和整理。同时，软件开发人员应该向用户说明，进入设计阶段以后，再提出需求变更会给整个开发工作带来什么样的冲击和不良后果。有时开发任务较重，开发人员容易陷入开发工作中而忽略了与用户的随时沟通，因此需要一名专职的需求变更管理人员负责与用户及时交流。

　　对于需求变更控制，可以采取商业化的需求管理工具，如 Rational RequisitePro 等，这些工具提供了对每项需求的属性描述、状态跟踪等，并可以将需求与其他的相关工作产品建立关联关系。

10.2　进度成本执行控制

　　项目进度、成本控制的基本目标是在给定的限制条件下，用最短时间、最小成本，以最小风险完成项目工作。

10.2.1　进度成本控制要点

　　项目进度、成本跟踪控制过程是根据跟踪采集的进度、成本、资源等数据，与原来的基准计划比较，对项目的进展情况进行分析，以保证项目在可以控制的进度、成本、资源内完成。

　　项目进度控制的第一个要点是要保证项目进度计划是现实的，第二个要点是要有纪律，遵守并达到项目进度计划的要求。

　　进度管理是一个动态过程。有的软件项目完成时间需要一年，甚至几年。一方面，在这样长的时间内，项目环境在不断变化；另一方面，实际进度和计划进度会发生偏差。因此在进度控制中要根据进度目标和实际进度，不断调整进度计划，并采取一些必要的控制措施，排除影响进度的障碍，确保进度目标的实现。

　　成本控制是落实成本计划的实施，保证成本计划得到全面、即时和正确的执行。需要进行成本核算,即根据完成项目实际发生的各种费用来计算,要动态地对项目的计划成本和实际成本、直接成本和间接成本进行比较和分析,找出偏差并进行相应的处理。成本管理的目的是确保项目在预算范围按时、保质、经济高效地完成项目目标,一旦项目成本失控,就很难在预算范围完成项目。不良的项目成本控制常常使项目处于超预算的危险境地。在实际实施过程中,预算超估算、决算超预算等现象是屡见不鲜的,因此进行成本管理是必需的。

项目进度、成本控制过程中常用的分析方法有图解控制法、挣值分析(已获取价值)法等。

10.2.2　图解控制法

图解控制法是利用表示进度的甘特图、表示成本的累计费用曲线图和表示资源的资源载荷图对项目的性能进行分析的过程。

从甘特图可以看出计划中各项任务的开始时间、结束时间,也可以看出计划进度和实际进度的比较结果。

累计费用(S)曲线是项目累计成本图,将项目各个阶段的费用进行累计,得到平滑的、递增的计划成本和实际支出的曲线。累计费用(S)曲线对监视费用偏差是很有用的,计划成本曲线和实际支出曲线之间的高度差表示成本偏差,理想情况下,两条曲线应当很相似。

资源载荷图显示项目生存期的资源消耗变化情况。项目早期处于启动状态,资源使用少;到了中期,项目全面展开,资源大量被使用;而在结束阶段,资源消耗再次减少。利用资源分配表的总数很容易构造资源载荷图,资源载荷图围住的面积代表某段工作时间的资源消耗。例如,如果实际资源载荷图面积大于计划资源载荷图面积,说明已经比计划投入了更多的资源;反之,说明现在比计划消耗的资源少。

图 10-3～图 10-4 是一个项目的甘特图、累计费用曲线和资源载荷图的图示说明。从图 10-3 甘特图中可以看到,项目的每项任务所用时间都比计划长。从费用曲线看,实际费用比计划少了一些,但是不要以为是节约了成本,从资源载荷图可以看出是因为没有使用足够的资源导致实际费用没有计划的多。所以,可以说进度推迟的原因是缺乏足够的资源(包括人力资源和设备资源)。

再看图 10-4,从甘特图看,项目进度基本按照计划进行,如果不仔细分析,会认为项目进展得很好,然而从累计费用曲线和资源载荷图可以知道保持进度是以付出大量费用为代价的,费用高的原因是投入资源超出计划很多。

用图解控制法进行项目分析的时候应该利用甘特图、累计费用曲线图和资源载荷图共同监控项目。这个方法可以给项目经理提供项目进展的直接信息。

图解控制法的优点是可以一目了然地确定项目状况,采用这种易于理解的方法,可以向上级管理层、项目人员报告项目的状况。它的最大缺点是只能提供视觉印象,但本身并不能提供其他重要的量化信息,如相对于完成的工作量预算支出的速度、每项工作的预算和进度中所占的份额、完成的工作百分比等。

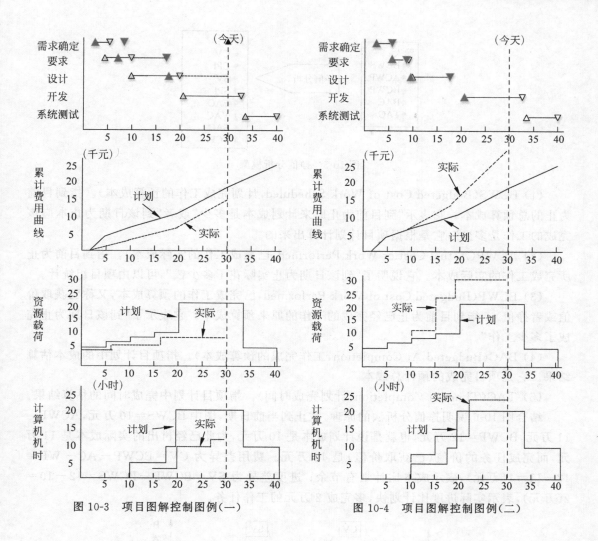

图 10-3 项目图解控制图例(一)　　　　图 10-4 项目图解控制图例(二)

10.2.3　挣值分析法

挣值分析也称为已获取价值分析,是对项目实施的进度、成本状态进行绩效评估的有效方法,是计算实际花在一个项目上的工作量,以及预计该项目所需成本和完成该项目的日期的一种方法。该方法依赖于被称为"已获取价值"的一种主要测量。

挣值分析法是利用成本会计的概念评估项目进展情况的一种方法。传统的项目性能统计是将实际的项目数据与计划数据进行比较,计算差值、判断差值的情况。但是,实际的执行情况可能不是这样简单,如果实际完成的任务量超过了计划的任务量,那么实际的花费可能会大于计划的成本,但不能说成本超出了。所以,应该计算实际完成任务的价值,这样就引出了已获取价值的概念,即到目前为止项目实际完成的价值。有了"已获取价值"就可以避免只用实际数据与计划数据进行简单的减法而产生的不一致性。挣值分析(已获取价值分析)模型如图 10-5 所示。

挣值分析模型的输入如下。

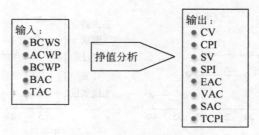

图 10-5　挣值分析模型

（1）BCWS（Budgeted Cost of Work Scheduled，计划完成工作的预算成本）。指到目前为止的总预算成本。它表示"到目前为止原来计划成本是多少"或者"到该日期为止本应该完成的工作是多少"，它是根据项目计划计算出来的。

（2）ACWP（Actual Cost of Work Performed，已完成工作的实际成本）。指到目前为止所完成工作的实际成本。它说明了"到该日期为止实际花了多少钱"，可以由项目组统计。

（3）BCWP（Budgeted Cost of Work Performed，已完成工作的预算成本，又称已获取价值或者挣值）。指到目前为止已经完成的工作的原来预算成本。它表示了"到该日期为止完成了多少工作"。

（4）BAC（Budgeted At Completion，工作完成的预算成本）。指项目计划中的成本估算结果。它是项目完成的预计总成本。

（5）TAC（Time At Completion，计划完成时间）。指项目计划中完成时间的估算结果。

结合图 10-6 说明挣值分析法的原理，截止到当前日期，图中 BCWS=10 万元，ACWP=11 万元，BCWP=12 万元，也就是说计划成本是 10 万元，为此已经付出的实际成本是 11 万元，而完成任务的价值（已获取价值）是 12 万元。费用差异为 CV=BCWP−AC−WP=12−11=1（万元），表示成本比计划有节余；进度差异为 SV=BCWP−BCWS=12−10=2（万元），表示实际进度比计划快，多完成 2 万元的工作任务。

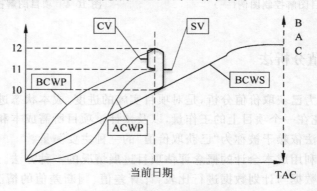

图 10-6　挣值分析法的原理

如果项目的实际执行与计划一致，则 ACWP、BCWP、BCWS 应该重合或接近重合。

挣值分析模型的输出如下。

（1）进度差异。SV（Schedule Variance）=BCWP−BCWS。如果此值为零，表示按照项目进度进行；如果此值为负值，表示项目进度落后；如果此值为正值，表示项目进度超前。

（2）费用差异。CV（Cost Variance）＝BCWP－ACWP。如果此值为零,表示项目按照预算进行;如果此值为负值,表示项目超出预算;如果此值为正值,表示低于预算。

（3）进度效能指标。SPI（Schedule Performance Index）＝BCWP/BCWS×100%。此指标表示完成任务的百分比。如果此值为100%,表示项目按照计划进度进行;如果此值小于100%,表示项目进度落后,如果此值大于100%,表示进度超前进行。

（4）成本效能指标。CPI（Cost Performance Index）＝BCWP/ACWP×100%。此指标表示花钱的速度。如果此值为100%,表示项目按照预算进行;如果此值小于100%,表示项目超出预算;如果此值大于100%,表示低于预算。研究表明:项目进展到20%左右,CPI应该趋于稳定,如果这时CPI的值不理想,则应该采取措施,否则这个值会一直持续下去。

（5）项目完成的预测成本。EAC（Estimate At Completion）＝BAC/CPI。

（6）项目完成的成本差异。VAC（Variance At Completion）＝BAC－EAC。

（7）项目完成的预测时间。SAC（Schedule At Completion）＝TAC/SPI。

（8）未完工的成本效能指标。TCPI＝剩余工作/剩余成本＝（BAC－BCWP）/（Goal－AC－WP）,其中,Goal是项目希望花费的数额,或者预期将花费的数目。可以看出,分子是还有多少工作要做,分母是还有多少钱可以花费,即要保证将来不超出这个范围,必须以什么方式来工作。如果TCPI大于1,则将来必须做得比计划要好才能达到目标;如TCPI小于1,则表明做得比计划差一些也可以达到目标。

对于挣值分析的结果,可以按照一定的时间段来计算（如一周）。这个方法的难点在于计算BCWP,因此如何计算BCWP是值得研究的问题,可以归结为两种计算方法:第一种方法是自下而上法,这种方法比较费时费力,需要专门的人员及时连续地计算开发出来的产品的价值;第二种方法是公式计算方法,如果没有比较简单且实用的公式,这个方法也存在问题。目前,BCWP公式计算方法通常可以采用一些规则计算,主要是50/50规则、0/100规则,或者其他的经验加权法等。最常用的方法采用50/50规则。50/50规则是指当一项工作已经开始,但是没有完成时,就假定已经实现一半的价值,当这个工作全部完成的时候才实现全部的价值。0/100规则是指当一项工作没有完成时,不产生任何价值,直到完成时才实现全部的价值。例如,如果一个任务的成本是100元,这个任务没有开始前价值为0。当采用50/50规则时,如果这项任务开始了但没有完成,我们假设已经实现了50元的价值,不管是完成了1%,还是完成99%,都认为实现了50元的价值,直到这项任务全部完成,我们才认为它实现了100元的价值。如果采用0/100规则,直到项目全部完成,我们才认为任务实现了100元价值,除此之外,这个任务没有任何价值。因此,0/100规则是保守的规则。经验加权法是根据经验确定已经完成任务的百分比。如果对任务非常了解的话,也可以采用经验加权的方法计算已获取价值。

图10-7可以说明50/50规则的计算原理,按照此规则可以计算:截止到今天,A、B、C任务已经完成,它们实现了300美元工作量的价值,而D任务开始了但是没有完成,则它实现了50美元工作量的价值。所以,截止到今天,项目总共实现了预算的400美元工作量的350美元的价值,即已经完成的工作量价值是350美元,称为"已获取价值",即BCWP＝350美元,假设实际成本是700美元,即ACWP＝700美元,而BCWS＝400美元,如果项目总预算BAC＝1000美元,那么:

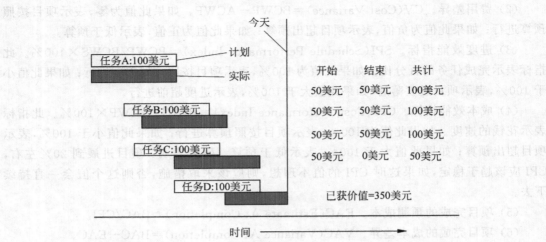

图 10-7　50/50 规则

（1）SV＝－50 美元。表明进度落后了 50 美元的工作量。

（2）CV＝－350 美元。表明成本超出预算 350 美元。

（3）SPI＝350/400×100％＝87.5％。表明项目已经实现了 87.5％的工作量。

（4）CPI＝350/700×100％＝50％。说明花费 700 美元实现的工作量价值是 350 美元，即每支出 1 美元实现 0.5 美元的价值。

（5）EAC＝1000/0.5＝2000（美元）。说明按照目前的花钱速度，这个项目最终的费用将是 2000 美元。

（6）如果期望的最终预算是 1000 美元，即目标是 BAC，则 TCP I＝（1000－350）/（1000－700）≈2.17，说明为了保证项目总花费控制在 BAC 以内，即 1000 美元，将来需要创造 2.17 美元的工作量价值。

因此，对于图 10-7，按计划今天应该完成价值 400 美元的任务，可是目前只完成了其中的 350 美元的任务，说明进度差异是－50 美元，它表明进度落后，还差价值 50 美元的任务没有完成；而实际完成 350 美元的任务花了 700 美元，所以，成本差异是－350 美元，说明超出预算 350 美元。进度效能指标是 87.5％，成本效能指标是 50％，也就是说花钱的速度是预算的 2 倍，严重超出预算。如果按照这个效能指标工作，将来的总成本将是 2000 美元，若希望总成本与计划一样，即希望将来的最终成本为 1000 美元，则 TCP I＝（1000－350）/（1000－700）＝2.17，即将来 1 美元应该产生 2.17 美元的工作量价值，才能保证成本控制在 1000 美元，而不是 2000 美元。

所以，这个方法是一种计算已完成工作百分比的方法，可以帮我们分析成本支出的速度。

【例 10-1】　一个软件项目由 A、B、C、D 4 部分组成，项目总预算为 53 000 元，其中 A 任务为 26 000 元，B 任务为 12 000 元，C 任务为 10 000 元，D 任务为 5000 元。截止到 8 月 31 日，A 任务已经全部完成，B 任务完成过半，C 任务刚开始，D 任务还没有开始。表 10-1 是截止到 8 月 31 日的计划成本和实际成本，采用 50/50 规则计算截止到 8 月 31 日为止的 CV、SV、CPI、SPI、EAC。

表 10-1 截止到 8 月 31 日的计划成本和实际成本

任务	BCWS(计划成本)/元	ACWP(实际成本)/元
A	26 000	25 500
B	9000	5400
C	4800	4100
D	0	0

计算 CV、SV、CPI、SPI 的关键是计算 BCWP,由于采用 50/50 规则,A 任务已经全部完成,由此其 BCWP 为 26 000 元;由于 B 任务完成过半,C 任务刚开始,根据 50/50 规则,不管完成多少,只要是任务开始,但是没有完成,我们认为实现了 50% 的预算价值,因此 B 任务 BCWP=6000 元,C 任务 BCWP=5000 元,D 任务还没有开始,则 D 任务 BCWP=0(见表 10-2)。

表 10-2 计算 BCWS、ACWP、BCWP

任务	BCWS(计划成本)/元	ACWP(实际成本)/元	BCWP(已获取价值)/元
A	26 000	25 500	26 000
B	9000	5400	6000
C	4800	4100	5000
D	0	0	0
总计	39 800	35 000	37 000

截止到 8 月 31 日的 CV、SV、CPI、SPI、EAC 的计算结果如下:BCWS=39 800 元,ACWP=35 000 元,BCWP=37 000 元,CV=37 000－35 000=2000 元,SV=37 000－39 800=－2800 元,SPI≈93%,CPI≈106%,因为 BAC=53 000 元,所以 EAC=BAC/CPI≈50 000 元。

SPI 小于 1,说明截止到 8 月 31 日没有完成计划的工作量,即进度落后一些;但是 CPI 大于 1,说明截止到 8 月 31 日费用节省了,完成工作量的价值大于实际花费的价值。

注意:不可以根据表 10-1 中 BCWS 的值来计算 BCWP,表 10-1 中 BCWS 的值是截止到 8 月 31 日的预算值,而不是 A、B、C、D 任务本身的预算值,采用 50/50 规则计算 BCWP 时,应该根据任务总预算来计算已获取价值。

【例 10-2】 表 10-3 是一个小型软件项目的实施计划,根据项目管理的要求,每周末计算本周应该完成的计划工作量和在本周末已经完成的任务。一个好计划应该是渐进完善的,随着项目的展开,计划也会随之细化和完善,表 10-4 便是对设计阶段细化和完善后的计划。同时按照经验加权规则(经验百分比)计算已获取价值,见表 10-5,已获取价值每周计算一次,BCWP 随着项目进展而每周有所增加。可以从表 10-3 得到 BCWS,从表 10-4 得到 BCWP。ACWP 是实际工作量(单位是人天)。将实际周数乘上 5(每周工作 5 天),如果开发人员是全职工作,再乘以人数,即为实际工作量(单位是人天)。根据人员成本参数可以计算相应的货币价值。例如,若人员成本为 500 元/人天,则 3 个工作日的价值是 1500 元。

表 10-3 某项目实施阶段的计划

任务	计划工作量/人天	估计完成的周数	负责人
规划	3	1	章一
需求规格	2	2	王二
软件设计	10	5	章一、李三
测试计划	3	6	章一
编码	5	7	王二
单元测试	3	8	章一
集成测试	2	9	王二
Beta 测试	3	10	李三
总计	31		

表 10-4 细化的项目计划

周	任务		累计计划工作量/人天	已获取价值/人天
1	规划		3	3
2	需求规格		5	5
3	软件设计	总体设计	7	7
4		编写设计说明书	11	11
5		设计评审	15	15
6	测试计划		18	18
7	编码		23	23
8	单元测试		26	26
9	集成测试		28	28
10	Beta 测试		31	31

表 10-5 截止到第三周的已获取价值（BCWP）

任务	计划工作量/人天	完成工作量百分比	已获取价值/人天
规划	3	100	3
需求规格	2	50	1
软件设计	10	25	2.5
测试计划	3	0	0
编码	5	0	0
单元测试	3	0	0
集成测试	2	0	0
Beta 测试	3	0	0
总计	31		6.5

下面分析一下截止到第三周的项目性能情况。由于项目人员不是全职的,在这个项目中需要计算实际的工作时间,如果实际花在这个项目只有 9 人天(工时),则截止到第三周的性能数据如下: BAC=31 人天,BCWS=7 人天,BCWP=6.5 人天,ACWP=9 人天。SV=BCWP-BCWS=-0.5 人天,进度落后 0.5 人天的工作量;

SPI=BCWP/BCWS×100%≈92.9%,以计划进度的 92.9%效能在工作;

CV=BCWP-ACWP=-2.5 人天,超出预算 2.5 人天(如果人员成本为 500 元/人天,则超出预算 1250 元）；

CPI＝BCWP/ACWP×100%≈72.2% 以超预算 27.8% 的状态在工作；

EAC＝BAC/CPI≈43 人天，因为 BAC＝31 人天，按照目前的工作性能 CPI＝72.2% 计算 EAC 是 43 人天；

VAC＝BAC－EAC＝－12 人天，超出预算 12 人天的工作量（如果人员成本为 500 元/人天，则超出预算 6000 元）；

SAC＝10/SPI≈10.8 周，因为计划的完成时间是 10 周，按照目前的工作进度效能估算完工时间为 10.8 周。

从上面的计算可知，这个项目将推迟 0.8 周（4 工作日）左右，超出预算 27.8%，按计划完成预算比较困难。这时可以研究一下"为什么花费了比计划多的工作量"，是"因为不是全职工作影响了工作效率"，还是"对任务缺乏了解"，抑或是"做了更多其他的任务，没有统计上来，可能以后任务会完成得很快，而且没有想象的那样糟糕"，还是"计划做得不够科学"。经过分析找出原因，然后解决，如果问题解决了，也无法按照计划进行，就有必要变更计划以适应项目今后的情况。如果是因为计划做得不够科学，就必须修正计划。

10.2.4 敏捷进度控制

敏捷模型进度控制的时间片更加短，Scrum 要求在团队内部和外部都保证透明性。产品增量是保证这种透明性的最重要方式。Scrum 中的团队是自管理的，想要做到这一点，团队必须要知道自己做得怎么样。

每天团队成员都会在 Sprint 待办事项列表上更新他们对完成当前工作还需要多少工作量的估计，见表 10-6 所示。

表 10-6 每天更新 Sprint 待办事项列表中剩余工作量

产品待办事项列表事项	Sprint 中的任务	志愿者	每日结束时所剩余工作量的最新估计					
			初始工作量估计	1	2	3	4	5	6
作为买家，我希望把书放到购物车中	修改数据库	王小二	5	4	3	0	0	0
	创建网页(UI)	赵五	3	3	3	2	0	0
	创建网页(JavaScript 逻辑)	张三和李四	2	2	2	2	1	0
	写自动化验收测试	尹哲	5	5	5	5	5	0
	更新买家帮助网页	孙媛	3	3	3	3	3	0
	…							
改进事务处理	合并 DCP 代码并完成分层测试		5	5	5	5	5	5
	完成 pRank 的机器顺序		3	3	8	8	8	8
	把 DCP 和读入器改为用 pRank http API		5	5	5	5	5	5
总计	…							
	50 49 48 44 43 34							

在 Sprint 中的任意时间点都可以计算 Sprint 待办事项列表中所有剩余工作量的总和。开发团队在每日跟踪剩余的工作量,预测达成 Sprint 目标的可能性。团队通过在 Sprint 中不断跟踪剩余的工作量来管理自己的进度。各种趋势燃尽图都能用来预测进度,实践证明这些工具都是有用的。燃尽图直观地反映了 Sprint 过程中剩余的工作量情况,Y 轴表示剩余的工作,X 轴表示 Sprint 的时间。随着时间的消耗工作量逐渐减少,在开始时,由于估算上的误差或者遗漏工作量有可能呈上升态势。它显示了团队向其目标的进展,这不是按过去已经花了多少时间,而是按将来还剩余多少工作量来表示的,这也是团队与其目标间的距离。如果这条燃尽线在接近 Sprint 结尾时没有向下接近完成点,那么团队需要做出调整,例如,缩小工作范围,或者找到在保持可持续步调下更高效的工作方式。

　　例如,在 Sprint 开始之前领取估算能在 15 天完成的任务,则估算时间 $15 \times 8 = 120$(小500 元/人时)。在图 10-8 所示的趋势燃尽图中,每天更新花在这个任务上的时间(双线),同时更新你认为还需要多久能完成这个任务的剩余时间(虚线),其中有一个理想的计划指导线(实线)。一旦发现剩余时间线一直高高在上(虚线),则表明这个任务有问题,可能有困难完成不了。若直到最后一周的 2～3 天才降下来,则这个任务也是有问题的。如果剩余时间线早早就降下来,或提前降为 0,则说明团队提前完成任务,Sprint 开始前的估算时间有较大误差,可以安排新任务。

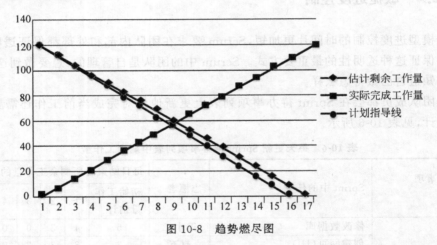

图 10-8　趋势燃尽图

　　在任何时间,达成目标的剩余工作量是可以累计的。产品负责人可以随时追踪剩余工作总量,以评估在希望的时间点能否达成目标的进度。这个信息对所有的相关干系人都是透明的。

　　尽管 Sprint 燃尽图可以用电子表格来创建和显示,很多团队却发现用贴在他们工作空间的白板来展示、用笔来更新效果更好。

10.2.5　偏差管理

　　项目经理在做项目计划的时候已经对项目成本进行了预算,而且经常按照预算内完成、低于预算完成或者超预算完成来评价项目的成败。超预算会给项目经理以及公司带来很严重的后果,对于一个根据合同得到经费的项目,经费超支可能会导致经济损失。意识到预算的重要性，就不难理解为什么很多软件企业都很重视这方面的管理。项目管理上面临的一个尴尬的现实是常常受到超支的威胁，因此控制预算是一个非常重要的管理过程，对于超出控制容许偏差范围的项目，就要引起重视，应该及时调查偏差发生的原因。

1. 时间偏差管理注意事项

进度问题更是项目经理特别关注的问题，进度冲突常常是项目管理过程中最主要的冲突，进度落后是影响项目成败的一项非常重要的因素。所以，一般在安排进度的时候，很多项目经理对团队成员的要求是先紧后松，先让开发人员有一定的紧张感，然后在实施的过程中做适度的调节，以预防过度的紧张。记住一个经验教训：最容易误导项目发展、伤害产品质量的事情就是过分重视进度，这不仅打击人员的士气，而且会逼迫组员做出错误的决定。对上层管理或者客户的进度沟通，基本上是先松后紧，给项目留出一定的余地，然后在实施过程中紧密控制，保证进度的偏差在可以控制的范围内。

项目进度滞后的主要原因往往是项目的范围、成本变化、对项目风险分析不足，以及对项目要素的理解掌控能力不够造成的。例如：

(1) 因为对项目的范围没有做明确透彻的分析和定义，致使项目在执行当中做了许多额外的工作。项目管理者对项目的范围未做深入细致分析，未和相关责任人做详细讨论，或未做明确说明和定义就开始启动项目，而给项目埋下隐患。

(2) 因为对项目所涉及的资源、环境、工具等的成本分析不够完善准确，致使项目在实施过程中遇到资源、环境、工具的限制，而不得不以时间作为代价。

(3) 对项目的质量不够重视，或者不具备质量管控的能力，导致项目执行过程中不断出现质量问题，活动安排顺序部分失控或者完全失控，项目进度管理计划形同虚设，从而导致项目进度失去控制。

(4) 许多项目的风险分析并未引起项目管理者的足够重视，对项目进度影响最大的就是"风险"。由于项目管理者想不到的事情太多，因此项目实施过程中的意外问题接踵而至，需要不断应对这种所谓的"风险"。

(5) 在影响项目进度的主要因素中还有一个不为人所重视的因素，就是"项目组成员的职业素养"。在项目中真正专注于自身工作，对工作精益求精，对自己的工作质量、自身形象负责，应该是项目成员的职业素养。

项目经理给项目成员安排了一个任务，要求本周完成，到了周末，项目成员反馈无法完成任务，需要延期 2 天，项目经理确认延期并调整后续任务。到了下周二，项目成员又反馈出现了新问题，有个细节没有考虑到还需要延期 3 天，项目经理不得已又进行任务调整。这就是我们常看到的场景，整个任务和项目计划变得不可控制。项目成员有责任，但项目经理同样有责任，项目经理在第一次出现偏差时就应该介入任务或问题本身，进行一次诊断和分析问题，挖掘延期根源，或者调整任务粒度，改进监控方式，而这些都需要项目经理具备一定的业务和技术能力，具备相关的积累经验以便及时做出指导。

在第一次出现进度偏差的时候，项目经理需要及时介入问题，查找问题根源而不是简单地关注成员反馈的下一个可能完成的时间点。所以，进度出现小偏差时就立即查找根源并控制，而不是在出现大偏差时进行应急。

项目总体进度允许偏差确定了项目任务粒度划分和任务跟踪频度。很多进度问题是前期没有进行风险分析和做好提前应对准备而造成的。估算很重要，不切实际的进度无论怎么跟踪都只能延期或导致项目质量降低。任务完成百分比不可靠,可靠方法是任务细分并定义严格的出入口准则。

2. 成本偏差管理注意事项

作为项目经理,不仅要把握项目整体的进度,而且要把握住开发的成本,如果开发的成本超出预算,那么开发的项目就不能盈利,而不能盈利的开发意味着失败。

项目上的反反复复,导致开发人员加班费的支出,不仅加大了开发的费用,同时给员工带来身体、精神上的双重疲惫,直接导致个人抵抗力、免疫力下降,更可能会对员工身体造成伤害,另外相应的管理费用也随之增加了。这些都会使得软件的成本增加。

项目实际的人力成本决定了盈利的水平。在实际工作中可能会发现:预算时项目的利润很高,最后核算总体利润时却赔本。这是因为,应用开发项目的人力成本很难估算准确,很多项目为了达到质量和进度要求,在项目执行中会不断追加人力,最后导致人力资源投入大大超出预算。因此软件公司必须核算项目人力成本以控制项目的人力资源投入。具体做法是:在做项目预算时应该明确需要的人力资源总数,执行中要记录实际使用的人力资源,项目结束时核算一个项目到底是赚了还是赔了。特别是对于一些利润水平低风险又大的项目,可能只要多投入一个人项目就赔了,因此在项目开发过程中要动态监控人力资源投入情况,并与预算进行比较,一旦发现超出预算应即时处理。

对项目的进度和成本进行监控的同时也应该对项目的质量、风险、人员等方面进行监控,只有它们的指标在计划控制范围之内,项目的进度和成本控制才有意义。

10.3   质量计划执行控制

质量的执行控制是管理者在对软件质量进行一系列度量之后做出的各种决策,促使软件产品符合标准。参照质量计划,对执行的结果进行监控。

质量的重要性已经在各个领域得到了广泛的认同。在软件项目的开发过程中必须及时跟踪项目的质量计划,对软件质量的特性进行跟踪度量,以测定软件是否达到要求的质量标准。通过质量跟踪的结果来判断项目执行过程的质量情况,决定产品是可以接受,还是需要返工或者放弃产品。如果发现开发过程存在有待改善的部分,应该对过程进行调整。

质量管理围绕着质量保证和质量控制两方面进行。这两个过程相互作用,在实际应用中还可能会发生交叉。质量保证是在项目过程中实施的有计划、有系统的活动,确保项目满足相关的标准。质量控制指采取适当的方法监控项目结果,确保结果符合质量标准,还包括跟踪缺陷的排除情况。质量管理不是一次性的事件,而是持续不断的过程。

10.3.1   质量保证的管理

质量保证(QA)执行的一个重要内容是报告对软件产品或软件过程评估的结果,并提出改进建议。质量保证通常由质量保证部门或有类似名称的组织单位提供。质量保证可以向项目管理小组和组织提供(内部质量保证),或者向客户和其他没有介入项目工作的人员提供(外部质量保证)。

质量保证的三个要点如下。

（1）在项目进展过程中，定期对项目各方面的表现进行评价。

（2）通过评价来推测项目最后是否能够达到相关的质量指标。

（3）通过质量评价来帮助项目相关的人建立对项目质量的信心。

质量保证的主要活动是产品审计和执行过程审计。

产品审计过程是根据质量保证计划对项目过程中的工作产品进行质量审查的过程。质量保证管理者依据相关的产品标准从使用者的角度编写产品审计要素，然后根据产品审计要素对提交的产品进行审计，同时记录不符合项，将不符合项与项目相关人员进行确认。质量保证管理者根据确认结果编写产品审计报告，同时向项目管理者及相关人员提交产品审计报告。例如，可以对需求文档、设计文档、源代码、测试报告等产品进行产品审计。

执行过程审计（有时也称为质量审查）是对项目质量管理活动的结构性复查，是对项目的执行过程进行检查，确保所有活动遵循规程进行。过程审计的目的是确定所得到的经验教训，从而提高组织对这个项目或其他项目的执行水平。例如，质量保证人员可以审计软件开发中的需求过程、设计过程、编码过程、测试过程等，确认软件人员是否按照企业的过程体系执行这些过程，如果有问题，需要进行记录，得出过程审计报告。过程审计可以是有进度计划的或随机的，可以由训练有素的内部审计师进行，也可以由第三方（如质量体系注册代理人）进行。一方面，项目进行中的观察员负责监督审查质量体系的执行；另一方面，项目质量状态的报告员负责报告项目的质量现状和质量过程的状态。

质量保证是保证软件透明开发的主要环节，是项目的监视机构和上报机构。在项目开发的过程中，绝大多数部门都与质量保证小组有关。质量保证小组同项目经理提供项目进度与项目真正开发时的差异报告，提出差异原因和改进方法。独立的质量保证组是衡量软件开发活动优劣的尺度之一。这一独立性使其享有一项关键权利—"越级上报"。当质量保证小组发现产品质量出现危机时，有权向项目组的上级机构直接报告这一危机。这无疑对项目组起到相当大的"威慑"作用，也可以视为促使项目组重视软件开发质量的一种激励。这一形式使许多问题在组内得以解决，提高了软件开发的质量和效率。但是，质量保证人员应该清晰地认识工作的性质，采取妥当的方法。否则会出现不应有的麻烦。在开始前，一定要与项目经理及相关人员交流，耐心协调和指导项目组人员，确认符合相应的规范，发现问题之后，及时和项目经理沟通，争取问题的合理的解决，不要轻易上报（易产生不和谐的因素），同时要尽量减少开发人员的附加工作量，为他们提供更多的标准参考或者相应的工具，以便方便执行。质量保证人员应该掌握广泛的知识和方法，才会取得信任和威信，才会起到质量保证作用。

具体如何执行各个过程，应该参照企业相应的质量体系的定义，以及项目计划针对项目而特制的过程定义等。例如，下面是针对产品审计过程定义的一个实例。

参与角色

　　R1：质量经理；

　　R2：质量保证人员；

　　R3：待审产品的负责人。

进入条件

　　E1：待审计产品提交。

输入

　　I1：待审计产品的产品标准；

　　I2：待审计产品。

活动

　　A1：质量保证人员依据产品标准从使用者的角度编写产品审计要素；

　　A2：质量保证人员根据产品审计要素对产品进行审计，并记录不符合项，将不符合项与项目相关人员进行确认；

　　A3：质量保证人员根据确认结果编写产品审计报告；

　　A4：质量保证人员向项目管理者提交产品审计报告；

　　A5：质量保证人员将产品审计报告提交入库。

输出

　　O1：产品审计报告。

完成标志

　　F1：产品审计报告入库。

　　质量保证活动的一个重要输出是质量报告（SQA 报告），质量报告是对软件产品或软件过程评估的结果，并提出改进建议。表 10-7 是一个《功能测试报告》的产品审计报告实例，表 10-8 是配置管理过程审计报告实例。

表 10-7　产品审计报告

项目名称	×××检测系统	项目标识	QTD-HT 0302-102
审计人	郭天奇	审计对象	《功能测试报告》
审计时间	2013-12-16	审计次数	1
审计主题	从质量保证管理的角度审计测试报告		
审计项与结论			
测试报告与产品标准的符合程度	与产品标准存在如下不符合项： (1) 封页的标识 (2) 版本号 (3) 目录 (4) 第 1 章（不存在） (5) 第 2 章和第 3 章（内容与标准有一定出入）		
测试执行情况	本文的第 1 章"测试方法"应在测试设计中阐述，第 2 章基本描述了测试执行情况，但题目应为"测试执行情况"		
测试情况总结	测试总结不存在		
结论（包括上次审计问题的解决方案）			
由于测试报告存在上述不符合项，建议修改测试报告，并进行再次审计			
审核意见			
不符合项基本属实，审计有效 审核人：袁勇 审核日期：2013-12-16			

表 10-8 配置管理过程审计

标识号	ISO 9001 质量要素	审核时间	检查内容	检查方法和涉及部门	执行情况
D1999A20	4.4	2012/01/04 12:3— 15:30	配置管理规划过程 (TCQS-SCM-01-2.2) (1) 角色 (2) 进入条件 (3) 输入 (4) 活动 (5) 输出 (6) 完成标志 (7) 度量	(1) 与开发部门的唐英面谈项目配置管理情况。 ——参加的角色; ——执行活动的步骤和程序(执行了哪些活动,应用了哪些程序)。 (2) 查阅工作产品的存放及内容。 ① 质量保证任务单; ② 质量保证计划。	(1) 配置管理者任务不明确。 (2) 项目管理者没有明确责任和任务。
D1999A21	4.4	2012/01/04 12:30— 15:30	建立项目软件配置管理库 (TC QS-SCM-02-2.2) (1) 角色 (2) 进入条件 (3) 输入 (4) 活动 (5) 输出 (6) 完成标志 (7) 度量	(1) 与开发部的唐英面谈定期评审的执行情况。 ——参加的角色; ——执行活动的步骤和程序(执行了哪些活动,应用了哪些程序); ——度量的执行情况。 (2) 查阅工作产品的存放及内容。 01:评审记录(是否符合标准); M1:度量数据。 (3) 受审人员的意见和建议(哪些过程好用,哪些不好用)	按过程执行
D1999A22	4.4	2012/01/04 12:30— 15:30	审核以下过程: • 跟踪与管理 SCI • 基线变化控制 • 基线修改控制 • 基线审核 • 基线冻结 • 产品发布 • 产品生成 • 编制 SCM 报告 (TCQS-SP TO-03-2.2) (1) 角色 (2) 进入条件 (3) 输入 (4) 活动 (5) 输出 (6) 完成标志 (7) 度量	(1) 与开发部的唐英面谈定期评审的执行情况。 ——参加的角色; ——执行活动的步骤和程序(执行了哪些活动,应用了哪些程序); ——度量的执行情况。 (2) 查阅工作产品的存放及内容。 01:评审记录(是否符合标准); M1:度量数据。 (3) 受审人员的意见和建议(哪些过程好用,哪些不好用)	项目中没有实施

10.3.2　质量控制的管理

质量控制是通过检查项目成果,以判定它们是否符合有关的质量标准,并找出方法消除造成项目成果令人不满意的原因。它应当贯穿于项目执行的全过程。质量控制通常由开发部门或类似质量控制部门名称的组织单位执行,当然并不都是如此。

质量控制的三个要点如下。

(1) 检查控制对象是项目工作结果;

(2) 进行跟踪检查的依据是相关质量标准;

(3) 对于不满意的质量问题,需要进一步分析其产生的原因,并确定采取何种措施来消除这些问题。

质量控制有很多方法和策略,如技术评审、代码走查、测试、返工等方法,趋势分析、抽样统计、缺陷追踪等策略手段。

1. 技术评审

技术评审(Technical Review,TR)的目的是尽早发现工作成果中的缺陷,并帮助开发人员及时消除缺陷,从而有效地提高产品的质量。

技术评审要点如下:

(1) 软件产品是否符合其技术规范;

(2) 软件产品是否遵循项目可用的规定、标准、指导方针、计划和过程;

(3) 软件产品的变更是否被恰当地实现,以及变更的影响等。

技术评审的主体一般是产品开发中的一些设计产品,这些产品往往涉及多个小组和不同层次的技术。主要评审的对象有软件需求规格、软件设计规格、代码、测试计划、用户手册、维护手册、系统开发规程、安装规程、产品发布说明等。

技术评审应该采取一定的流程,这在企业质量体系或者项目计划中应该有相应的规定,例如,下面便是一个技术评审的建议流程:

(1) 召开评审会议:一般应有3~5名相关领域人员参加,会前每个参加者做好准备,评审会每次一般不超过2小时。

(2) 在评审会上,由开发小组对提交的评审对象进行讲解。

(3) 评审组可以对开发小组进行提问,提出建议和要求,也可以与开发小组展开讨论。

(4) 会议结束时必须做出以下决策之一:

① 接受该产品,不需做修改。

② 由于错误严重,拒绝接受该产品。

③ 暂时接受该产品,但需要对某一部分进行修改。开发小组还要将修改后的结果反馈至评审组。

(5) 评审报告与记录:记录所提出的问题,在评审会结束前产生一个评审问题表,另外必须完成评审报告。

技术评审可以把一些软件缺陷消灭在代码开发之前,尤其是一些架构方面的缺陷。在项目实施中,为了节省时间应该优先对一些重要环节进行技术评审,这些环节主要有项目计划、软件架构设计、数据库逻辑设计、系统概要设计等。如果时间和资源允许,可以考虑适当增加评审内容。表 10-9 是项目实施技术评审的一些评审项。

表 10-9 项目实施技术评审的评审项

评审内容	评审重点与意义	评 审 方 式
项目计划	重点评审进度安排是否合理	整个团队相关核心人员共同进行讨论、确认
架构设计	架构决定了系统的技术选型、部署方式、系统支撑并发用户数量等诸多方面,这些都是评审重点	邀请客户代表、领域专家进行较正式的评审
数据库设计	主要是数据库的逻辑设计,这些既影响程序,也影响未来数据库的性能表现	进行非正式评审,在数据库设计完成后,可以把结果发给相关技术人员,进行"头脑风暴"方式的评审
系统概要设计	重点是系统接口的设计。接口设计得合理,可以大大节省时间,尽量避免多次返工	设计完成后,相关技术人员一起开会讨论

表面看来,很多软件项目是由于性能等诸多原因而失败的,实际上是由于设计阶段技术评审做得不够而导致失败的。

对等评审是一个特殊类型的技术评审,是由与工作产品开发人员具有同等背景和能力的人员对工作产品进行的一种技术评审,目的是早期和有效地消除软件工作产品中的缺陷,并可对软件工作产品和其中可预防的缺陷有更好的理解。对等评审是提高生产率和产品质量的重要手段。

采用检查表(checklist)的技术评审方法对软件前期的质量控制起到非常重要的作用。检查表是一种结构化的对软件需求进行验证工具,检查是否所有的应该完成的工作点都按标准完成,检查所有应该执行的步骤是否都正确执行了,所以它首先确认该做的工作,其次是落实是否完成。一个成熟度高的软件企业应该有很详细、很全面、执行性很高的评审流程和各种交付物的评审检查表(review checklist)。

2. 代码走查

代码走查是指在代码编写阶段,开发人员检查自己代码的过程。代码走查是非常有效的方法,可以检查到其他测试方法无法监测的错误。很多的逻辑错误是无法通过测试手段发现的,很多项目证明这是一个很好的质量控制方法。例如,我们做过一个项目,由于是嵌入式系统,无法很方便地对其进行实地验证,所以我们只好走查自己的代码,然后互相评审代码,经过努力,我们发现了很多的错误,最后,当我们的产品实地运行的时候,质量非常高,几乎没有发生错误。

代码走查可以看成开发人员的个人质量行为,而代码评审是更高一层的质量控制,也是一种技术评审。代码评审是一组人对程序进行阅读、讨论的过程,评审小组由几名开发人员组成。评审小组在充分阅读待审程序文本、控制流程图及有关要求、规范等文件的基础上,召开代码评审会,程序员逐句讲解程序的逻辑,并展开热烈的讨论甚至争议,以揭示错误的关键所在。代码评审是一种静态分析过程。实践表明,程序员在讲解过程中能发现许多自己原来没有发现的错误,而讨论和争议进一步促使了问题的暴露。例如,对某个局部性小问题修改方法的讨论,可能发现与之有牵连的甚至能涉及模块的功能说明、模块间接口和系统总结构等大问题,导致对需求的重定义、重设计验证,大大改善了软件的质量。

3. 测试

在项目实施相关的全部质量管理工作中,软件测试的工作量最大。由于很多项目在实施中非常不规范,因此软件测试对把好质量关非常重要。软件测试的重点是做好测试用例设计。

测试用例设计是开发过程必不可少的。在项目实施中设计测试用例应该根据进度安排,优先设计核心应用模块或核心业务相关的测试用例。

单元测试可以检验单个模块是否按其设计规格说明运行,测试的是程序逻辑。一旦模块完成,就可以进行单元测试。集成测试是测试系统各个部分的接口,以及在实际环境中运行的正确性,保证系统功能之间接口与需求的一致性,且满足异常条件下所要求的性能级别。单元测试之后可以进行集成测试。系统测试是检验系统作为一个整体是否按其需求规格说明正确运行,验证系统整体的运行情况。在所有模块都测试完毕,或者集成测试完成之后,可以进行系统测试。功能测试保证软件首先应该从功能上满足用户需求,因此功能测试是质量管理工作中的重中之重。在产品试运行前一定要做好功能测试,否则将会发生"让用户来执行测试"的情况,后果非常严重。

性能测试是经常容易被忽略的测试。在实施项目过程中,应该充分考虑软件的性能。性能测试可以根据用户对软件的性能需求来开展,通常系统软件和银行、电信等特殊行业应用软件对性能要求较高,应该尽早进行,这样更易于尽早解决问题。

另外,压力测试用于测试系统在特殊条件下的限制和性能,测试系统在大数据量、低资源条件下的健壮性、系统恢复能力等,可以在集成测试或者系统测试结束之后进行。接收测试用于在客户的参与下检验系统是否满足客户的所有需求,尤其在功能和使用方便性上。

此外,对于一些项目,如果实在没有测试人员,可以考虑让开发人员互相进行测试,这样也可以发现很多缺陷。

这里强调一下,测试的目的在于证明软件的错误,不是证明软件的正确。一个好的测试用例在于能发现至今未发现的错误,一个成功的测试是发现了至今未发现的错误的测试。在传统的开发模式中,通常将软件质量的控制工作放在后期的测试阶段进行,期望通过测试提高产品的质量,这种方式不仅不能从根本上提高软件的质量,而且增加了软件的开发成本。其实,在项目的早期就应该开始质量控制,而且越早开始,越能保证软件的质量和降低软件的成本。在需求、设计以及代码编写阶段可以通过各种早期的评审来保证质量。

测试过程可以采用一些测试工具,如 Site Manager、LoadRunner、ClearTestCase 等。图 10-9 是一个测试案例报告。

4. 返工

返工是将有缺陷的、不符合要求的产品变为符合要求和设计规格的产品的行为。返工也是质量控制的一个重要的方法,将有缺陷的项和不合格项改造为与需求和规格一致的项。返工,尤其是预料之外的返工,在大多数应用领域中是导致项目延误的常见原因。项目小组应当尽一切努力减少返工。可以使用检查列表或者过程调整作为质量控制的手段。

测试案例编码：WebSite-Base-link-01　　　　　　　　　　　　　　　　版本：V1.0

测试项目名称：网站	测试人员	测试时间
测试项目标题：对网站页面之间超链接的测试	郭天奇	2003/11/29

测试内容：
——验证网站页面中没有失败的超链接；
——验证网站页面中图片能正确装入；
——验证网站页面中超链接的链接页面与页面中的指示（或图示）相符；
——验证 Page flow（参见网站的 page flow.doc）。

测试环境与系统配置：
详见《网站测试设计》，本测试需依赖 Site Manager 测试工具。

测试输入数据	无

测试次数：应至少在 3 次不同的负载下测试，且每个测试过程至少做 3 次。

预期结果：Site Manager 扫描的图中没有错误的链接页面；
Link Doctor 生成的报告中，页面链接正确。
（如包含错误的链接，则为单纯的页面单击不能激活的链接）

测试过程：
（由于网站页面太多，可以采用分区域测试超链接）
subTest 1：
(1) 在 Client 端，运行 Site Manager，扫描"X-1 功能页面"；
(2) 查看 Site Manager 的运行结果中是否有错误的链接页面；
(3) 用工具 link Doctor 生成诊断报告。
subTest 2：
(1) 在 Client 端，运行 Site Manager，扫描"X-2 功能页面"；
(2) 查看 Site Manager 的运行结果中是否有错误的链接页面；
(3) 用工具 link Doctor 生成诊断报告。
…
subTest n：
(1) 在 Client 端，运行 Site Manager，扫描"X-n 功能页面"；
(2) 查看 Site Manager 的运行结果中是否有错误的链接页面；
(3) 用工具 link Doctor 生成诊断报告。
SubTest n+1：
(1) 在 Client 端，运行 Site Manager，扫描所有页面；
(2) 查看 Site Manager 的运行结果中是否有错误的链接页面；
(3) 用工具 link Doctor 生成诊断报告。

测试结果：3

测试结论：正常

实现限制：

备注：运行的硬件环境不是最佳环境

图 10-9　测试案例报告

5. 控制图法

控制图法是一种采用图形展示结果的质量控制手段,它显示软件产品的质量随着时间变化的情况,标识出质量控制的偏差标准。图 10-10 是一个软件项目的缺陷控制图示,可以看到缺陷还是在可控制的范围之内的。如果超出缺陷的控制范围,应该采取措施,例如,对相应的产品进行返工,或者修改开发过程,必要的时候可能提出计划的变更。

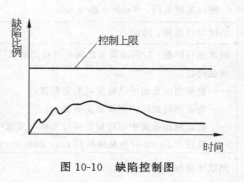

图 10-10　缺陷控制图

如果在控制图中有连续的 7 个或者更多的点发生在平均线的同一个方向,如图 10-11 所示,尽管它们可能都处于受控范围内,但是已经说明产品存在质量问题,这个时候也需要采取措施,称为七点规则。

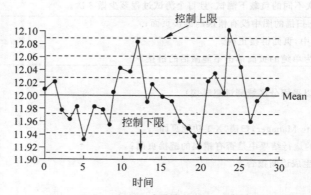

图 10-11　质量控制图与七点规则

6. 趋势分析

趋势分析指运用数字技巧,依据过去的成果预测将来的产品质量的一种手段。趋势分析常用来监测产品质量绩效,例如,有多少错误和缺陷已被指出,有多少仍未纠正,以及每个阶段有多少活动的完成有明显的变动。进行趋势分析可以对一些偏向于不合格的趋势及早进行控制。

Pareto 分析图就是一种趋势分析方法,该方法源自 Pareto 规则。Pareto 规则是一个很常用的项目管理法则:80％的问题是由 20％的原因引起的(80％的财富掌握在 20％人的手里)。图 10-12 是客户投诉数据图,柱状图展示了各种类型的投诉,其中登录问题是最大的问题,然后是系统问题等,第一个问题占了 50％以上,第一、第二个问题累计占总问题的 80％以上,所以企业要想减少投诉问题,首先需要解决前两个问题。图 10-13 是某项目的缺陷分析图。

例如,一个项目组通过 Pareto 图发现,客户端子系统电子商业汇票模块的缺陷占总缺陷的 40％以上,而且通过其缺陷趋势分析发现这个模块的缺陷在前两次的交付中并没有呈现收敛的趋势。通过分析和总结发现,该模块的问题主要是由外联系统的接口需求频繁变更导致的,通过与客户就外联系统进行正式的沟通,确认了最终的接口需求,从而解决了问题,再次测试后分析发现该模块的缺陷明显减少。

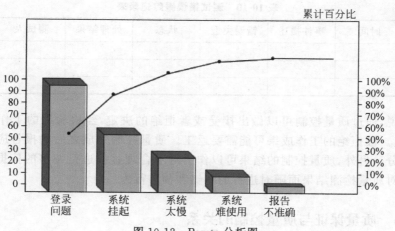

图 10-12 Pareto 分析图

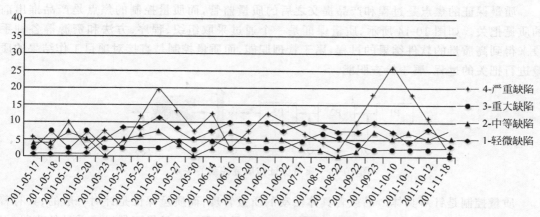

图 10-13 某项目的缺陷分析图

7. 抽样统计

抽样统计指根据一定的概率分布抽取部分产品进行检查。它是以小批量的抽样为基准进行检验，以确定大量或批量产品质量的最常使用的方法。例如，需要检查的代码有几万行，为了在有效的时间内检查代码的质量，可以选择其中的几段程序代码进行检查，从而找出普遍的问题所在。抽样比 100％检查能够降低成本，但是也可能导致更高的失败成本。

8. 缺陷跟踪

缺陷跟踪是为了跟踪软件产品的所有问题，记录缺陷的原因、缺陷引入阶段、对系统的影响、状态，以及解决方案。缺陷追踪是从缺陷发现开始，一直到缺陷改正为止的全过程的跟踪。

缺陷跟踪不仅可以为软件项目质量监控提供翔实的数据，而且可以为质量改进提供参考。例如，通过统计某项目的缺陷数目和引入阶段，可以改善相应阶段的质量和过程，从而做到有的放矢，为最终软件质量的提高做出贡献。

可以采用工具跟踪测试的结果，表 10-10 是一个缺陷跟踪工具中的表格形式。目前市场上存在很多缺陷跟踪的商用工具软件。

表 10-10　测试错误跟踪记录表

序号	时间	事件描述	错误类型	状态	处理结果	测试人	开发人
1							
2							
3							

一般来说,通过质量控制可以做出接受或者拒绝的决定,经检验后的工作结果或被接受,或被拒绝。被拒绝的工作成果可能需要返工。质量控制完成之后的报告应作为项目报告的组成部分。另外,质量控制的结果可以作为对不合理过程进行调整的依据。过程调整可以作为针对质量检测结果而随时进行的纠错和预防行为。

10.3.3　质量保证与质量控制的关系

质量保证的焦点是过程和产品提交之后的质量监管,而质量控制的焦点是产品推出前的质量把关。如图 10-14 所示,质量保证是一个通过采取组织、程序、方法和资源等各种手段来得到高质量的软件结果的过程,属于管理职能,而质量控制是直接对项目工作结果的质量进行把关的过程,属于检查职能。

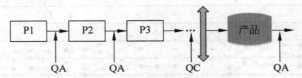

图 10-14　质量保证与质量控制的关系

质量控制是针对具体产品或者具体活动的质量管理,而质量保证是针对一般的、具有普遍性的问题,或者软件开发过程中的问题进行的质量管理。质量保证促进了质量的改善,促进企业的性能产生一个突破。

质量保证是从总体上提供质量信心,而质量控制是从具体环节上提高产品的质量。通过质量保证和质量控制可以提高项目和产品的质量,最终达到满意的目标。

习题

一、填空题

1. 软件项目中的_____成本是总成本的主要部分。

2. 当 SV＝BCWP－BSWS＜0 时,表示_____。

3. 代码评审由一组人对程序进行阅读、讨论和争议,它是_____过程。

4. 挣值分析法也称为_____,是对项目的实施进度、成本状态进行绩效评估的有效方法。

5. 一项任务正常进度是 10 周,成本是 10 万元,可以压缩到 8 周,成本变为 12 万元,那么压缩到 9 周时的成本是_____。

6. 从质量控制图的控制上限和控制下线,可以知道_____。

7. 范围控制的重点是避免需求的_____。

8. 一个任务原计划 3 个人全职工作两周完成,而实际上只有两个人参与这个任务,到第二周末完成了任务的 50%,则 CPI=_____。

二、判断题

1. 记录反映当前项目状态的项目性能数据是控制项目的基础。( )

2. 项目进度成本控制的基本目标是在给定的限制条件下,用最短时间、最小成本,以最小风险完成项目工作。( )

3. 代码走查是在代码编写阶段,开发人员自己检查自己的代码。( )

4. 在使用应急法压缩进度时,不一定要在关键路径上选择活动来进行压缩。( )

5. 累计费用曲线中某时间点 ACWP 比 BCWS 高,意味着在这个时间点为止,实际的成本要比计划的高,二者之间的差值就是成本差异。( )

6. CPI=0.90 说明目前的预期成本超出计划的 90%。( )

7. 技术评审的目的是尽早发现工作成果中的缺陷,并帮助开发人员技师消除缺陷,从而有效地提高产品质量。( )

8. 软件测试的目的是证明软件没有错误。( )

三、选择题

1. 在一个项目会议上,一个成员提出增加任务的要求,而这个要求超出了 WBS 确定的项目基线,这时项目经理提出项目团队应该集中精力完成而且仅完成原来定义的范围基线,这是一个( )的例子。

    A. 范围定义　　　　　B. 范围管理　　　　　C. 范围蔓延　　　　　D. 范围变更请求

2. 项目原来预计于 2014 年 5 月 23 日完成价值 1000 元的工作量,但到 2014 年 5 月 23 日只完成价值 850 元工作量,而为了这些工作花费 900 元,则成本偏差和进度偏差分别是( )。

    A. CV=50 元,SV=−150 元　　　　　B. CV=−50 元,SV=−150 元
    C. CV=−50 元,SV=−50 元　　　　　D. CV=−50 元,SV=150 元

3. 如果成本效能指标 CPI=90%,这说明( )。

    A. 目前项目成本超出 90%　　　　　B. 投入 1 元产生 0.9 元的效果
    C. 项目完成的时候,将超支 90%　　　D. 项目已经完成计划的 90%

4. 进度控制重要的一个组成部分是( )。

    A. 确定进度偏差是否需要采取纠正措施
    B. 定义为项目的可交付成果所需要的活动
    C. 评估 WBS 定义是否足以支持进度计划
    D. 确保项目队伍的士气高昂

5. 资源平衡最好用于( )活动。

    A. 时间很紧的　　　　B. 按时的　　　　　C. 非关键路径　　　　D. 关键路径

6. 当项目进展到( )左右时,CPI 处于稳定。

    A. 10%　　　　　　　B. 20%　　　　　　　C. 30%　　　　　　　D. 40%

7. 抽样统计的方法中,( )。

    A. 应该选择更多的样品　　　　　　B. 以小批量的抽样为基准进行检验
    C. 确定大量或批量产品质量的唯一方法　D. 导致更高的成本

8. 下面不是质量控制 3 个要点之一的是（　　　　）。

　　A. 确定人员分配是否合理　　　　　B. 检查项目结果

　　C. 依据相关质量标准进行跟踪检查　　D. 确定消灭质量问题的措施

四、简答题

1. 某项目由 1、2、3、4 四个任务构成,该项目目前执行到第 6 周末,各项工作在其工期内的每周计划成本、每周实际成本和计划工作量完成情况如表 10-11 所示。

表 10-11　项目进展数据

周次	任务1预算成本/周	任务2预算成本/周	任务3预算成本/周	任务4预算成本/周	任务1实际成本/周	任务2实际成本/周	任务3实际成本/周	任务4实际成本/周	任务1完工比	任务2完工比	任务3完工比	任务4完工比
1	10				10				30%			
2	15	10			16	10			80%	10%		
3	5	10			8	10			100%	25%		
4		10				12				35%		
5		20	5			24	5			55%	10%	
6		10	5			12	5			65%	20%	
7		10	25									
8			5	5								
9				5								
10				20								

（1）根据提供的信息,计算截至第 6 周末该项目的 BCWS、ACWP 和 BCWP。

（2）计算第 6 周末的成本偏差（CV）、进度偏差（SV）,说明结果的实际含义。

（3）按照目前的情况,完成整个项目实际需要投入多少资金? 写出计算过程。

2. 某项目正在进行中,表 10-12 是项目当前运行状况的数据,任务 1、2、3、4、5、6 计划是按顺序执行的,表中也给出了计划完成时间和实际的执行情况。

表 10-12　项目的状况数据

任务	估计规模/人天	目前实际完成的规模/人天	计划完成时间	实际完成时间
1	5	10	2020 年 1 月 25 日	2020 年 2 月 1 日
2	25	20	2020 年 4 月 1 日	2020 年 3 月 15 日
3	120		2020 年 5 月 15 日	
4	40	50	2020 年 6 月 15 日	2020 年 4 月 1 日
5	60		2020 年 7 月 1 日	
6	80		2020 年 9 月 1 日	

（1）计算 BAC。

（2）计算截至 2020 年 4 月 1 日的 BCWP、BCWS、ACWP、SV、SPI、CV、CPI 等指标。

（3）通过上面的指标说明截至 2020 年 4 月 1 日项目的进度、成本如何。

3. 试述 Pareto 规则。

第11章

软件企业知识管理

企业软件项目管理能力是逐渐提高的,这些管理过程、管理知识、管理经验、管理体系应该固化成企业的知识,作为企业的软实力和无形资产保留下来,为后续继承和发展奠定基础。不能因为关键人员的流动而带走了企业项目管理的优秀成果和经验,这涉及软件企业的知识管理。

11.1 知识管理概述

随着时代的前进,知识管理已经成为软件企业内部越来越重要的职责之一。为了获得国内外竞争的优势,提高企业的效益,任何一个软件企业都必须进行有效的知识管理。知识管理的若干要素之间的联系已经影响着或正在影响着许多企业的运作。虽然知识管理作为一个有效的项目管理手段被不同领域的企业所接受,但是理论上的知识管理是一个复杂的定义。

在软件企业中,软件开发是一个综合的、知识密集型的、知识创造创新的过程,软件开发过程中知识管理有如下六个主要需求。

(1) 获取和共享过程知识与产品知识。

(2) 获取应用领域方面的知识。

(3) 获取新技术方面的知识。

(4) 获取和共享企业的方针、政策和行为规则。

(5) 了解企业人员掌握的技能。

(6) 管理协作中的知识共享。

基于软件企业知识密集型特征,软件企业知识管理是指一个软件企业围绕企业的目标和任务在运行、发展和变革过程中对知识工作者及其知识的有效管理(包括知识采集、知识共享、知识应用和知识创新四个阶段)。软件企业是高知识密集型企业,其知识资本分散在每个工作者的头脑中。因此,如何管理知识工作者、提高他们的工作绩效是软件企业知识管理工作的关键问题。软件企业知识管理必须基于软件企业目标和任务,基于软件企业与社会环境的互动,基于企业未来长期的运行、发展和变革。

知识管理贯穿于企业学习的始终。员工可以在学习的过程中获得知识并转化为员工的工作能力,员工将这种工作能力应用到特定任务中去。企业需要各种类型的学习,并通过知识管理提高企业学习的效率,知识管理为企业学习提供知识源泉和工具。因此,知识管理是为学习提供动态的、在线的支持机制,以便有效地促进各种知识在企业内部的传播。

11.2　知识管理理论

11.2.1　软件企业定义

在信息产业部大力发展软件产业的文件中,对软件企业给出了如下的定义:软件企业是以开发、研究、经营、销售软件产品或软件服务为主的高新技术企业。这个定义中包括以下几方面的内容。

(1) 企业产品和服务的定义。该类型企业以计算机软件开发生产、系统集成、应用服务和其他相应技术服务为其经营业务和主要经营收入;具有一种以上由本企业开发或由本企业拥有知识产权的软件产品;或者提供通过资质等级认证的计算机信息系统集成等技术服务。

(2) 企业人员的定义。从事软件产品开发和技术服务的技术人员占企业职工总数的比重较高。

(3) 企业条件、能力保证定义。具有从事软件开发和相应技术服务等业务所需的技术装备和经营场所;具有软件产品质量和技术服务质量保证的手段与能力。

(4) 企业研发经费投入、软件销售收入、自产软件收入的定义。软件技术及产品的研究开发经费占企业年软件收入较大比重;年软件销售收入占企业年总收入的较大比重;自产软件收入占软件销售收入的绝大部分。

符合以上条件的企业是软件企业,软件企业可以向信息产业主管部门申请软件产品和软件企业的认证,通过"双软"等有关认证的企业可以享受国家税收、地方税收、产业扶持资金等优惠政策和资金的支持。

总的来看,软件企业是指与提供软件产品和服务相关的一系列经济单位的集合,隶属于信息产业的范畴。根据企业员工的数量,可将软件企业的规模按人数的多少分为小型(50 人以下的)、中型(50 人至 200 人)、大型软件企业(200 人以上)。软件企业的研究涉及产品、服务、企业、结构及其关系。在信息技术中,计算机及通信是信息的载体,信息的采集、处理是信息技术的核心,而软件的作用就是对信息进行采集和处理。因此软件是信息技术的核心,软件企业是信息产业的核心。

11.2.2　知识的定义及分类

知识与知识管理并不是近几年才出现的新概念,从知识的角度出发,人类的历史实际上就是知识的发展史。但从资源到知识,从信息管理到知识管理,知识管理并不是一朝诞生的,而是有一个渐进的发展过程。知识管理作为一项活动早已存在,在企业中也一直没有间断,只是以前都没有上升到管理模式的高度。对于知识是什么,理论界和实践界从不同的层面和角度,有着很多不同的定义。

定义1:知识是一种能够改变某些人或事物的信息——这既包括使信息成为行动基础的方式,也包括通过对信息的运用使某个个体或机构有能力进行改变或进行更为有效的行为方式。

定义2:将知识看作是一种信息集合的观点,事实上已经将知识这一概念背离了其本质;知识只存在于其使用者身上,而不存在于信息的集合中,使用者对信息集合的反应才是最为重要的。

定义3:知识是一种包含了结构化的经验、价值观、关联信息以及专家的见解等要素的动态组合。它起源于认知者的思想,并反过来影响认知者的思想。在企业内,知识不仅存在于文档和数据库中,而且嵌入在企业的日常工作、过程、实践和规范中。

定义4:知识是一种企业的经验、价值观、相关信息及洞察力的动态组合,它所构成的构架可以不断地评价和吸收新的经验和信息。

1998年3月,我国科技领导小组办公室在《关于知识经济与国家知识基础设施的研究报告》中,对知识做出如下定义:经过人的思维整理过的信息、数据、形象、意向、价值标准以及社会的其他符号化产物,不仅包括科学技术知识——知识中最重要的部分,还包括人文社会科学的知识、商业活动、日常生活和工作中的经验和知识,人们获取、运用和创造知识的知识,以及面临问题做出判断和提出解决方法的知识。

对知识的不同定义导致了对知识管理的不同理解。从不同角度来看,知识可以是一种理念状态、一种目标、一个过程信息的获取,或者是一种能力。若将知识看作目标或信息获取,那么知识管理的重点是加强和管理知识存量。若将知识看作过程,知识管理的重点则是知识流量和知识循环过程。将知识视为能力的观点,其中心是建立核心能力,把握知识诀窍的战略优势,创造智力资本,这实际上是一种战略思维。可以说,从一般意义上,知识是人们对客观世界的能动反应,它产生于人们对客观世界的认知过程,并被应用于人们改造客观世界的活动。

关于知识的分类,很多学者对知识从不同领域和角度进行了论述。经过归纳的知识分类主要有以下几种方式。

1. 专门知识和通用知识

根据知识的专业化程度,知识也可被分为两类,即专门知识和通用知识。专门知识是在代理间进行转移要付出高昂代价的知识,通用知识则指无须付出高昂代价即可传播的知识。知识的转移成本取决于知识的种类、企业环境和技术等因素。通常认为,知识的转移成本越高,它就越专门化;转移成本越低,它就越通用。通用知识较易获得,而专门知识的传播和转移需要付出一定代价。知识管理的根本目标就是采取最有效的方式,以低廉的成本在最短的时间将恰当的知识传播给特定需要者以便他们能够做出最优的决策。

2. 个体知识和企业知识

从本体论维度来看,知识有个体知识和企业知识两种。由于知识的产生来源于个体知识,知识是由个人产生的。离开了个人,企业无法形成知识。但在经济活动中,企业也具有自己的知识。特别是表现为企业所掌握的技术、专利、生产和管理规程,有的已嵌入了产品或服务之中。企业知识是将个人产生的知识扩大并结晶于企业的知识网络中形成的,个人只能获得和产生专门领域的知识,而在创新活动中,需要综合各种知识,需要转化为生产力,这就需要企业知识。

3. 显性知识和隐性知识

根据知识规范、客观、理性的程度,知识又可被分为显性知识和隐性知识。显性知识是指能够以一种系统的方法传达的正式和规范的知识;隐性知识是高度个体化、难以形式化沟通、难以与他人共享的知识。这种划分只是为了论述的方便,实际上任何知识都含有隐性的维度。

我们用一个连续体来描述知识。在连续体的一极是完全隐性的,存在于人的大脑和身体中下意识或无意识的知识。而在连续体的另一极是完全显性的,或编码的、结构化的,可以为他人使用的知识,大多数知识存在于这两极之间。显性的成分是客观的、理性的,而隐性成分是主观的、经验的。显性知识与隐性知识的区别如表 11-1 所示。

表 11-1　显性知识和隐性知识的比较

知识类型	主 要 特 征
显性知识	(1)可以客观地捕捉并用明确的语言或符号表达和编码; (2)能够方便地在企业、团队或个人之间进行传播、交流和扩散; (3)具有语言性、结构性、客观性、理性、有序性和编码性等特点。
隐性知识	(1)存在于个人头脑中; (2)一般通过人的经验、印象、熟练的技术、文化、习惯等方式表现出来,可经由师徒传授方式进行转移; (3)具有主观性、感性、现实性和模拟性等特点。

作为企业的一种资源,知识具有的共同特征如下。

(1)知识是无形的。

(2)知识有取之不尽的特征,可以持续增长和扩张。

(3)知识具有外部性,可以实现低成本的共享。

(4)知识具有波粒二相性,即作为实体(粒)和作为过程(波)的知识。

(5)知识具有广度和深度。

(6)知识具有关联性。

11.2.3　知识管理的定义

如同对知识尚无统一的定义一样,对于知识管理的定义,不同的学者和企业从不同的角度给出了不同的定义。

定义 1:知识管理是让人们可以随时随地存取他们所需的信息,并且利用该信息来评估问题和机会。

定义 2:从认识论的角度对知识管理进行定义,知识管理是利用企业的无形资产创造价值的艺术。

定义 3：知识管理活动是对企业知识的识别、获取、开发、分解、使用和存储。

定义 4：知识管理是企业面对日益增长的非连续性的环境变化时，针对企业的适应性、生存和竞争力等重要方面的一种迎合性措施。本质上，它嵌涵了企业的发展过程，并寻求将信息技术所提供的对数据和信息的处理能力以及人的发明创造能力这两方面进行有机的结合。

知识管理就是运用集体的智慧提高应变和创新能力，是为企业实现显性知识和隐性知识共享提供的新途径。

从以上知识管理的定义可以看出，知识管理不同于传统的任何管理，它不是一种单一的管理职能，而是涉及生产管理、信息管理、技术管理、人力资源管理和战略管理等多种管理职能的管理形式和内容，是一种跨越这些职能的更高级化的管理。知识管理对于企业而言有"牵一发而动全身"的重要战略意义。

11.3　软件企业知识管理模型

11.3.1　现有知识管理模型

1. Keskin 模型

Keskin 针对知识管理战略与企业绩效之间的关系进行了实证研究，并提出了一个理论模型。在他的模型中，知识管理战略可分为两大类：显性知识管理战略和隐性知识管理战略。一家公司的企业绩效在与主要竞争对手相比较的过程中，可以分为六个部分：成功、市场占有率、增长、盈利能力、创新、规模。不妨假设显性知识管理战略和隐性知识管理战略都能够影响企业绩效。无论是市场竞争的强度，还是竞争的敌对程度，都能够进一步影响显性以及隐性知识管理战略与企业绩效的关系。该模型的研究过程中，设立了如下三种假设。

（1）显性知识管理战略对公司业绩有积极正向的影响。

（2）隐性知识管理战略对公司业绩有积极正向的影响。

（3）竞争环境越激烈，显性和隐性两种知识管理战略与公司业绩的关系就越密切。

为了对实证研究中三种假设进行研究，Keskin 对中小型企业进行了调查，在 1000 家企业中锁定 600 家作为研究的目标群体，中层管理人员被确定为信息的主要来源。在调研的过程中，有 128 家企业积极配合，做出了回应。

基于这样一个新的样本，对调研过程中 13 项调研信息进行探索性的分析。运用最大方差正交旋转法对主要因素进行分析并获得最佳数据。研究人员利用回归分析对显性知识管理战略和隐性知识管理战略对公司业绩的影响进行组合。回归分析结果表明，显性和隐性知识战略对公司业绩有积极正向的影响；显性知识管理战略对公司业绩的影响高于隐性知识管理战略；研究人员还发现，随着市场环境的动荡以及竞争强度的增加，知识管理战略和公司业绩的联系愈发紧密。

这项研究结果表明：知识管理战略是一个公司成功的重要因素。事实也是如此，制订一个有效的知识管理战略能够引导公司达到更高的水平。然而，这项研究还是存在如下一些局限性。

（1）面向对象为中小型企业。

(2) 研究结果受区域性限制,只限当地的中小企业。

(3) 研究的回应率较低。

(4) 数据的评估没有脱离相关行业。

尽管这些研究具有一定的局限性,但是这项研究从理论与实践的角度对该模型进行了分析,对扩大知识管理战略与企业绩效的影响作出了贡献。

2. Gold,Malhotra & Segars 模型

Gold,Malhotra & Segars 综合了企业能力透视理论以及权变理论,构建了知识管理效率的结构模型。该模型定义了知识效率的两个主要组成部分:知识基础资源能力和知识过程能力。知识基础资源能力是知识获取渠道与用户之间进行的技术、结构和文化交流,是社会资本的体现。知识过程能力是通过收购(知识获取),转换(获得的知识可用),应用(在何种程度上的知识是非常有用的),保护(安全运作知识)等程序对知识过程进行整合。

为了验证这个模型,研究人员对 1000 名高级管理人员进行了正式调查,从而收集相关数据。在收集的过程中 323 位受访者的数据可用。数据分析的结果显示:在 322 家企业中金融和制造业占 58%;大型公司样本销售额超过 100 万美元的占 89%,这在销售报表中明显存在偏差;受访者本身属于公司的高层领导,86% 的高级管理人员来自公司的首席运营官、首席财务官、副总裁或首席执行官。整理数据,构建 7 点量表,范围从"1=强烈不同意"到"7=非常同意"。最后表明,基础资源能力和过程能力这两个性能变量之间是积极正向的影响关系。研究结果一直强调将过程能力和基础资源能力两个变量相结合的重要性,只有这样,才能够为公司的成功运转创造条件。

尽管这项研究中提出了强有力的数据,知识效率对知识管理能力的真正影响结果却被研究所限制。选择规模较大的公司做样本,对于整个调查过程来说,一方面,限制了知识管理活动的多样性,只是针对公司感兴趣的变量进行调研;另一方面,由于不能针对所有样本进行研究,降低了结果的应用范围。

Gold,Malhotra & Segars 指出:该模型并没有深入探讨知识基础资源能力和知识过程能力两者之间的关系。为了能够维持企业知识(显性知识和隐性知识)的平衡以及促进知识的充分利用(知识催化剂和知识过程),后续的研究需要了解具体的战略和企业方案。

3. Choi 模型

2002 年,Choi 采用实证的方法对知识管理战略、知识创造过程、企业绩效之间的关系进行研究。研究以知识管理战略作为中间变量,检验了企业绩效和知识创造过程之间的关系。在该研究中,知识管理战略包含人本导向战略和系统导向战略。知识创造过程被定义为四个类别:共同化、外化、连接化和内化。绩效的评价量表包含了财务指标和非财务指标:市场份额、利润率增长率、创新性、成功性、业务规模。条目中业务规模被删除,因为它的因子负荷小于 0.4。为了检验这一模型,Choi 使用了从每日经济新闻中获得的年度公司报告,随机选择了 441 家公司和这些公司的中层管理人员作为调查者。与 58 家企业取得联系。使用多项目方法用于问卷调查,每个条目使用 6 点量表进行评价(1=非常低,6=非常高)。

研究结果显示系统导向战略、人本导向战略、知识管理创造过程与企业绩效显著相关。此外,人本导向战略适合共同化,系统导向战略适合连接化。研究局限在于样本量仅限于盈利的上市公司和调查回应率较低。

4. Lee 和 Choi 模型

2003 年,Lee 和 Choi 对知识管理促动因素、过程、人力、信息技术和企业绩效之间的关系进行研究。研究包含四个催化剂:文化、结构、人力和信息技术,知识创造过程包含共同化、外化、连接化和内化。模型建立了知识创造和绩效之间的管理,企业创造被纳入模型之中。

Lee 和 Chol 采用的数据来自韩国证券交易所。研究者使用了访谈和 E-mail 调查。在访谈之后,基于问卷调查被采用。问卷被发放给 147 家公司的 1425 个中层管理者。从 58 个收集的访谈结果用于检测模型。每个条目采用 6 点量表进行评价(1=非常低,6=非常高)。

研究结果显示企业文化是知识创造量表必不可少的内容。人力和结构变量对知识创造影响不显著。信息技术变量是唯一显著影响知识创造连接化的变量。此外,知识创造与企业创造力显著相关。企业创造力积极影响企业绩效。这些研究确定了企业通过提高知识管理促动因素和知识创造的效率实现知识管理的战略利益。该研究的内容十分有益,但是也存在局限性,即研究只关注利润相对较高的公司,对于小公司或风险公司结果可能存在很大不同。

5. Park 模型

2006 年,Park 采用实证方法对知识管理促动因素(机构能力)、知识管理过程能力和知识管理绩效之间的关系进行了研究。Park 模型提供了一个清晰的框架和结构研究知识管理促动因素、知识管理过程能力和知识管理绩效之间的关系。在 Park 的模型中,知识管理促动因素被划分为四个维度:企业、文化、技术和机构。知识管理过程能力包含四个维度:知识获取、知识转化、知识应用和知识保护。知识管理绩效包含两个维度:知识管理效率和知识管理满意度。为了检验此模型,Park 从韩国知识管理专家的名单中收集数据,基于这个名单,对 128 个企业中的 162 名专家进行调查。所有的条目使用 5 点量表进行评价。研究发现:

(1)技术显著影响知识获取、知识转化和知识保护变量。

(2)企业文化显著影响知识管理绩效、知识应用。

(3)机构显著影响知识管理绩效、知识获取、知识转化、知识应用和知识保护变量。

(4)知识获取、知识应用和知识保护显著影响知识管理绩效。

尽管该实证研究遍布整个产业,但是研究样本仍然只局限在 128 个企业中,对研究结果产生的影响,Park 建议未来的研究应该使用实际的财务绩效数据如投资回报、净资产收益率或净收入等与知识管理绩效相关的指标。此外,知识管理绩效为因变量,知识管理促动因素和知识管理过程能力同为自变量。知识管理绩效可能通过反馈机制影响知识管理促动因素和知识管理过程能力。提高顾客产品满意度可以刺激知识管理促动因素和知识管理过程能力的提高。

11.3.2　知识管理模型比较

在上述知识管理模型研究中,不难发现,知识的绩效性对知识管理起着至关重要的作用,知识的绩效性体现在企业绩效和知识管理绩效两个方面,知识管理的最终归宿便是提高知识管理绩效,前面列举的知识管理研究模型分别从知识管理战略(Keskin 模型)、知识创造(Choi 模型、Lee&Choi 模型)、知识管理过程和知识管理能力(Park 模型)对企业绩效和知识管理绩效的研究。而在 Gold,Malhotra&Segars 模型中则将知识管理促动因素的基础资源能力和知识管理过程能力进行比较分析。从上述的五个模型分析来看,知识管理促动因素、知识管理过程、知识管理能力以及知识管理战略都与企业的绩效有关,因此,知识管理促动因素、知识管理过程、知识管理能力、知识管理战略以及企业绩效之间的关系具有进一步研究的空间。

然而,上述五个模型由于在研究的过程中不可能回避的时间和空间局限性问题,使得各个模型都具有一定的不足。尤其是在模型的研究对象、数据获取、调查样本数量等方面存在问题,使得各个模型都存在一定的局限性,所以这些模型在应用到我们现实生活中的时候就需要不断地创新和充分的利用。

11.4　软件企业知识管理影响因素

11.4.1　知识管理战略

知识管理战略可以概括和确定企业的战略方向,可以促进管理知识活动和知识管理促动因素等。一个企业应把握正确的战略决策,平衡企业的内部和外部知识管理,只有这样才能满足公司的总体需求,并准确找到适合企业的资源。知识管理战略由不同的理论框架和不同的维度构成,多个框架和维度基于战略重点的不同而表现为知识管理战略的不同。将知识管理战略划分为两个维度:系统导向战略和人本导向战略。系统战略将企业看作是一个信息处理系统,认为 IT 及其相关的系统为知识管理提供了理想的框架,将不同程度的信息处理和商业信息系统的研究作为理解知识管理的本质和结构的正确选择。利用系统战略的企业将知识编码、贮存在数据库中,公司任何人都可以通过计算机网络直接调用。人文战略主要针对隐性知识的管理,强调企业知识的社会属性,知识通过直接的人员交流得到传播和分享。人文战略认为人是知识管理持续改进的关键,在社会关系占主要地位的软环境中,IT 往往被看作是管理工具而不是成功的本质因素。采用系统战略的企业,知识管理活动主要以系统化、文字化的资料档案为主导,企业只要将所创新或获得的知识加以系统化的编码、储存、利用,即可维持本企业的运营和生产活动,并获得低成本的竞争优势。一般而言,这种战略多出现于产品生命周期中的"成熟期",企业需要依赖于大规模生产来创造最大的效益。若企业内存在大量难以言喻或只能通过个人心智模式认知的知识,就该采取人文战略。人文战略适合气氛活泼的企业,鼓励员工在企业内或与外界交流,以获得知识创新的基础。

11.4.2　知识管理自然因素

知识的主要载体是人。自然因素对于人的影响不言而喻,人的生老病死均受自然规律的影响,所以软件企业知识管理必须遵循自然规律,尤其是知识的转化,均受到时间、空间以及人的思想及态度的影响。自然因素对于知识管理的影响是比较抽象的。自然因素作用于知识管理,并不一定显示出自然因素的作用,但在分析知识管理问题的过程中,自然因素才浮出水面,在人们分析知识管理影响因素的过程中,渐渐地为人们所发现并重视。

11.4.3 知识管理社会因素

为了获取更多的信息,企业机构是否利于信息的传播、获取、转化,市场体系是否有利于市场信息的获得。企业的激励措施、人力资源知识结构、企业文化、技术基础、知识资源等都是可以隶属于知识管理社会因素范畴。软件企业知识管理主要侧重关注企业经济效益,即如何更好地取得优势利益,认为知识管理可以帮助企业认识哪些人和什么资本是企业真正的资源,是在企业的机器设备和资金以外,企业的人力资源和知识资产也同样是需要企业加强管理,以取得最大的投资回报。

11.4.4 知识管理偶然因素

软件企业知识管理过程中的偶然因素,对用户期望和满意的影响具有暂时性。偶然因素能够影响知识管理的质量、成本、进度以及效率。用户对软件企业产品、服务的期望较高,有时过于理想化,其容忍阈限缩小。而当出现紧急要求与紧急服务时,其期望值又会明显的增加。知识管理发展中的偶然因素,不仅可能改变软件企业个体的命运,某些不可把握也无从预见的非常规性因素或突发事件,甚至可能造成软件企业发展的逆转。

11.5 软件企业知识管理能力

迄今为止,研究人员已经对知识管理过程中的关键方面进行了研究并得出结论,如:知识的创造、转让和使用;知识的采集、传输和使用;知识的鉴定、收集、发展、共享、利用和保留。Avaiand Leidner 总结前人的研究结论,构建知识管理能力的四大维度,即创造、储存(或检索)、传输、应用。近年来,一些学者研究得出的结论一致认为,知识管理过程中的四大维度为知识获取、知识保护、知识转化以及知识应用。

11.5.1 知识获取能力

企业的知识获取是基于企业隐性知识和显性知识的现状,开发新知识以及更换现有知识的过程。许多术语也被用来描述这一过程:捕捉、创造、建设、鉴定、创新。知识转化和知识创造存在着一定的相同之处,企业的知识转化过程能够推动知识创造的过程,从显性知识和隐性知识相互作用及相互转化角度来看,知识的获取可以看成是知识转化和知识创造的有机结合。社会化、外部化、组合化和内部化的系统性活动,是知识从企业外部流入企业内部,并能够为企业所应用的知识获取过程,企业要想成功获取知识必须具备一定的知识获取能力。企业应当积极进行整个企业内部和外部合作伙伴的知识获取和知识交流,促进知识的升级,使企业的知识、管理以及技术能够不断地创新,形成宝贵经验。

可以用原始场、互动场、系统化场、练习场来对应知识管理过程的四个阶段。每一个场里都会完成知识的传递和获取。原始场是基于人们的感情而存在的知识获取场所,能够使知识的交流不必考虑人的干扰因素,可以吐露真实情感,进行知识交流和互动。互动场是基于人们的分析和反省而存在的知识获取场所,处于该知识获取场所的人须具有一定的知识能力和知识技能,而且愿意表达描述自己的知识和技能,同他人进行交流,完成知识的获取。系统化场是基于网络虚拟世界而形成的知识获取场所,人们在系统化场里的交流,能够克服时间和空间的限制,将现有知识进行捕捉、获取、重新组合,以及创新,强化知识获取的效果。练习场是基于知识内化过程而形成的知识获取场所,知识获取的根本是将外部的显性知识和隐性知识吸收,形成具有自身属性的隐性知识。在这个场所中,人们可以相互指导,反复交流与实验,从而将外部知识转化成为自身的知识能力,达到充分内化的结果。由此可见,知识获取能力的体现是企业在各个知识场的对知识加工能力,由于每个知识场都具有动态性,而知识的获取也体现了显性知识和隐性知识之间的交互转化,所以企业必须积极开发知识获取能力,努力把握知识的每一个发展层次。

11.5.2　知识保护能力

知识保护能力的体现是基于维护知识的原始性以及建设性状态,防止知识通过不合理渠道转移到其他企业内部,并为其所应用。由于隐性知识的复制难度较高,更是企业竞争对手难以模仿的,所以保护隐性知识以及提高企业知识的隐形程度是知识保护能力的重要体现,也是企业知识保护战略的基本因素。隐性知识的内容、分类带有一定的企业特色,比如企业发展的过程中所形成的专有技能、企业文化等,这些隐性知识不但难于模仿,更使得企业之间的竞争缺乏统一的标准,竞争的对等性变得模糊。另外,由于企业记忆、企业战略等信息的存储与传递并非集中在企业的单一结构中,而是分布、保持于各不相同的企业存储介质中。

企业记忆能够驻留在不同的企业形式,其中可能包括书面文件,存储在电子数据库中的结构化信息,编纂专家系统中存储的人类知识,记录在案的企业程序和流程,隐性知识,个人和个人网络所获得的知识。企业记忆包括个人记忆(一个人的意见、经验和行动)以及知识共享和互动,企业文化,转换(生产流程和工作程序),结构(正式企业的角色),生态(物理工作设置)和信息档案(企业内部和外部)。

因此,一个企业应制订以安全为导向的技术方案,限制或跟踪访问重要的知识。知识保护能力主要体现在:保护知识,防止其使用不当或者在企业内外泄露;通过密码技术限制访问一些知识的来源;找出容易受限制知识;保护隐性知识以及在企业层面上交流知识保护的重要性。

11.5.3　知识转化能力

当企业已经认识到企业内部缺乏特定知识的时候,“知识差距”这一概念便产生了。因此,企业需要引进或转移知识。知识的转化可以跨越企业、组织以及超越国界,甚至跨越星球。知识的转化涉及企业或个人之间的信息传递,以及知识的吸收和改造。

知识转化能力可以用内部转化能力和外部转化能力来衡量。内部转化能力是指企业内部的知识交流、利用及开发的能力。外部转化能力则是指企业与外部环境之间的知识交流能力。知识的外部转化，能够促进或抑制知识的转化，企业所处的环境，对企业的知识获取能力有很大的影响，尤其是社会和文化的因素，对知识转化能力的高低起着决定性的作用。所以根据 Park 对知识转化活动的阐述，可以将知识转化能力概括为：信息转化能力、知识筛选与评估能力、企业知识的个体化能力、个体化知识的企业吸收能力以及企业合作伙伴的知识衍射能力。

11.5.4 知识应用能力

知识管理过程中企业所使用的知识是否具有高效的使用价值，是参考知识是否有利于企业的一个重要标准。知识的有效应用能够帮助企业提高效率和降低成本。企业往往假设知识一旦创造出来就能够有效地应用。不幸的是，在公司的每一天活动中，并不能成功地识别和分配重要的知识，从而保证其利用率。知识的有效应用，包括以前错误知识的应用；运用现有的知识去解决新问题；与问题相对应的知识；运用储存的知识提高效率；用知识来调整战略方案以及选择可用于解决问题的知识来源。

11.5.5 知识创造能力

知识创造能力是指知识的新旧交替和更新换代的过程。企业知识创造能力是指企业通过一定的渠道获取知识，通过企业内部和外部的主观及客观环境影响，增强显性知识和隐性知识的转化效率，从而弥补"知识差距"，丰富企业知识，提升企业竞争力的能力表现。企业知识创造能力也可以概括为企业获取新知识资源的能力。企业拥有了新知识资源便意味着企业创造了新知识，因为知识创造具有一定的特殊性，而企业知识创造能力的体现不单单是在获取新知识这一层面，而且还需要体现在新知识转化为核心竞争力这一层面。目前对于知识创造能力与企业绩效之间的关系，并没有相关的实证研究对其进行说明，大多数的研究知识从侧面体现了知识创造与企业绩效之间的间接作用。企业的知识创造能力是企业内部资源创新、技术创新的主要表现，知识的创造能力是企业之间难以量化与效仿的知识管理能力。同时也是企业知识管理所追求的一种能力的体现。

11.6 软件企业知识管理方案

11.6.1 制订知识管理方案

1. 形成总体方案

根据软件企业知识管理的初始模型，并协调对策过程，去除那些部分利益群体所期望但目前并不可行的变化，得到一个协调对策后的知识管理模型。此模型是协调对策的最终结果，代表着所有期望与可行的变化。

模型包含了对知识成员的支持、对知识资产的管理、对知识管理技术的运用、对知识管理流程的结合以及对知识管理环境的建设等各方面的内容，基本覆盖了软件企业知识管理框架的所有内容。

经过协调对策,各利益群体既达成了一定的利益期望,又考虑到现实的可行性,都对原来的期望做了一定的妥协和修正。利益协调的软系统方法论中称之为期望和可行的变化,这个期望和可行的变化就表现为企业知识管理的总体实施方案。

2. 制订实施方案

软件企业知识管理总体实施方案确定之后,下一步将制订一套具体的行动方案,主要内容包括:战略方案、宣传与文化培养方案、企业方案、流程方案、机制方案、知识审计方案、技术方案、行动步骤方案等。

11.6.2　实施知识管理方案

对于实施知识管理的软件企业来说,为了使知识管理的成效不断加强,我们需要对软件企业知识管理问题进行调查分析、软件企业知识管理问题进行表达、软件企业知识管理相关系统的定义、软件企业知识管理相关系统概念模型的建立、对利益相关概念模型的思考、软件企业知识管理模型与问题进行比较、软件企业知识管理方案制订、软件企业知识管理方案实施、对方案实施结果进行总结、评价和反思等九个逻辑阶段进行不断循环。将这九个逻辑步骤进行提炼,再根据行动研究的螺旋形特征,构建出软件企业知识管理方法框架,如图 11-1 所示。

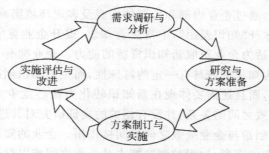

图 11-1　知识管理方法框架

此框架描述的是一个不断循环往复的过程,主要分为四个模块:

需求调研与分析模块。包含逻辑步骤的第 1、2 阶段,主要工作包括对软件企业知识管理情景的感知和表达,知识管理的需求定义分析和综合以及形成初步的软件企业知识管理体系的设想。

研究与方案准备模块。包含逻辑步骤中的第 3、4、5、6 阶段,主要工作包括对知识管理理想状态和现实情况进行比较,知识管理战略与策略的制订以及体系建设目标的设定等。

方案制订与实施模块。包含逻辑步骤中的第 7、8 阶段,主要工作包括在知识管理概念框架指导下的企业、制度、流程、技术和文化宣传贯彻等一系列方案的设计和制订以及这些方案的具体实施。

实施评估与改进模块。包含逻辑步骤中的第 9 阶段,主要工作包括对知识管理实施效果的评估,对问题情景的进一步感知,并找到新的改进因素准备进入持续改进的下一步循环。

对于软件企业,知识管理战略一般根据企业高层领导的战略设想。综合各部门领导和关键员工的意见之后形成,形成的战略经高层领导审核后成为企业知识管理建设的指导性文件。在知识管理建设的过程中,使之更有效地在日常业务和管理工作中自然而然地显现,知识管理流程设计是至关重要的。因为几乎所有的企业都有一套内部行之有效的业务和管理流程来支撑企业日常的运作,这些工作流程是最容易被员工接受的做事方式,员工依靠它们才能取得工作成果和应有的工作绩效。在此意义上,把知识管理融入工作流程之中是一种最有效的实施方式,这样就使员工在日常的工作中自然地形成知识积累,并且培养了知识共享的意识和文化。

软件企业知识管理流程设计就是根据其日常的工作习惯,在现有工作流程的适当环节加入知识管理的步骤。这些步骤不是刻意加上去的,更不是随意编造出来的,而是工作本身就应该具备的,因此在实际的执行过程中遇到的阻力会小很多。

习题

一、填空题

1. 知识管理战略分为_____和_____两个维度。
2. 知识的绩效性主要体现在_____和_____两个方面。
3. 根据企业员工数量,可将软件企业的规模分为_____、_____、_____。
4. 根据知识规范、客观、理性的程度,可将知识分为_____和_____。
5. 软件企业知识管理方法框架主要分为_____、_____、_____、
四个模块。

二、判断题

1. 软件企业是以经营、销售软件产品或软件服务为主的企业形态。( )
2. 知识管理不是传统的管理,其具备单一的管理职能,是一种更高级化的管理。( )
3. 知识可以是一种理念状态,一种目标,一个过程,信息的获取,或者是一种能力。( )
4. 为取得全球竞争的优势,提高企业的效益,所有企业都必须进行有效的知识管理。( )
5. 知识的创造是指知识的交替过程。( )

三、简答题

1. 现有知识管理模型有哪些?
2. 知识转化能力包括哪些?
3. 知识所具有的共同特性有哪些?
4. 软件开发过程中知识管理的需求有哪些?
5. 简要分析显性知识与隐性知识的主要特征。

第12章

互联网企业融资

12.1 互联网企业概述

1. 互联网企业定义

常见的互联网企业有：以百度为代表提供搜索引擎类服务的互联网企业；以新浪、搜狐、网易为代表的综合门户类互联网企业；以腾讯、暴风科技为代表的社交娱乐类互联网企业；以阿里巴巴为代表的电子商务类互联网企业。

关于互联网企业的定义，目前学术界并没有统一的概念。目前，学术界比较认可的定义是美国学者提出的观点：互联网企业是指直接通过互联网或者和互联网相关的产品与服务，从中赚取部分或者全部收入的企业。结合实际情况，将互联网企业定义为在互联网平台上提供相关产品和服务来获得收入的企业。随着互联网在人们日常生活的不断深入，它早已脱离了以传播信息内容为主要功能的形式载体。特别是近几年来，随着移动互联网的爆炸式发展以及底层技术的不断迭代更新，互联网成长为渗透各行业、诸多领域的重要的辅助工具。在过去的一年，互联网技术、内容、形式载体等都发生了巨大的变化，人工智能、AR、云计算、物联网等以互联网为基础的新兴技术不断地涌向互联网的各个领域，外卖订餐、游戏直播、动漫、图片社交、二手电商、城市出行、企业协同等新兴领域呈现出了可观的增长能力，这正在改变着互联网的形态，影响着人们的日常生活。互联网企业在商业模式上不断创新，发展更加多元化，根据互联网企业的主营业务，可将互联网企业进行分类，如表 12-1所示。

表 12-1　互联网细分领域

分　类	示　例
基础类	各种云、大数据
工具类	搜索引擎、浏览器、在线地图
O2O 类	餐饮、租车、家政、旅游
教育生活类	在线教育、健康管理
影音娱乐类	视频、社交、阅读
游戏类	端游、页游、手游
商务类	支付、电商、互联网金融

2. 互联网企业盈利模式

互联网企业的盈利模式由商业模式决定。我国互联网行业发展至今,目前互联网企业提供的主要有三种服务,即媒体信息服务、实物交易服务以及增值服务。根据提供的服务不同,可把互联网企业商业模式分为三大类,分别为媒体信息类业务、在线交易类业务以及个人增值业务。互联网企业在发展中,其商业模式与盈利模式都是经过一个从探索到稳定的过程,若研究互联网企业的估值则有必要对其盈利模式进行分析,表 12-2 为对互联网企业盈利模式的细分。

表 12-2　互联网企业盈利模式细分

盈利模式类型	模 型 类 型	代 表 企 业
广告收入	网站通过各种内容及服务吸引了一定量的用户,然后通过客户流量吸引广告投放而获得	传统门户网站、搜索引擎以及视频客户端等
增值业务收入	互联网企业向有个性化需求的用户收取的费用	网络游戏代理商及运营商等
会费、佣金收入	互联网用户为了使用平台向互联网企业支付的会费或佣金	视频网站及电子商务平台等
无线增值业务收入	建立在移动通信网络基础上除通话外的互联网数据服务	以手机 APP 为主要产品的互联网企业等
依托物联网的线下收入	互联网企业多元化发展而产生的收入	"互联网＋"类企业等

12.2　互联网企业融资模式概述

近年来,互联网企业得到了迅速的发展,尤其是随着"互联网＋"概念的提出,更是加快了我国互联网企业发展的步伐。互联网行业作为一种新兴的行业,受自身特点的约束,使得互联网企业的融资模式与其他企业有所不同。一方面,互联网企业成立时间短,以轻资产为主,缺乏一定的信用记录,使得互联网企业通过银行信贷等传统的融资模式走不通,融资渠道变窄;另一方面,互联网企业从初创期到成熟期整个过程中又是一个不断"烧钱"的过程,需要源源不断的资金支持,同时互联网企业的失败率极高,一旦成功又将会呈现爆发式增长。极高的失败率使得大部分风险保守的投资者望而却步,互联网企业成功后呈现出的爆发式增长给投资者带来的巨额收益又使得众多的投资者垂涎欲滴,面对互联网企业的融资,投资者几乎陷入了进退两难的境地。互联网企业的融资从哪里来?如何获得支持其持续不断地"烧钱"行为的资金?下面介绍互联网企业的融资模式,可使互联网企业更顺利地获取融资。

国外对互联网企业融资的研究主要包括:2001 年 Matthew A. Zook 指出,风险资本的分布区域对处于初创期的互联网企业地理位置选择上起到了关键的作用,风险资本投入货币性资本的同时也投入了知识等非货币性资本,风险资本一般更倾向近距离接触互联网企业,以便监督并帮助它们,所以互联网企业的注册地点尽量靠近风险资本,以便获得更多的融资。2003 年 Andrew L. Zacharakis 从"环境生态"的角度研究有风险资本支持的互联网企业的发展,发现不同的地理环境造就了不同互联网企业。2004 年 Sea Jin Chang 重点研究了风险资本与战略联盟如何影响互联网企业在初创期获取发展所需资源的能力,发现参与互联网初创期的风险资本与战略联盟伙伴的声誉越好,互联网企业获得的融资越多,战略联盟网络的规模就越大。2009 年 Joern Blockab 和 Philipp Sandnerc 通过实证研究,发现互联网企业在寻求融资时应考虑金融危机的因素,最好等到资本市场趋于稳定时再启动相关的融资或者扩张计划。2014 年 Anton Miglo,Zhenting Lee 和 Shuting Liang 指出,大型互联网企业通常债务比例低,而小型互联网企业的债务比例较高,同时发现个别互联网公司的资本结构不符合优序融资理论和权衡理论等资本结构理论。2014 年 Paul Gillis 指出,VIE 架构具有较大的财务风险、税务风险与法律风险,中国的公司与 VIE 架构对美国市场来说,是一个巨大的不定时炸弹。国内学者对其他行业融资模式的研究主要包括:2011 年傅赞指出电子商务创新融资模式包括:"网络贷款"融资创新模式、"数银在线"融资创新模式、"e 易透"网络供应链融资创新模式、个人"创投基金"融资模式。2014 年徐细雄和林丁健指出在互联网金融视角下小微企业的创新融资模式包括:P2P 网络信贷融资模式、大数据金融融资模式、众筹平台融资模式。国内外互联网企业受外部融资约束的本质不同,通过对中美上市的互联网企业的相关数据进行实证研究,发现与美国互联网企业相比,中国的互联网企业更能主动积极地去创新,并且我国互联网企业的创新能力对外部融资约束极为敏感。

12.3　互联网企业与传统企业融资模式对比

12.3.1　互联网企业融资模式定义

广义的融资模式通常包括三个基本要素:融资主体、融资渠道和融资方式。融资主体包括融资活动的资金融入和融出双方;融资渠道是指资金的来源,传统的融资渠道有政府财政、银行、资本市场等;融资方式是融资主体提供资金的具体方法,当前的融资方式主要有两种分类方法:按资金来源可分为内源融资和外源融资;按资金融通是否通过媒介可分为直接融资和间接融资。融资主体、融资渠道和融资方式三个基本要素共同构成了融资模式的主要内容。狭义的融资模式主要是指融资方式,融资模式就是不同融资方式的组合,根据不同方式在组合中的关系和地位,形成以某种或几种融资方式为主,其他融资方式为辅,形成多种融资方式相互配合、共同作用的格局。融资模式就是解决企业如何比较顺利地获得融资的问题。

12.3.2　传统企业融资模式的特点

传统企业的融资模式基本上是和优序融资理论相吻合的,该理论认为当企业需要融资时,应当首先通过内部融资,如果需要外部筹资,则先债务融资,再通过股权融资。其理由是内部资金不需要与投资者签订合同,限制较小,且不需支付筹资费用,也不会传递对企业不利的信号,因此留存收益是最方便的融资方式;债务融资的费用各方面的限制都小于发行新股,因此应将举借债务放在股权融资之前,即作为融资选择的第二位。融资模式的选择归根到底是由企业自身的特点决定,传统企业的融资模式特点主要表现为以下几点。

1．首选内源融资

传统企业在选择融资模式时首选内源融资,原因在于传统企业的资金投入与产出具有很好的配比性,前期通过投入土地、设备、厂房、劳动力和原材料,可以生产出有形的产品,满足大众消费需求,所以,即使在企业发展初期,也可以通过产品的生产来维持其日常的资金需求,且传统企业对资金大规模的需求主要在初期的固定资产构建上,之后对流动性资金的需求就显著减少,待生产出有形的产品,企业走向正轨,留存收益可以覆盖一部分传统企业日常资金的需求,且内源融资的成本比较低,所以我国传统企业在选择融资模式时首选内源融资。但是,留存收益毕竟有限,不能完全覆盖传统企业的融资需求,传统企业也需要外源融资。

2．外源融资以银行借贷融资为主

当传统企业的内源融资不能满足企业发展的资金需求时,传统企业在外部融资中首选银行借贷融资模式。众所周知,传统行业虽然成长性较差,但是一般都成立时间较长,经营规模和财务状况稳定性较好,有着稳定而活跃的经营收入和经营现金流,银行可以通过财务指标和经营指标等较容易地判断识别和监控融资风险,上述特点非常符合银行借贷的条件要求。除此之外,传统企业除了拥有固定资产作为抵押外,还可以将一定数量的存货、合同订单作为补充担保,再加上传统企业具有较为稳定的经营收入和现金流,一般情况下能够覆盖其融资本息,从而降低融资风险。综上可知,传统企业在向银行寻求借贷融资时,可以较容易地获得融资,对于传统企业而言,银行借贷的财务成本较低,对于银行和传统企业而言,双方达到了共赢。所以传统企业在外部融资的选择上首选银行借贷融资模式。

3．融资模式可选择性少,缺乏创新

传统企业的融资模式可选择性少,传统企业惯用的融资模式通常为内源融资、银行借贷融资、上市股权融资。除少数传统企业可以发行企业债之外,传统企业在融资模式选择上无外乎这三种融资模式,传统企业的发展比较稳定,成长性较差,很少能吸引私募股权基金的注意,融资模式可选择性少。此外,传统企业自身不需要持续性大规模资金的支持,融资频率不高,对融资模式的创新缺乏动力,缺少创新性融资模式。

12.3.3　互联网企业融资模式的特点

1．内源融资占比低、偏好于外源融资

内源融资主要包括留存收益融资、折旧融资、应收账款融资、商业信用融资、资产典当融

资等几种模式。互联网行业作为一个特殊的行业,毫不夸张地说,一个互联网企业从初创期、成长期、成熟盈利期的不断成长历程就是一个不断融资的过程,而且大多数互联网企业要经历漫长的初创期和成长期,据统计,这一段时间通常下达到 5～7 年的时间,在这一段时期主要就是通过"烧钱"来占领用户市场,互联网企业需要源源不断的资金支持。但是,互联网企业在这一段时间尚处于成长期,需要巨额的研发投入以及市场开发等方面的投入,客户资源较少,缺少收入来源,在这一阶段互联网企业普遍处于亏损或者微利的状态,典型的例子就是京东商城,京东成立后相当长时间内处于亏损状态。所以,互联网企业在初创期与成长期普遍以"烧钱""亏损"为主,使得互联网企业通过留存收益融资的可能性微乎其微,应收账款融资也是同样道理。此外,互联网企业的核心资产主要为轻资产,产品也大都为虚拟性质产品,无法用现实的价值去衡量,缺乏信用记录,这样就使得互联网企业很少可以通过折旧、商业信用以及资产典当等融资模式进行融资,而且折旧融资模式并不能给企业带来最直接的现金流,资产典当融资更是一种饮鸩止渴的做法。综合以上原因,可以看出互联网企业通过内源融资的概率很小,更偏向于外源融资。

2. 债务融资占比低、偏好于股权融资

外源融资一般包括股权融资与债务融资,对于债务融资,根据 2014 年修订的《证券法》规定,公司公开发行债券必须满足"最近三年平均可分配利润足以支付公司债券一年的利息、发行企业债的股份有限公司的净资产不低于人民币 3000 万元,有限责任公司的净资产额不低于人民币 6000 万元"等条件,由于互联网企业大多处于亏损或者微利状态,规模较小,无法满足公开发行债券的条件。银行借贷等非公开发行债券融资模式对于互联网企业来说也是行不通,一方面,互联网企业普遍缺乏信用记录,互联网企业成立时间普遍较短,我国互联网企业的发展始于 20 世纪 80 年代,据统计,在沪、深两市以及在境外上市的互联网企业中,成立最早的为 1991 年成立的海虹控股,互联网企业三大巨头阿里巴巴(1999 年)、腾讯(1998 年)、百度(2000 年)成立时间均不足 20 年,从而使得互联网企业缺乏坚实的积累基础,缺乏行业信用记录;另一方面,互联网企业业绩不稳、经营风险高,互联网企业的进入门槛相对较低,相同领域的产品差不多都大同小异,企业之间扎堆现象严重,竞争异常激烈,常常是一个创新的业务开始,同类企业就会大批出现。例如,团购网曾经有糯米网、美团、大众点评、窝窝团、拉手网等;打车软件曾经有滴滴打车、快的打车、神州专车、Uber 等;视频网站有暴风影音、优酷土豆、爱奇艺等,这也注定了互联网企业在这一时期具有较高的失败率,许多互联网企业都夭折在黎明前夜,典型的例子就是团购网,据国家电子商务中心一项研究数据显示,团购网自开始至 2014 年,倒闭数量已有 5376 家,倒闭率高达 86%。上述种种都与商业银行借贷等非公开发行债券融资机构的经营原则不同。综合以上原因,互联网企业很少可以通过债务融资模式来获得资金支持,互联网企业更倾向股权融资。

3. 易受私募股权融资模式的热捧

互联网企业具有高风险、高成长的特点,尽管在互联网行业中竞争异常激烈,但是,互联网行业又具有明显的先发优势,一个互联网企业一旦成功并在某个细分领域占据主导地位,后期就会呈现爆发式增长,收益和发展空间就会快速膨胀,就像百度,在搜索引擎领域方面一直独占鳌头;像阿里巴巴,恐怕其他互联网企业也很难再创阿里巴巴一样的神话。互联网企业的这些特点与私募股权基金的投资理念相符,所以在互联网企业的融资过程中,大多数都有私募股权基金的参与。据清科研究数据中心统计,我国上市的 75% 以上的互联网企业在上市前都通过私募股权融资模式进行了融资。近年来,私募股权基金得到了迅猛的发展,各私募机构凭着灵敏的嗅觉,帮助了众多需要融资的企业成长起来,据统计 2006—2015年 PE、AC 基金行业投资重点分布在互联网行业与金融行业,其中对互联网行业的投资更是处于首位,由此可见 PE、AC 基金对互联网行业的青睐,如图 12-1 所示。

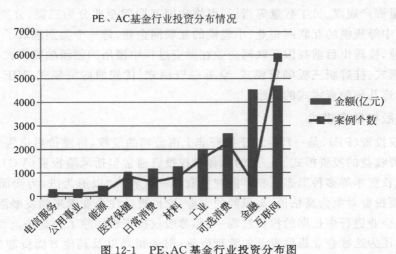

图 12-1 PE、AC 基金行业投资分布图

4. 境外上市互联网企业普遍采用 VIE 架构融资模式

我国在境外上市的互联网企业普遍采用 VIE 架构融资模式,一方面,由于互联网行业涉及我国的网络安全等问题,导致互联网行业在《外商投资产业指导目录》中被列为外资投资限制类或禁止类行业,境外的私募股权机构无法对我国的互联网企业进行投资,使得互联网企业引入境外私募股权基金时受到限制,融资效率大打折扣。与此同时,我国私募股权投资基金尚处于初级发展阶段,我国的私募股权基金无论是规模、市场占有率还是运营经验都无法与国外私募股权基金相匹敌,我国的私募股权基金更倾向投资风险小、成熟的企业。为此,我国律师为了规避我国相关的政策限制发明设计了 VIE 架构,VIE 架构是专门针对互联网企业引入外资设计的具有中国特色的融资模式,可以说是 VIE 架构融资模式造就了我国互联网行业的繁荣,没有 VIE 架构融资模式,就没有我国互联网行业今日欣欣向荣发展的局面。

12.3.4 对比分析

由于我国互联网企业与传统企业相比,传统融资渠道较为狭窄,互联网企业又急需源源不断的资金支持,所以互联网企业更容易接受创新的融资模式,也更敢于去尝试新的融资模式。随着近年来资本市场的创新,新三板市场一开闸,鉴于新三板的审核制度较为宽松:①持续经营时间 2 年以上;②取得试点资格;③主营业务突出,具有持续经营能力。除以上三点之外,并无其他量化指标,该审核制度更适合互联网企业,使得互联网企业纷纷挂牌新三板进行融资,挂牌量占到挂牌总数的四分之一。众筹融资模式,由于融资速度快、操作简单的特点,所以,众筹融资模式亦刚传入我国,就被互联网企业广泛应用。互联网企业不同于传统企业的特点,就注定了互联网企业的融资模式特点与传统企业有所不同。

12.4 我国互联网企业创新融资模式

综合考量资产规模、员工数量等指标,可将我国互联网企业分为三类,分别为大规模的互联网企业、中等规模的互联网企业、小规模的互联网企业,每一个类别选取了 10 个代表性的互联网企业,梳理出目前我国互联网企业在融资过程中惯用的创新融资模式,主要包括私募股权融资模式、挂牌新三板融资模式、众筹融资模式、优先股融资模式、VIE 架构融资模式,以下是对这几种融资模式的介绍。

1. 私募股权融资模式

私募股权投资(PE),是一种专注于投资非上市公司的股权,待溢价后出售所持有股权,从而获取投资收益的投资模式。广义的私募股权投资通常包括风险投资(VC)、杠杆收购、天使投资、成长资本等多种形态。私募股权投资的一大特点"以退为进,为卖而买",私募股权投资的主要投资对象为高估值、高风险的企业,它们更关注企业未来的发展潜力与成长空间,在对这些企业进行中长期的投资过程中,私募股权投资机构除了为这些企业提供坚实的资金支持外,还为这些企业提供专业的管理咨询、财务指导以及其他方面资源的支持,待这些企业成长后,最终通过退出获得丰厚的收益。

2. 新三板融资模式

"新三板"的由来是相对于"老三板"的。2001 年 7 月 16 日,"股权代办转让系统"成立,专门用来承载退市企业、全国证券交易自动报价系统(STAQ)以及 NET 转让系统这三部分公司的股权转让,这就是"老三板"。此后,为了解决国家高新技术产业园的"创新性企业"的融资难问题、改善公司的治理水平,于 2006 年 1 月 23 日,推出中关村非上市股份公司报价转让系统("新三板")试点,随后不断扩容。2013 年 1 月 6 日,全国中小企业股份转让系统正式揭牌,之后发布了一系列业务规则以及相关配套设施,并于 2013 年 6 月 29 日,明确全国股份转让系统扩大至全国。

3. 众筹融资模式

众筹(crowdfunding)最早源于美国,作为一种融资模式,已有二十余年的历史。众筹是指一种面向群众募资,以支持发起的个人或组织的行为。众筹融资模式对缓解中小企业融资难、拓宽投融资渠道、分散投融资风险、规范民间金融等具有重大的作用,众筹融资模式通常要通过众筹平台来连接发起人与跟投人,分为公益类众筹、产品服务类众筹、债券类众筹、股权类众筹四类。股权类众筹是指创投企业以出让一部分股权的形式向其他投资人融资获取对价资金,而投资人则通过入股创投公司获得未来收益,是众筹融资的一种高级形式。众筹融资模式通常由项目发起人(融资者)、投资者(公众)、众筹平台三部分组成,众筹融资流程一般需要三个步骤,首先,项目发起人向众筹平台提交申请资料,资料中一般包括对融资项目介绍的宣传短片等视频资料,以便让投资者对投资项目有一定的了解;其次,众筹平台对项目发起人的提交资料进行审核,审核通过后,发起人就可以在众筹平台上进行融资,同时对融资金额与融资截止期限加以设定,待到截止日期时,如果达到融资目标,则融资成功,如果没有达到融资目标,则融资失败,同时退还投资者资金;最后,项目发起人开始运行项目,投资者可以对相关项目进行监督并获得回报。

4. 优先股融资模式

优先股发源于美国的铁路建设时期,最初广泛应用于企业间的兼并、重组,在美国经济转型过程中发挥了重要的作用,在此之后优先股在风险投资领域大行其道,从而实现了创新与资本的融合。目前在市场经济发达的国家,优先股已经成为继普通股、公司债之后第三种为上市公司广泛应用的融资工具。依照《公司法》,优先股是指在一般规定的普通种类股份之外另行规定的其他种类股份,其股份持有人优先于普通股股东分配公司利润和剩余财产,但参与公司决策管理等权利受到限制,我国于 2013 年 11 月 30 日出台了《国务院关于开展优先股试点的指导意见》(简称"指导意见"),2014 年 3 月 21 日证监会颁布了《优先股试点管理办法》(简称"管理办法"),两份文件的出台意味着优先股以"正式"的身份登上我国资本市场的舞台,这也意味着我国上市公司以及非上市公众公司从此可以通过优先股融资模式进行融资。

5. VIE 架构融资模式

VIE(Variable Interest Entities)架构又称"协议控制",是指境内经营实体公司的实际控制人在境外设立一个离岸公司,该境外离岸公司在境内投资设立一家外商独资企业,该外商独资企业与国内经营实体企业通过签订 VIE 合同,将国内经营实体的所有权益,以"服务费"的形式支付给外商独资企业,之后再由境外离岸公司申请在境外某个证券交易所上市。VIE 架构被广泛应用于我国奔赴境外资本市场上市的互联网企业中,VIE 架构可谓是我国互联网企业获得国外融资的杀手锏。

我国互联网企业在融资时,并不是仅仅采用一种融资模式,常常同时采用多种融资模式,例如,我国互联网企业三大巨头百度、腾讯、阿里巴巴在上市前都采用 VIE 架构融资模式、私募股权融资模式、优先股融资模式三种融资模式相互结合。经过上文对我国互联网企业惯用的五种创新融资模式进行详细的分析,我国互联网企业可以根据自身的发展阶段、发展状况选择不同的融资模式,顺利成功地进行融资。

12.5 我国互联网企业融资模式选择的政策建议

本节主要从四个方面剖析了我国互联网企业融资模式选择的基本策略,然后给出了我国互联网企业融资模式选择的几种思路,最后给出了具体政策建议,以便使我国互联网企业更顺利地获得融资。

12.5.1 我国互联网企业融资模式选择的基本策略

根据所处发展阶段选择融资模式,根据融资规模选择融资模式,善于运用不同融资模式的组合,谨慎选择启动融资模式的时间点。最后,我国互联网企业在选择上市的时间点上也要保持理性,我国互联网企业不能对上市融资太执着。我国许多中等规模的互联网企业通常把上市作为其终极目标,为了达到上市审核对盈利指标的要求,不惜忍痛砍掉一些当前不盈利但是未来具有巨大发展潜力的业务,这对于互联网企业来说是一种短视行为。对于这些中等规模的互联网企业来说,获得源源不断的资金支持才是最终的目的,我国互联网企业在融资过程中不能仅仅执着于通过上市进行融资,可以通过先挂牌新三板,待时机成熟再曲线上市进行融资。

12.5.2 我国互联网企业选择融资模式的几种思路

下文对我国互联网企业融资模式进行详细分析并结合我国互联网企业在融资模式选择的策略,给出了我国互联网企业选择融资模式的几种思路,如图 12-2 至图 12-4 所示。

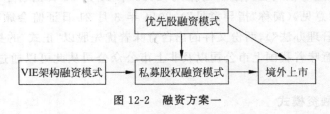

图 12-2 融资方案一

方案一主要针对我国想通过 VIE 架构登录境外资本市场进行融资的互联网企业,这部分互联网企业的目的在于通过早日上市进行大规模的融资,但是我国境内的上市审核制度过于严格,从而无法登陆沪、深两市进行,只能登陆外资本市场达到曲线上市融资的目的。

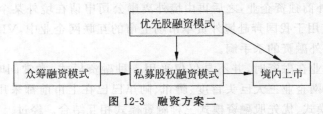

图 12-3 融资方案二

方案二主要针对那些致力于绕过"新三板"直接上市融资的互联网企业。由于国内对优先股发行的种种限制,通过发行优先股的方式引入私募股权基金从而防止控制权被稀释,对于大多数国内的互联网企业是不可行的,这也是国内互联网企业的无奈。在上市前,这类互联网企业主要依靠私募股权基金支撑其源源不断的资金需求,在此阶段,互联网企业一旦满足发行优先股的条件,建议采用发行优先股的方式引入私募股权基金。

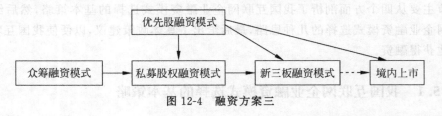

图 12-4 融资方案三

方案三主要针对那些首先选择挂牌"新三板",然后待时机成熟后登陆国内沪、深两市进行融资的互联网企业。这对于我国发展到具有一定规模的中小互联网企业来说,只要企业是优质的企业,一样可以获得所需的融资,同时通过挂牌"新三板"市场,可以使互联网企业更为规范化,为进一步上市融资做准备。

经过上述三种方案的具体设计,图 12-5 是对互联网企业融资模式选择思路的一个综合性流程图。

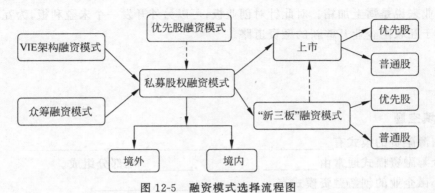

图 12-5　融资模式选择流程图

12.5.3　政策建议

(1) 互联网企业要善于股权结构创新。以优先股的方式引入私募股权基金进行融资,可以有效地防止我国互联网企业的控制权被稀释。但是优先股并不是唯一的办法,我国互联网企业可以不断创新,创造出更多的股权治理机制,以防止控制权被瓦解。

(2) 构建"股权众筹+新三板"的融资模式。"新三板"的 500 万投资门槛严重阻碍了我国互联网企业的融资效率,针对这个问题,特提出"股权众筹+新三板"的融资模式。

(3) 互联网企业要坚持自律,加强信息披露。众筹融资模式作为一种新兴的融资模式,由于发展时间较短,各项配套设施还没有完善,针对众筹融资模式的相关法律法规尚未出台。对此,互联网企业要坚持自律,在通过众筹融资模式进行融资时要自觉引入中介机构进行尽职调查,重点针对互联网企业本身的基本信息、股东背景、主营业务及相关财务风险、投资项目的可行性论证等进行调查,谨慎把握法律对融资规模、投资者数量等界限的规定。

(4) 要善于运用优先股融资模式。首先,优先股融资模式不应该是境内金融类或者类金融企业的专利,优先股作为一种兼具债券和普通股双重身份的融资工具,企业用优先股进行融资,既可以保全公司控制权,又可以获得需要的融资。这对于互联网企业来说,具有非常重大的意义,我国境内满足优先股发行条件的互联网企业完全可以采用发行优先股的方式进行融资,尤其是挂牌"新三板"与在境内上市的互联网企业,我国互联网企业要切实把发行优先股融资作为一种重要的融资工具。

(5) 重构 VIE 架构。VIE 架构造就了我国的互联网行业,可以说没有 VIE 架构就没有我国的互联网企业三巨头百度、阿里巴巴、腾讯,VIE 架构的出现对我国的互联网企业的融资来说具有特殊的意义,它是我国互联网企业发展不可或缺的历史产物,是连接国外资本与互联网企业的桥梁,VIE 架构的废止不能一蹴而就。VIE 架构只是一种创新的金融工具,如果仅仅针对 VIE 架构本身的存废进行讨论,只是治标不治本,废止了 VIE 架构,睿智的金融精英们还会创造出类似于 VIE 架构的金融工具,关键是要找出根本之所在,互联网企业融资难的问题不解决,类似的问题就会重复出现。

(6) 建立适合互联网企业的上市审核制度。互联网企业登陆境外资本市场进行融资,也是无奈之举,首先,对一些财务指标的硬性要求,即使是极为优秀的互联网企业也只能望而却步,我国上市过程中的财务审核可以说将大部分互联网企业拒之门外,对于急需融资的互联网企业来说是雪上加霜。对此针对创业板,可以另外开发一个未盈利板,为互联网企业以及类似于互联网企业开辟新的融资道路。

习题

一、填空题

1. 内源融资的模式有_____、_____、_____、_____、_____。
2. 众筹融资模式通常由_____、_____、_____三部分组成。
3. 小微企业的创新融资模式有_____、_____、_____。
4. 广义的融资模式通常包括_____、_____、_____三个基本要素。
5. 按资金来源不同可将融资方式分为:_____、_____。

二、判断题

1. 互联网企业是以网络经营为基础的企业。(　　)
2. 互联网企业常通过内源融资的方式融资。(　　)
3. 外源融资一般包括股权融资与债务融资。(　　)
4. 私募股权投资是一种专注于投资上市公司的股权。(　　)
5. 众筹是指一种面向群众募资,以支持发起的个人或组织的行为。(　　)

三、简答题

1. 互联网企业可以分为哪些类型?
2. 传统企业的融资模式特点有哪些?
3. 互联网企业融资模式的特点有哪些?
4. 我国互联网企业创新融资模式有哪些?

第13章

初创互联网企业价值评估

13.1 互联网企业估值方法

13.1.1 互联网企业价值

1. 互联网企业价值来源

互联网企业基本都是根据客户需求而产生的,互联网企业的价值在于能够满足客户的需求,给客户带来更多便利,而这就体现了客户价值理论。因此,对互联网企业的价值应该从客户价值理论角度进行探讨。互联网企业创造的价值,大概分为以下三种。

(1) 通过解决信息不对称的问题提高企业的运营效率。经济学家 Kevin Kelly 曾经预言:互联网企业的职能之一就是去中心化,减少中间不必要的环节,让企业与客户能够直接交流,通过缩减渠道、降低中间成本让客户得到更多的额外价值,像早期的互联网企业淘宝网就体现了该观点。

(2) 通过免费共享的方式,传播有价值的内容或工具。互联网企业通过免费的方式获取客户流量,一样可以创造出价值。比如 360 免费杀毒软件、腾讯免费的 QQ 和微信、百度免费的搜索引擎等,它们都免费提供使用工具或者免费分享内容,从而获得了大量用户并且找到了盈利的方式。

(3) 利用互联网平台直接代替现实中比较昂贵的人工成本。在互联网的时代,互联网已经不再局限在计算机端,移动互联网近几年发展很快,无论是传统的计算机端还是移动互联网都节省了传统的人工成本。阿里巴巴提供的网购就是这种模式的体现。

从上述分析可以发现,互联网企业的价值就是可以满足用户的需求,让用户可以享受更多的资源,给用户带来更多的便利,所以其价值都是围绕用户的。因此,只有用户对于互联网企业提供的产品及服务满意度高,客户的体验价值就高,而客户的满意度也就对互联网企业的发展产生重要的影响。共享单车、ofo 与摩拜单车开始都通过系列的减免优惠吸引更多的用户,这也正是体现了用户对于互联网企业的重要意义。

互联网企业的收入变现途径主要有:电子商务、流量、广告、直接收费服务四种类型,所有这些都依赖网站的用户规律和数量增长,所以用户数量与用户价值才是互联网企业价值的核心来源。

2. 互联网收益方式

用户数反映了市场对于互联网企业的接受度,用户资源是互联网企业的价值核心,用户资源对互联网企业价值产生重要影响。企业要想提高企业价值,就要拥有一定量的用户数,提高顾客的满意度。一般来讲,用户对于互联网企业价值主要从以下三个角度影响的。

(1) 单位用户收入。企业的用户数是企业的价值来源,然而要想把用户数转化为企业价值就要考虑单位用户收入。单位用户收入反映了企业的造血能力,只有提高单位用户收入,弥补成本,企业才能有盈利,才能体现出企业的价值。因此,企业在花费大量的营销成本抢占用户的同时,也要注意提高自身的技术和创新能力,不断完善自己的服务,提高用户的满意度,提高单位用户收入。

(2) 活跃用户数量。互联网企业在产品研发、市场开拓等过程都会有大量的成本,企业拥有的活跃数量直接反映了企业的市场规模。对于初创互联网企业,只有拥有一定量的用户数,企业才能存活下去。另一方面,从规模效应考虑,互联网企业具有较高的沉默成本,活跃用户数的增多,单位用户成本就是降低,企业的利润就会增加。然而由于注册用户不一定都会使用互联网企业产品,因此用活跃用户就更加客观,即真正为企业创造价值的是活跃用户。

(3) 用户点击率。用户点击率反映了用户使用该互联网企业提供产品的次数,用户使用次数多,对用户的吸引力越高,越受客户的欢迎,则企业就有更高的概率销售互联网企业的产品,企业价值就会越大。根据以上分析,对互联网企业价值的分析应该从单位用户收入、活跃用户数以及客户点击率方面去考虑,客户对互联网企业价值形成的影响机理如图 13-1 所示。互联网企业要不断地关注用户满意度,提高自身产品和服务水平。只有这样,互联网企业才能在竞争激烈的市场环境中生存和发展。

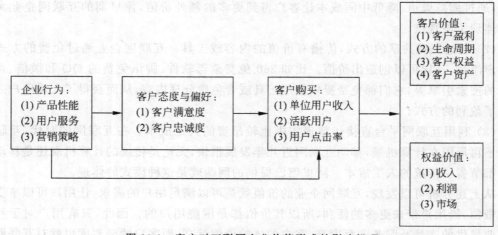

图 13-1　客户对互联网企业价值形成的影响机理

新形势下，看待互联网企业的发展应该把握三个方面：一是互联网企业短期内看重的往往不是财务指标；二是应该重视互联网企业的客户数和流量的增长与发展；三是互联网企业变现模式的核心在于体现市场占有率的相关指标比如用户数和访问流量等。

13.1.2　初创互联网企业

1. 初创互联网企业界定

关于企业的生命周期，最先由美国学者 Ichak Adizes 发表的《企业生命周期》对企业的生命历程进行了划分。他将企业的发展类比为生物体的发展，即企业也会像生物体一样经历出生、成长与死亡的过程，不同的生命阶段企业有不同的特征。在此后，企业生命周期得到了不断的完善，后期学者根据不同时期企业的特征把企业生命周期划分为四个阶段：初创期、成长期、成熟期和衰退期，图 13-2 是企业生命周期图。

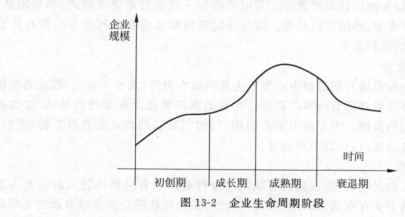

图 13-2　企业生命周期阶段

2. 初创互联网企业特征

互联网企业一般不涉及产品的生产，是轻资产企业。初创互联网企业往往会有资源、资金、人才少的特点，同时也面临市场开拓的困难。初创互联网企业发展非常不稳定，在激烈的市场竞争环境中可能会面临突然倒闭的风险。另外，初创互联网企业往往处于行业中所谓的烧钱阶段，收入少，净利润为负，很难产生正的现金流，其所有的资源都用到了市场开拓、增加用户规模。

1）属于资产少的轻资产企业

互联网企业是轻资产企业，一般不涉及生产，资产较少，且大部分资产是无形资产。在大众创业的时代，往往一个想法就可以创业。初创互联网企业看重的是其商业模式、领导团队对于互联网技术的掌握以及对于目标市场客户需求的理解，因此，互联网企业拥有多少资产并不是关键因素。

2）净现金流量通常为负

初创互联网企业由于需要投入巨大的成本来拓展市场规模，然而收入少甚至是不产生收入，因此是不可能产生正的现金流量。互联网行业是一个基于用户的行业，不管企业的商业模式是哪种，用户数量都是企业成功的关键，只有拥有一定量的用户规模，企业才能达到赢利点。为了吸引更多的潜在用户,扩宽市场规模,初创互联网企业会通过各种优惠补贴的方式吸引用户,因此就需要投入很多的成本,却没有收入或收入少,所以净现金流量为负。

3) 未来风险高

互联网行业入门门槛比较低,可能仅一个想法就可以创办一家互联网企业,因此竞争比较激烈,在这种激烈的环境下,初创互联网企业就很容易倒闭。另外,互联网企业对于创新要求很高,而且技术更新换代很快,技术一旦落后就会丧失用户群,初创互联网企业就要冒更大的风险去争夺客户群。互联网企业在初创期往往会研发各种产品,然而由于激烈的市场竞争环境以及不断发展的科学技术,对于产品研发需要不断地创新,这就可能由于各种因素导致产品研发不一定成功。另外,即使产品研发成功,其推向市场,是否能够得到市场的认可以及能吸引的用户数量都是未知数。因此,不确定性导致了初创互联网企业的未来风险高。

4) 非财务指标重要

初创互联网企业往往看重的是其非财务指标,所以很难利用财务指标评估初创互联网企业的价值,这样非财务指标就非常重要。非财务指标一般指的是商业模式、领导团队、活跃用户数、注册数、单击率、单用户收益等。这些非财务指标才是互联网企业的核心价值驱动因素,影响着企业的盈利能力。

5) 用户数非常重要

初创互联网企业在市场开拓过程中会发生大量的成本费用,基本不盈利,因此其价值主要在于其创造的网络流量和拥有的客户群体。拥有的客户数是企业发展的基础,这也将成为企业未来产生盈利的关键。为了吸引更多的用户,初创互联网企业会通过打折、免费、优惠等手段去吸引更多的用户,提高客户流量。

6) 市场竞争激烈

随着互联网行业的发展,传统成熟的互联网细分行业已经有规模比较大的企业占据优势地位。由于互联网企业存在马太效应,因此,在此门类的互联网企业很难有新的互联网企业进入该门类并获得一定的市场。随着移动互联网及"互联网+"的发展,互联网的一些细分门类出现了一些新兴互联网企业,然而这些企业往往存在模仿效应,比如共享单车企业,随着 ofo 与摩拜单车的出现,相继出现许多共享单车企业模仿其商业模式,瓜分市场。因此,初创互联网企业面临着激烈的市场竞争,想在市场上存活下来并获得盈利是非常困难的。

13.1.3 初创互联网企业价值评估

1. 初创互联网企业的估值难点

1) 非财务因素影响大

非财务因素是影响互联网企业估值的一个非常重要的原因。一方面,初创互联网企业往往无形资产占比高,无形资产的价值是很难在财务报表上反映出来的,比如付费用户数量、单击率等可变现收入方面很难提供相应的价值来源,这就导致财务报表数据无法反映出公司的价值;另一方面,很多其他方面都会体现出互联网企业的附加价值,比如用户数、交易额、单击率等。另外,商业模式、初创人团队、技术水平等也是考虑企业价值的重要因素。

2) 企业缺乏历史财务数据

企业的估值理论都是依靠企业以往的数据对公司未来的发展和风险进行估值。初创期互联网企业由于成立时间短,财务系统不健全,因此可供参考的历史财务数据很少。所以,对初创互联网企业价值评估很难基于其历史财务数据进行估值研究。

3)收益预测的不确定性

初创期互联网企业发展不稳定,主营业务模式及盈利模式还不明确,企业还在商业模式探索以及吸引用户阶段,未来发展存在较大的不确定性,在当前阶段,企业能够存活下来是比较重要的。比如2014年上线的淘宝电影,其主要提供用户在线购买电影票服务,并未对用户收取服务费用。未来企业可能会发展电影投资、电影发行等业务,未来也可能对在线购买电影票用户收取费用。因此,无法对企业未来的收益进行预测,而且,企业的收益在当前阶段也没有规律可循,无法合理地对初创互联网企业未来收益进行预测。

4)可比照的公司少

由于目前互联网行业细分领域较多,也出现了许多新兴商业模式的互联网企业,不同细分领域的互联网企业可比性低,某一细分领域的互联网企业数量可能也较少。

5)商业模式的变化难控

互联网企业在初创期发展不稳定,还在探索商业模式阶段,其发展会随着用户需求的变化不断变化。初创互联网企业在这个阶段往往还未形成稳定的商业模式,会随着市场的变化以及用户需求的变化不断地做出调整。目前移动互联网的渗透,就是考验各企业在新平台下根据用户需求变化而应变的能力。

2. 初创互联网企业的估值方法

影响初创互联网企业价值的因素通常包括早期用户数、初始团队、行业发展、技术水平等,然而这些因素很难被量化,投资机构在对初创互联网企业估值时往往结合投资经验进行一些主观的判断。每一家投资机构都有其独特的评估方法,不同的评估方法一般都有不同的评估结果。企业价值的最终确定,一般还取决于投资方与被投资方之间的博弈。

1)市盈率法

初创互联网企业规模比较小,很难参考相关行业上市公司的市盈率去确定市盈率的合适范围,投资者往往是根据实际的操作经验去判断。初创互联网企业一般盈利少或不盈利,很难用现金流折现法去评估,更多是根据企业的实际情况给出市盈率范围,双方通过协商,最终确定企业价值。这种方法主观性比较大,更多的是根据投资者个人感受,没有对相关因素合理的量化,该方法仅适合粗略或辅助初创互联网企业估值。

2)经验值法

对很多投资者来说,企业估值更像是一门艺术,互联网企业更是如此。对于初创互联网企业,更多的是考虑其商业模式、用户数、市场针对性等,结合个人经验对这些因素进行量化,从而得到企业价值。目前,没有一个大家公认的评估方法,不同的评估方法都有不同的针对性,一些小的认知差别可能导致评估值差距很大。

13.2 初创互联网企业估值模型

前面介绍了初创互联网企业的特点,由此我们可以得出初创互联网企业估值的难点:初创互联网企业更看重的是非财务因素,非财务因素影响大;初创互联网企业由于经营历史短,缺乏历史财务数据;由于发展的不稳定性,也很难控制其商业模式以及对未来很难预测;由于初创互联网企业一般都是在商业模式上有创新,往往缺乏可比较的公司。基于上述分析,运用传统企业价值评估方法对初创互联网企业价值评估存在不合理性,下面介绍一些估值模型。

13.2.1 评估模型理论基础

1. 梅特卡夫定律

梅特卡夫定律(Metcalfe's Law)与马太效应、摩尔定律共同被称为网络经济三大原则,是由计算机网络先驱罗伯特·梅特卡夫(Robert Metcalfe)提出的。该定律认为由于网络外部性,当用户数量增加时,互联网的价值会以用户数的平方急剧增加,该定律认为网络价值与网络节点的平方成正比。根据梅特卡夫定律,在一个网络中有 N 个节点,每两个节点可以两两相连,因而拥有 N 个节点的网络中,可以形成信息互通的路径总数共有 $N \times (N-1)$ 条,当 N 趋于无限大时,形成信息的路径就是 N^2。即在 N 个成员的通信网络中,每个成员建立 $N-1$ 个关系,当用户数足够多,网络的价值就与用户数的平方成正比,如图 13-3 所示。将梅特卡夫定律用数学语言表达,即得到公式:

$$V = K \times N^2$$

式中:V——网络的价值;

$\qquad N$——用户规模;

$\qquad K$——价值系数。

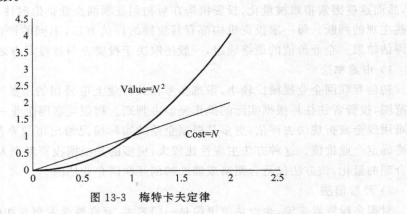

图 13-3　梅特卡夫定律

梅特卡夫定律中的 K 值是一个综合性的系数,是网络公司由用户变成盈利能力的系数,根据前面讨论的互联网企业特点及行业特点,K 值通常与以下因素有关:

(1) 互联网企业中存在着马太效应(Matthew Effect),在一个行业中领先的企业是很难被后面的企业超越的,因此 K 值是应该包含体现互联网企业地位的马太因子的;

(2) 商业模式决定了一个企业的议价能力和盈利的持续性,应该区分来看不同类型的互联网企业的议价能力;

(3) 用户黏性和活跃度。互联网企业由于其商业模式不同,其提供的商品、运营模式及定位都会不同,面临的用户群也会不同,对用户的吸引程度也不同,因此不同的互联网平台用户的活跃度及流失率都是不同的。社交网络的用户黏性就要高于电子商务,针对熟人的社交网络比如微信就要高于针对陌生人交流的陌陌；

（4）单位用户的盈利能力，这个数字一般与前几个因素有关，单位用户的盈利能力越强，企业价值越大。

梅特卡夫定律自提出以来，很多学者就对其观点持怀疑态度，该定律也一直没有得到认证。2013 年，梅特卡夫对 Facebook 公司进行案例分析，验证了其提出模型的有效性。在这之后，我国学者模仿梅特卡夫验证的方法，以腾讯公司为例，也验证了模型的有效性。同时，2014 年，Facebook 以 190 亿美元收购初创互联网企业 Whatapps，Whatapps 是一个即时通信软件，当时 Whatapps 仅 50 名员工且尚未达到稳定盈利状态，如若看企业的收入很难解释这一高价收购。然而，从用户数量的角度考虑，当时 Whatapps 已经拥有 4.65 亿全球用户，可以预见这一并购将为 Facebook 带来更多的用户。根据梅特卡夫定律，企业价值随用户数的增加而呈指数增加，那么这一高估值就不难解释了。

2．梅特卡夫定律的估值逻辑

互联网企业主要在虚拟世界开展业务，几乎所有的互联网企业都会注重用户流量，用户数对互联网企业的价值产生重要影响。在互联网行业中，网站浏览、商品购买、广告单击等一系列浏览、使用和交易行为都会产生用户流量。用户数是互联网企业商业模式的起始点，只有拥有了用户流量，才会吸引更多的广告投入和商品交易。在互联网垂直行业中，广告商愿意花更高的费用把广告投入到互联网龙头行业中，因为看重龙头行业的用户流量，也体现了互联网行业的马太效应。初创互联网企业往往通过打折或免费的方式获取用户流量，形成自己稳定的活跃用户群。随着企业产品受到用户的持续关注，该互联网产品就形成了一个用户流量入口，之后就可以通过活跃用户数获得稳定收入，形成企业的商业价值。我们熟知的 QQ，如果只有 2 名用户，那么其价值就几乎为零，但是如果用户很多时，其价值就会远远超过只有 2 名用户的价值。2014 年 3 月 13 日，QQ 的用户数过 2 亿时，腾讯的市值达到了 1445 亿美元，超过了当时思科（1154 亿美元）和英特尔（1232 亿美元）等老牌大科技公司。因此，对于互联网企业，用户流量是一项重要指标，注册用户数、活跃用户数、单位用户收入等对互联网企业价值产生重要影响。梅特卡夫定律定义了互联网企业价值与用户资源的关系，使人们对互联网企业估值从新的角度去考虑，不再是局限于以往的以财务数据为基础的评估模型。梅特卡夫定律从理论上让人们意识到用户资源对于互联网企业的重要性，对用户资源的充分利用和不断扩大用户群体是企业未来盈利水平的重要保障。梅特卡夫定律明确提出了用户对于互联网行业具有极其重要的意义，使人们意识到用户，或者说业务数据，才是评价一个互联网企业价值的最重要指标。

13.2.2　改进模型

1．引入齐普夫定律

北京交通大学丁慧平、张田田找出梅特卡夫定律存在的不足之处：该定律认为在一个网络中，所有节点相连接的价值都是相等的，每个节点给网络带来的价值都一样。然而，在实际网络中，最开始的用户可能会决定一个企业是否能够生存下去，对企业的发展产生的作用是要远远高于企业成熟期的新用户，因此，在网络中赋予每个用户相同的价值是不合理的。以梅特卡夫定律为基础的互联网企业估值模型尽管充分考虑到了互联网企业价值的核心因素是用户价值,然而也由于梅特卡夫定律自身的不足,使得评估模型需要改进。随着互联网企业用户的不断增加,新增加的用户并不会与之前的用户给企业带来一样的价值,这是符合经济学里的边际递减原理的,从而互联网企业的价值也不会无限地被放大。因此,需要对基于梅特卡夫定律的互联网企业估值模型进行修正,引入齐普夫定律解决存在的问题。齐普夫定律是一项关于单词在文献中出现频率的经验定律。研究发现,在一篇较长的文章中,每个单词出现的频率都是相等的,既有高频词,也有低频词。如果按单词出现的次数对单词进行排序,按照高频词在前,低频词在后的顺序排列,即出现次数最多的排序为 1,出现次数第二多的排序为 2。把这些单词出现的次数排序,并对其编号,用字母 K 表示,出现的频次用字母 P 表示,那么 $KP=C$(C 为常数)。根据公式,排在第 K 位的单词出现频次为第 1 位的 $1/K$,即第 K 位单词所占比重为第 1 位的 $1/K$。根据此规律,在一个网络中,进入网络中的第 K 位用户对网络的贡献也应该是第 1 位用户贡献值的 $1/K$,那么其中一位用户从网络中得到的价值为 $1+1/2+1/3+\cdots+1/(N-1)$,约为 $\ln N$,那么网络中 N 个成员得到的总价值就是 $N\ln N$,而不是梅特卡夫法则提出的 N^2。N^2、N、$N\ln N$ 对比见图 13-4。

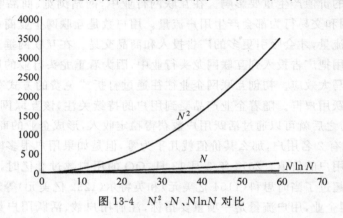

图 13-4　N^2、N、$N\ln N$ 对比

2. 对变现因子的修正

国泰君安提出的互联网企业估值模型并未对互联网企业生命周期进行划分,该模型中提出的变现因子虽然反映了企业的变现能力,加入该模型中存在其合理性。但是,考虑到研究的初创互联网企业往往没有盈利,以当前的业务无法确定其变现能力,而且在当前阶段其变现能力也反映不了其价值大小。基于此,对变现因子做进一步修正。考虑到的研究案例是生鲜电商,生鲜电商平台上面的产品价格不会随着企业的发展阶段发生很大变化,所以考虑以每用户平均收入代替变现因子。而且对于初创互联网企业,尤其像社交电商,其活跃用户数,用户使用频率是可以通过市场数据得到的,明确单一活跃用户对企业价值能够做出多少贡献是可以确定企业价值的,使用最常用于衡量电信运营商和互联网企业业务收入的指标,即每用户平均收入(Average Revenue Per User,ARPU)来代替变现因子 K。由于案例是电子商务企业,所以 ARPU 采用以下方式计算:

$$ARPU = 客户月平均购买次数 \times 客平均单价$$

3. 估值模型的确定

国泰君安互联网估值模型中提出的溢价因子是由马太效应产生的,而马太效应则是由

企业市场占有率等因素综合决定的。马太效应在互联网行业中即强者愈强、弱者愈弱的特点。考虑到选取的案例是每日优鲜,企业属于生鲜电商行业。结合行业背景考虑,我国的生鲜电商行业属于新兴行业,生鲜电商行业是从 2015 年开始火起来,目前还处于行业初创阶段,各生鲜电商现在处于抢占市场阶段,京东、天猫、我买网、顺丰优选等还在持续加码布局生鲜业务,行业格局并未形成,也没有一家独大的现象,行业目前是百花齐放,马太效应不明显,因此在构建适合本案例的估值模型时不考虑溢价因子的影响。基于此及上文分析,在考虑梅特卡夫定律、齐普夫定律及曾李青定律的基础上,丁慧平、张田田得到了针对初创互联网企业的改进估值模型:

$$V = \text{ARPU} \times \frac{N\ln N}{R^2}$$

式中:V——初创互联网企业的价值;

　　　ARPU——每用户平均收入;

　　　N——节点数量(活跃用户数);

　　　R——节点间距。

在确定了评估模型公式后,对模型参数的确定方法做具体介绍。

1)确定每用户平均收入

根据确定的每用户平均收入的公式,每用户平均收入由客户月平均购次数和客平均单价决定,对于初创互联网企业,这些信息是可以根据市场公开披露的信息获取的。

2)确定节点数量

网络的注册用户应当分为两类,即活跃用户和非活跃用户。活跃用户是指不仅在网络中进行了注册,还在网络中完成了关键性操作,比如在网络游戏中实际玩了游戏或者进行了充值等行为;在电子商务企业中实际购买了东西,活跃用户是真正能为企业带来价值的用户。而非活跃用户是指仅在网络中进行了注册,并没有完成关键性操作的用户,这些用户不会给企业带来价值。在确定活跃用户时,一般以月活跃用户数来衡量,以月活跃用户数作为节点数量。

3)定义及量化节点间距

(1)定义节点间距。

万有引力定律告诉我们,两个质点之间的引力不仅与彼此的重量成正比,还和距离成反比。腾讯的五位创始人之一曾李青在 2014 年提出了网络的价值还与网络中各个节点之间的距离有关,对梅特卡夫定律进行了改良。曾李青定律是考虑了网络节点之间的距离,节点间的距离用 R 表示。对于什么是节点间距,是很难定义的,但是从定性角度来看,如果两个节点之间传播一样的信息用的时间更长,那么就可以认为节点之间的间距更长。另外,相同的时间,如果网络传达的信息更多,则可以认为网络节点间距是更短。在不考虑节点间距时,网络的价值为 $N\ln N$,考虑节点间距时,由于节点间距与企业价值成反比,因此企业最大值为 $N\ln N$,这时 R 为 1,所以 R 应该大于等于 1。网络中的节点距离概念较为抽象,根据曾李青的解释,网络的价值不仅和节点数有关,也和节点之间的“距离”有关。网络节点间距受外生因素和内生因素两部分影响,外生因素与科技的进步和基础设施建设有关,内生因素则是网络的内容及商业模式等因素影响的,具体见表 13-1。

表 13-1　节点间距影响因素

分　类	影响因素	方　向	案　例
外生	网络速度的提升	减少距离	宽带网络的普及、4G 覆
	用户界面的改善	减少距离	盖 3G、智能手机的普及
内生	内容数量的提升	减少距离	多媒体技术的应用
	网络连通度的提升	减少距离	网络核心点的加入

表 13-1 列出了影响网络价值的外生因素和内生因素。科学技术的进步以及国家基础设施的完善使得宽带网络更加普及、4G 技术的大面积应用以及智能手机的广泛应用所带来的手机用户界面更加易用性的特点,这些都会提升整个网络的价值。在内生因素方面,网络企业的运营状况和商业模式都会决定网络的内容及网络的联通度。在一个网络中,网络节点越多,同时各个节点之间的连通度越高,那么网络企业节点间距就会越低,网络企业的价值就会越大。

(2) 初创互联网企业的节点间距。

已经论述了互联网企业节点间距的影响因素,那么该如何量化针对初创互联网企业的节点间距呢? 下面首先对影响初创互联网企业节点间距的内外部因素进行分析。在外部因素方面,主要是考虑科技的进步,国家对互联网基础设施的建设等。通过分析,可以发现,这些外部因素对所有企业的影响都是一样的。初创互联网企业在其特殊生命阶段,往往更加注重的是抢占用户,以其创新的商业模式吸引潜在用户,提高企业价值。所以综合分析,影响企业节点间距的外部因素对所有企业的影响是一样的,对于初创互联网企业的价值还产生不到重要影响,因此企业提供的内容与服务等内部因素就更加重要。基于此,在对节点间距进行量化考虑影响因素时仅考虑影响企业的内部因素。

而内部因素,就要具体分析。内部因素主要有企业的商业模式、运营方式等方面,在考虑对节点间距量化时,我们首先考虑的是对影响因素先量化,然后根据影响因素的量化值再确定节点间距。考虑由于内部因素是和企业自身情况相关的,而企业自身情况的好坏是可以反映出客户对企业的综合评价上,因此,以客户对企业的综合评价来量化节点间距的影响因素,然后再确定企业的节点间距。以电子商务网上平台为例,假设用户 1 即节点 1,是该企业的活跃用户,对该平台的服务、产品、支付便捷性等方面进行了评价,那么用户 2 即节点 2 在考虑是否选择该电子商务平台时就会考虑其他用户对它的评价,也就是根据"口碑"来做出选择,信息传播路径如图 13-5 所示。换言之,对于企业的节点间距,只考虑内部因素,而内部因素可以通过客户对企业的综合评价值反映出来,因此可以通过客户综合评价对节点间距进行合理量化。根据曾李青定律,节点间距会导致互联网企业的价值减少,在理想状态下,节点间距为 1,因此节点间距应该大于等于 1。

用户 1 会对企业的各个方面做出评价,不同方面的评价都会影响用户 2 是否选择该互联网平台。用户与用户之间即节点与节点之间传播的媒介较多,考虑的节点间距为这些传播媒介的综合平均距离,也就是用户对互联网平台各个方面做出的评价的加权平均值。所以为了更加客观的计算节点间距,使用综合评价值来量化节点间距。市场调查法、问卷法、专家打分法等都可以得到市场上对于一家企业的综合评价,采用的综合评价去量化节点间距也具有可行性。下面介绍丁慧平、张田田提出的改进模型特点及适用性。

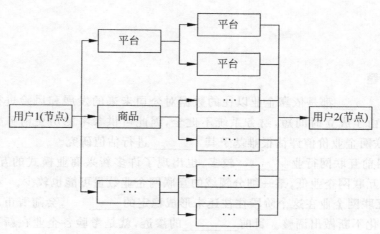

图 13-5 网络企业节点间距离信息传播途径

13.2.3 模型特点及适用性

1. 模型特点

1) 用户资源为企业价值的驱动因素

对于一家互联网企业,尤其是初创互联网企业,用户是其价值的来源,是其核心的资源。而梅特卡夫定律定义了用户数与互联网企业价值的关系,构建的模型正是根据梅特卡夫定律,以活跃用户对企业价值的贡献为基础,构建了适合初创互联网企业评估的模型。这种方式可以避免出现因初创互联网企业估值时无法利用财务数据进行估值,同时也不适合运用财务数据进行估值的窘境。

2) 计算简便易行

模型使用的参数均为企业当前的业务数据,业务数据也可以根据公开资料获得。避免了使用内在价值法需要对企业未来的经营状况及现金流量进行预测的问题,也就不存在预测准确与否的担心。同时,由于本模型是通过参数进行计算的,不同于相对价值法需要与可比企业进行比较,也可以避免寻找可比企业的考量。

2. 模型适用性

由于初创互联网企业自身的特点以及传统互联网企业价值评估方法的使用限制,无法使用传统评估方法对初创互联网企业进行价值评估,因此需要以新的视角考虑互联网企业的价值。分析初创互联企业的特点,其在初创期这一特殊阶段,主要是不断地完善自己的产品来吸引更多的用户,企业花费大量的成本去吸引用户,只有初创互联网企业拥有足够多的用户,企业才能生存下去。因此,对于初创互联网企业来说,用户是第一位的。而提出的模型就是基于用户对初创互联网企业进行价值评估,因此评估立足点是合理的。评估模型又进一步考虑了互联网企业的特性和企业发展特点,引入了齐普夫定律以及曾李青定律,可以对模型做进一步的完善。综上,提出的评估模型是完全结合初创互联网企业的特点、价值来源提出的,是适用于初创互联网企业价值评估的。

习题

一、填空题

1. 企业_____都是依靠企业以往的数据对公司未来的发展和风险进行估值。初创期互联网企业由于成立时间短,财务系统不健全,因此可供参考的历史财务数据很少。所以,对初创互联网企业价值评估很难基于其_____进行估值研究。

2. 由于目前互联网行业_____较多,也出现了许多新兴商业模式的互联网企业,不同细分领域的互联网企业低,某一细分领域的互联网企业数量可能也较少。

3. 初创互联网企业在这个阶段往往还未形成稳定的_____,会随着市场的变化以及用户需求的变化不断做出调整。目前_____的渗透,就是考验各企业在新平台下根据用户需求的变化而_____的能力。

4. 初创互联网企业规模比较小,很难参考相关行业上市公司的_____去确定市盈率的合适范围,投资者往往是根据实际的_____去判断。

二、判断题

1. 梅特卡夫定律(Metcalfe's Law)与马太效应、摩尔定律共同被称为网络世界三大原则。(　　)

2. 互联网企业主要在真实世界开展业务,几乎所有的互联网企业都会注重用户流量,用户数对互联网企业的价值产生重要影响。(　　)

3. 梅特卡夫定律存在的不足之处:该定律认为在一个网络中,所有节点相连接的价值都是不相等的,每个节点给网络带来的价值是不一样的。(　　)

4. 国泰君安互联网估值模型中提出的溢价因子是由马太效应产生的,而马太效应则是由企业市场占有率等因素综合决定的。(　　)

三、简答题

1. 什么是互联网企业?互联网企业的定义是什么?

2. 简述互联企业的盈利模式和商业模式分别有哪几种。

3. 简述企业的生命周期是谁提出来的、分为哪一个阶段。

4. 初创互联网企业有哪些特征?

第14章

互联网企业并购

14.1 互联网企业并购概述

互联网是人类智慧的结晶、20世纪的重大科技发明、当代先进生产力的重要标志。互联网深刻影响着世界政治、经济、文化和社会的发展,促进了社会生产生活和信息传播的变革。

我国政府充分认识到互联网对加快国民经济发展、推动科学技术进步和加速社会服务信息化进程有着不可替代的作用,高度重视并积极促进互联网的发展与应用。政府把发展互联网作为推进国家信息化建设、实现经济社会科学发展、提高科技创新能力和人们生活质量的重要手段;积极营造有利于互联网发展的政策、法规和市场环境;通过完善国家信息网络基础设施、建设国家重点信息网络工程、鼓励相关科技研发、大力培养信息技术人才、培育多元化信息通信服务市场主体等举措,不断推动我国互联网持续健康快速发展,满足人们日益增长的信息消费需求。当前,互联网媒体已经成为我国经济社会运行的重要基础设施和影响巨大的新型媒体,促进了我国社会文明进步和人民生活水平的提高。随着互联网迅速普及,用户越来越依赖于网络购物和其他网络消费的生活模式,我国的网络市场和电子商务的发展前景与潜力都拥有巨大的空间,这不仅引来越来越多国际投资者对我国互联网新兴创业公司的关注和投资,也为互联网企业商业模式的研究提供了很好的实证研究基础。

商业模式的明确是互联网企业发展的源动力,是企业盈利的基础。我国互联网创业公司的发展最初多以模仿美国相关企业为主流,尤其在商业模式的发展和选择上,国内的很多互联网创新公司还处在复制和探索的阶段,尚未形成自己独创的商业模式和盈利模式;个别依靠自己独有商业模式及创新和核心竞争力先期发展的互联网企业,如阿里巴巴、腾讯等公司,已在业内成为具有一定垄断实力的国内网络企业。这也说明,懂得抓住市场先机、拥有自身难以复制的商业模式和创新竞争力的互联网公司,终会在网络的激烈角逐中胜出。我国网民的互联网应用已经明显呈现出多元化、理性化、实用化的趋势,从本质上改变我们的生活方式和概念。

14.2 并购商业模式与创新发展现状

14.2.1 并购商业模式

倘若能寻找到提升客户体验价值的途径,也就形成了商业模式创新的原型。商业模式创新分为客户价值主张、资源与生产过程、盈利模式三个要素。以独特的客户价值主张、资源与生产过程和盈利模式为特征的、完全与众不同的模式,才称得上是真正的、改变竞争格局的商业模式创新。商业模式创新是向市场引进一个强大的新商业模式,创新的商业模式可以是全新的,即彻头彻尾的新模式,也可以是渐进式更新的。不论属于哪一种,都是通过改变竞争的基础重塑市场。如果加以正确应用,可以把传统模式的竞争对手驱出竞争的舞台。2008年孔翰宁、张维迎等指出,当今企业商业模式的创新比以往任何时代都需要实现伟大的转变:从以往单纯针对产品创新,转到针对消费者的创新;从产品驱动型的商业模式创新,转到服务与解决方案驱动型的商业模式创新。价值链、资源能力、价值网络、收入模式、产品或服务创新是商业模式创新的五种路径。

商业模式创新是使企业通过差异化获得竞争优势的一种战略或新方法。互联网商业模式创新的含义是:基于互联网平台及服务的商业模式创新,以独特的客户价值主张、盈利模式、资源与生产过程为特征,变革企业内部架构和运作机制,带来产品、服务或技术的升级换代,可改变价值链关联和竞争的基础,并重塑市场格局的创新行为。

14.2.2 创新发展现状

互联网企业经典的商业模式,以 Google、百度为代表的搜索引擎,以 Amazon、淘宝、当当等为代表的电子商务网站,以雅虎、新浪、网易、搜狐为代表的门户,以腾讯 QQ、微信为代表的即时通信,以盛大网络等为代表的网络游戏公司等经过了多年的演变,已经逐渐明确了自己的商业模式。当前我国网民的互联网应用主要呈现出以下几个特点。

(1) 即时通信使用率增加,提升为第二大应用。

(2) 微博应用爆发,用户数量增长率超 200%。

(3) 商务应用稳步发展,团购使用率快速上升。

(4) 娱乐应用热度继续回落,用户规模依然庞大。

互联网企业经典的商业模式及其创新,有以下分类。

(1) 搜索模式。代表公司有百度、Google 及众多垂直搜索网站。单一搜索门户所采用的竞价排名商业模式,很容易影响搜索结果的客观性,造成用户的忠诚度下降。百度已因此屡受质疑,而如何识别无效单击或欺骗性单击的技术,也是竞价排名搜索模式需要解决的问题。

(2) 社会网络服务模式。代表公司有 Facebook、My Space 等。社会网络服务为企业的定向营销活动提供了便利,企业可以在这类网站中对指定的用户群体展示其相对于其他的网络广告而言更具有针对性的广告。使用社会网络服务的特殊价值还在于,可创建网站、网络电台、网络电视频道、社会网络、工作流等。

　　（3）微博客模式。代表公司有 Twitter、微博等。微博具有原创性、便捷性、媒体特质等，其平台潜藏可与各种模式合作的商机。活动营销、植入式广告、客户服务的新平台、品牌宣传等微博营销模式，已经使不少大企业身受其益。

　　（4）团购模式。代表公司有 Groupon、美团网等。团购作为一种新兴的电子商务模式，通过消费者自行组团、专业团购网站、商家组织团购三角构架的商业模式，提升用户与商家的议价能力，并极大程度地获得商品让利，引起消费者及业内厂商、甚至是资本市场关注。该模式的难题是，产品质量和服务、团购售后服务难以掌控，影响用户体验。

　　（5）基于位置服务（LBS）模式。代表公司有 Foursquare、多乐趣等，Facebook 和 Twitter 也推出相关地理位置服务。LBS 的创新包括：基于地理位置的搜索服务、基于地理位置的游戏服务、基于地理位置的即时信息推送等。LBS 模式具有各类潜在商家资源支持、智能手机数量支持、收费模式合理化、与 SNS 网站无缝结合的优势。

　　（6）网络视频模式。代表公司有 You Tube、优酷网、土豆网等。随着未来网民的个人价值观和网络行为特征日趋复杂化和多样化，网民的视频消费结构也将呈现多元化的特点。消费需求结构的多元化将驱动我国网络视频市场竞争格局向追求规模和追求差异化两个方向发展。

　　（7）B2B 电子商务模式。代表公司有阿里巴巴、慧聪、环球资源、网盛科技等。该模式的难题为，我国电子商务整体环境始终困扰着 B2B 电子商务模式的发展，信用管理、网络安全问题也同样突出，且国内的金融体系、市场成熟度等大环境还有待完善。

　　（8）C2C 电子商务模式。代表公司有 eBay、淘宝网等。该模式的难题是，个人诚信和社会诚信问题、网络支付的安全性等。

　　（9）B2C 电子商务模式。代表公司有 Amazon、当当网等。B2C 是我国电子商务最先兴起的商业模式，从目前的情况看，B2C 电子商务已经在我国形成了一定的市场规模。网络购物和拍卖市场仍以北美地区规模最大且发展较为成熟，但成长已趋缓；我国地区成长潜力最高，但资金、物流问题仍待解决。

　　（10）网络门户模式。代表公司有雅虎、新浪、搜狐、网易等。门户网站模式是互联网最早的商业模式，也最成功。从目前来看，在线广告一直是门户网站的盈利主体，基本占门户网站利润的 50% 以上。除此之外，移动增值业务也在门户网站的收入中占相当大的份额。

　　（11）网络游戏模式。代表公司有盛大公司、网易等。无论收费还是免费，如何依靠好的游戏产品和服务内容，在市场上长期立足，是该模式的难题。

14.3　并购分析及其最新发展趋势

14.3.1　产业互联网

　　关于移动互联网的界定，从网络角度来看，移动互联网是指以宽带 IP 为技术核心，可同时提供语音、数据、多媒体等业务服务的开放式基础电信网络；从用户行为角度来看，移动互联网是指采用移动终端通过移动通信网络访问互联网并使用互联网业务。移动互联网具有移动性、个性化、便利性等特点。我国的移动互联网发展快，多领域、多厂商已经关注到了移动互联网所蕴含的商机和潜在而巨大的市场空间。20年来,互联网的主流商业模式经历了几个不同的阶段,从门户、搜索引擎、网购游戏到电商、社交、视频,其本质是围绕人类的线上消费而建立的,或许是商品性消费,或许是服务性消费,如电商直接卖产品,视频、门户等卖流量,游戏、社交等对用户注意力的售卖,其核心离不开一个"卖"字,流量是一切商业模式的基础,我们把这种直接为人类提供产品或者服务的互联网商业模式称为消费互联网时代,其归根结底是一种"眼球经济",局限于线上的消费经济。这种互联网类型具备较强的媒体属性和无可比拟的变现能力,通过信息来获得流量,通过流量变现来盈利,形成了完整的产业链条,并从中诞生多个互联网巨头如百度、阿里巴巴和腾讯,它们已经与生产、流通、消费、资本等相关领域深刻融合,渗透到各个垂直行业,满足消费者在互联网上的消费需求,代表了消费互联网的顶峰状态。我国互联网将逐步由消费互联网迈入产业互联网时代,这将成为目前互联网发展最主要趋势。虽然近年互联网异常火爆,融资额非常巨大,成为所有产业中的明星产业,但国家实体产业的发展,仅仅依靠一些消费互联网级别的东西是不够的,从根本上讲,传统产业仍然是社会经济的支柱,经济模式也非常稳定成熟,互联网必须有一些产业级别的东西,即必须在实体产业发展的过程中起到作用,深入第一、第二产业的价值创造环节,对传统产业的转型升级起到重大推动作用,我们称之产业互联网时代。这样不但能帮助互联网向产业纵深发展,消除泡沫,安全落地,更重要的是通过"互联网+传统企业"的产业互联网模式,互联网逐渐从C端(个人)市场转向B端(企业)市场渗透,产生不局限于流量的更高价值的产业形态。

借助互联网,产业的发展回归直接经济时代,根据我国互联网经济理论的重要奠基人姜奇平先生提出的"直接经济"的概念,认为"信息社会的生产方式是一种直接生产方式,价值主要从生产与消费之间物质性中间环节相对减少和物质流转路径相对缩短中产生,价值来源于生产与消费环节的融合"。将我国的经济发展形态分为以下几个阶段:农业经济时代(直接经济)、工业经济时代(迂回经济)、互联网时代(半迂回经济)、直接经济时代(直接经济),互联网缩短经济中的渠道、销售、物流等诸多环节,拉直了工业经济。从消费互联网到产业互联网,互联网不是简单的改变信息的售卖类型,而是改造整个产业链条。

14.3.2　并购动因

对企业并购动因的研究,是国内外学者研究的一个重点。国外学者多从实证的角度研究了并购动因,Jason和HMeekling从管理者的角度出发,综合代理理论、产权理论和金融理论的要素,提出了企业所有权和经营权的分离导致代理问题产生,管理人员认为别人的钱比自己的钱还好,因此很有可能因为自己想建立商业帝国的野心而促使公司进行大量并购。Roll也因此提出了"管理者过度自信假说",认为管理人员更多关注着的是被收购公司的潜在价值,即使估值过高也会采取并购手段,而忽视并购当下带来的负面作用。Shleifer and Vishny也认为管理人员为降低被替代的可能性,会通过特定的投资来巩固自己的地位。Ulrike等研究显示,管理人员过度自信可以解释企业财务政策的变化,这一变化体现在债务保守主义和啄食秩序行为。Arrow则认为,企业应通过合并销售网点和职能部门来降低横向兼并成本,通过降低谈判成本和交易费用来达到降低纵向兼并成本的目的,从而实现规模经济。这是从成本和收益的角度研究企业并购问题的典型代表。也有学者从纯市场的角度提出了对企业并购动因的看法，Comanor 运用市场势力理论研究指出，公司可通过并购控制产业链上下游的关键环节，减少竞争对手的数量，以扩大市场，增加长期且稳定的获利机会，达到获得超额垄断利润的目的。

14.3.3 并购风险

美国经济学家 Frank Knight 在《风险、不确定性与利润》一书中对风险进行了阐释，认为风险是可以量化分析的不确定性，现实风险和潜在风险都可以利用科学的数理统计方法进行分析、计量和测定。Frank Knight 提出的这一观点，表明了风险是可以量化测量和评估的，国外学者对并购风险的研究起步较早，在此研究领域形成了基本的体系，研究集中在并购风险的内涵、成因以及防范手段三个方面。Healy 给出了并购风险的定义，认为企业风险指企业并购失败、市场价值降低及管理成本上升，并购后企业市场价值遭到侵蚀的可能性等。Robert 认为企业并购风险产生的可能性在于两点：一是并购后双方并不能很好地适应新的组织，二是并购方的整合并没有发挥出应有的效应。Charman 的研究指出：因为战略规划不足、人力资源专家引入的时间太晚、人力资源专家在专业度和全球经验方面技能的缺失，导致75%的并购在实施阶段都存在着失败的风险。在此基础上，也有学者得出了"管理者的过度自信、对目标公司预估不足、缺乏有效的整合、战略执行不到位"等均会引起不同程度风险的结论。总的来看，学者们认为并购风险的成因非常复杂，并不是由单一因素决定的，例如缺乏战略导向的并购思维，过多的关注短期收益，并购后整合措施乏力及政府法规不健全、市场变化等都是导致企业并购风险产生的原因。国内学者大多关注企业并购动因和并购绩效的研究，对企业并购风险的研究起步较晚，是一个薄弱环节。许子枋将企业兼并看作一种高级企业行为，基于战略管理的视角，以企业竞争力的变化为主线全面分析了企业的并购风险。王宛秋、张永安总结了企业并购中可能面临的战略、信息、法律等重大风险，然后从五大层面针对性地提出了风险的应对策略。李慧认为，并购风险产生的原因无外乎这六种：并购环境不成熟、目标公司选择不准确、并购价格过高、并购方式欠妥、并购整合效果欠佳及并购方实力不强。

14.3.4 互联网最新趋势

对于互联网巨头而言，一切的并购都是为了布局或者卡位的需要，归根到底是看到了我国互联网未来的发展趋势，以做好机会来临前的准备，阿里巴巴也不例外。通过对阿里巴巴近年并购案例的梳理和研究发现，我国互联网企业未来或将呈现出以下趋势。

1. 商业模式多元化

管道模式、围墙模式、渠道模式是目前移动互联网产业链上的主要商业模式创新形式。管道模式是指运营商只做网络接入提供商，不参与价值链上的其他环节；围墙模式是指运营商独占移动互联网产业价值链上的所有环节，一家通吃网络、运营业务平台和内容提供；

渠道模式是指运营商部分参与移动互联网产业价值链上的一些环节,如独占网络接入环节,内容部分主要是通过与众多内容提供商合作。在与商业模式密切相关的收费方式上,互联网企业并购呈现出前向收费、后向收费、广告收费、包月收费等多元化形态。

2. 业务类型长尾化

业务类型长尾化是互联网,特别是移动互联网业务使用过程中的显著特征。移动互联网的业务具有多样化、个性化、种类繁多的特征,手机作为用户的私密终端,更能够有效地反映出用户的个性化需求。随着手机浏览器功能的强化,移动互联网用户的 Web 浏览习惯逐步与传统 PC 浏览习惯靠拢,呈现出"长尾化"趋势。

3. 业务产品融合化

融合是整个信息产业发展的趋势,移动互联网的发展本身就是融合的最好例证。从宏观层面来看,移动互联网本身就是移动通信与传统互联网的融合;从微观层面来看,移动互联网的网络特别是接入网络是多种无线技术的融合;从终端技术来看,支撑移动互联网的智能手机也呈现出融合的特征:手机除了电话功能外,还集成了摄像机、播放器、传感器、RFID 等功能;在业务能力层面,基于移动通信网络和互联网的数据融合和应用融合创造出众多的创新业务和新型产品,大大推动了移动互联网的发展。

综上所述,在开放的移动互联网市场环境中,由于业务的供给者极大地增加,各种低价、免费产品大量涌现,厂商固有的粗放的盈利模式难以为继,促成了盈利模式的转型。从收费的对象来看,大众用户更加期待免费应用,在未来激烈的移动互联竞争领域,厂商对大众用户免费是大趋势,因此针对收费对象的创新是移动互联网盈利模式变化的重要方向。我国的移动互联网还具有商业模式不成熟、业务创新能力需加强、终端性能和标准化不足、无线上网资费较高等问题和挑战。所以我们要加快网络升级、提升用户体验、探索品牌营销、加强资费吸引力(资费以流量包月为主)、加强产业链合作,实现共赢、入股收购兼并、拓展产品市场等策略。创新工厂创始人李开复先生认为,我国互联网无疑将在使用、移动性、货币化、电子商务上实现增长,且都会比美国市场快。移动 Web 结合国内各种互联网盈利模式和平台,如电子商务、网络付费等,可以利用较高的起点和效率打造我国移动互联网产业。

14.4　政策及其发展思考

14.4.1　政策思考

互联网的高速发展,从经济、政治、人文、金融、教育等各层面逐渐改变了一个社会、国家,乃至全球的格局,也改变了人们的生活方式和工作模式。结合中美互联网企业商业模式创新的比较研究,给予以下宏观政策建议。

(1) 助力风险投资、天使投资和私募基金,加强国际资本合作。

(2) 走出去和引进来战略:支持网上支付业务在全球联通及发展,使商家和消费者全球交易无障碍。

（3）支持个体在互联网领域的创新创业，鼓励国内互联网创新创业企业融资上市。

（4）提高对互联网领域相关理论水平、加大学术研究扶持力度。鼓励国际互联网商业或技术项目合作、学术交流合作。

（5）加强对网络信用安全、网络法律法规和知识产权监督的体制建设。尽快完善网络法律法规及相关制约政策。

（6）加强对互联网相关金融、经济和管理等专业人才的培养，加强人才开掘及应用。

（7）提高在海外上市互联网公司的价值创造、回馈社会的意识，即为我国市场和网民创造更多价值的理念。

14.4.2 发展思考

给予所有互联网企业、尤以互联网 SNS 网站为典型代表的发展建议如下。

（1）互联网企业要把握好以用户、市场、企业运营资源和盈利模式为主导的竞争战略大方向；对用户规模、市场规模、无形资产、现金流的打造、运作和应用，要依据自身条件设定适合网站发展的商业模式和发展策略。

（2）国内互联网企业要借鉴和学习国外网站的发展模式及经验，重视市场增长率、用户关系、企业核心活动、产品及服务的提升和促进。不能单纯依靠复制国外互联网企业的商业模式及其创新，而需依据本土化环境和我国网络用户的特性和消费习惯，在网络企业微创新的基础上进行更深层次商业模式创新的探索，即寻求改变行业规则和竞争格局，或得以带来重新制订行业标准的创新。

（3）积极拓展合作伙伴，重视开发市场需求和市场潜量，了解用户消费动机、用户功能需求，发展互联网用户规模和关键技术，提高网站流量，重视企业发展战略、新产品开发、客户潜在价值、擅长融资，结合 SNS 与电子商务寻求新的商业模式，这些三级指标所凸显的也是影响互联网企业竞争生存及其商业模式创新的重要因素。

习题

一、填空题

1. 商业模式创新三要素为_____、_____、_____。

2. 商业模式创新路径有_____、_____、_____、_____、_____。

3. 移动互联网特点有_____、_____。

4. _____、_____、_____是目前移动互联网产业链上的主要商业模式创新形式。

5. 互联网是作为_____、_____、_____的重要手段。

二、判断题

1. 移动互联网的业务具有多样化、个性化、种类繁多的特征。（   ）

2. 社会网络服务模式具有原创性、便捷性、媒体特质等，潜藏与各种模式合作的商机。（   ）

3. 互联网二代是即时的、人人参与、移动的时代。（　　　）

4. 创新的商业模式必须是全新的。（　　　）

5. 商业模式的明确是互联网企业发展的源动力,是企业盈利的基础。（　　　）

三、简答题

1. 我国网民的互联网应用主要特点有哪些?

2. 简述我国互联网企业未来或将呈现的趋势?

第15章

互联网企业运行效率

互联网产业的发展对于我国实体经济的发展起到了长足的推动作用。我国互联网产业目前还处于边探索边发展阶段，互联网企业之间还普遍存在盲目竞争，尤其是片面追求规模的扩大，运营效率较低的问题，相当多的企业经济效益下降，造成了大量资源的浪费，所以对不同类型互联网企业的运营效率进行评价，不仅可以帮助管理者发现问题与不足，还可以引导投资者的投资行为，改善其经营管理方式，从而提升企业的综合竞争力。

15.1 运营效率评价的内涵

运营效率是企业发展的关键因素和核心竞争力。任何企业要提高管理能力，都要对自身的运营效率进行有效的、科学的、客观的和全面的评价。这样不仅能使各个企业及时发现自身在管理中存在的问题，而且能更好地把握企业运作，从而使整体运营效率持续改进的能力得到整体提高。企业运营效率的评价是指围绕着企业的运营，对整个企业的运营状况及各环节之间的营运关系等问题进行事前、事中和事后分析与评价。它是企业自身总结经验、改进管理、优化决策及提高效率的重要环节，对企业的决策有非常重要的意义。

通过对管理学权威期刊研究发现，现有的对运营效率的评价都是通过对投入产出效益的评价来进行的，而投入产出的过程大多数是以资源的获得、使用和产出过程为基础。因此，企业运营效率评价又可定义为以企业资源使用并获得产出的全过程为考察对象，对企业资源配置的有效性和运用资源的能力进行的一种评价过程。

对企业运营效率评价的研究主要从两个方面展开：①企业运营效率评价指标体系的构建；②企业运营效率评价方法的选择。

15.2 运营效率的分析

目前国内学术界对互联网企业运营效率的研究不多。下面将针对互联网企业的特征构建互联网企业的指标体系,通过数据包络分析方法(Data Envelopment Analysis,DEA)和三阶段 DEA 法建立模型对互联网企业的总体效率进行评价。通过将互联网企业分为相互独立又相互依存两种不同类型,分别从横向和纵向两方面,对互联网企业运营的相对效率进行探讨,建立互联网企业博弈模型提供影响供需关系的各项指标,使建立的模型更加贴近现实。

数据包络分析方法是交叉研究管理科学、运筹学和数理经济学的一个新领域。它是以 W 线性规划方法为基础,根据每个单元的多项投入指标和多项产出指标数据,来评价具有可比性的同类型单元的有效性的一种数量分析方法。1978 年,美国著名的运筹学家 A.Chames 和 W. W. Cooper 提出了 DEA 方法及其模型,现在该方法在不同行业及部门得到了广泛运用,并且在处理多指标投入和多指标产出问题上具有得天独厚的优势。方法可以用来比较提供相似服务的多个服务单元之间的效率,该方法既不需要计算每项服务的标准成本,也不需要将多种投入和多种产出的货币单位转换为相同的货币单位,所以 DEA 及其结论更具有综合性、信赖性且使用更为简单方便。

为了体现 DEA 方法在进行多投入、多产出的指标综合评价方面的优越性,选取指标时,首先应满足评价的基本要求,也即能够有效地反映决策单元的运营效率;其次要根据 DEA 模型的基本原理和对数据的要求;最后应考虑数据口径的可比性、统一性、数据的可获得性。一般地,决策单元的个数应该尽量大于产出变量与投入变量个数之和的 2 倍,这样可以使投入产出变量内部不会产生线性相关性。对我国互联网企业经营绩效进行评价,应选择与互联网企业密切联系的投入和产出指标,以保证分析结果的可信度。企业的发展首先表现的就是企业规模,企业规模的大小与企业的利润、效率之间有很大的正向关系,我国的互联网企业规模大小不同,而人力投入以及资本投入的多少直接反映了互联网企业的规模。基于上述要求,互联网企业的 DEA 模型中投入变量主要从人力投入和资本投入两方面考虑。在人力投入方面采用的是最能反映人力投入多少的各样本企业的员工总数;在资本投入方面采用企业的管理费用/销售及分销费用、固定资产、经营成本。

为反映互联网企业 2009—2014 年运营效率的时空格局并更好地揭示其运营效率的时空变化模式,下面选取 2009—2014 年 6 个年度,对 27 家互联网上市公司的效率进行动态评价。表 15-1 和表 15-2 给出了 6 年间互联网企业运营效率的空间分布及其变化幅度。

表 15-1 2009—2014 年投入变量冗余均值

年份	X1/万元	X2/人	X3/万元	X4/万元
2009	158.74	57	421.671	0
2010	151.758	40	340.807	0
2011	251.408	34	0	69.303
2012	11935.015	701	7044.379	72924.676
2013	3456.753	538	414.794	49.219
2014	2249	669	812.582	257.092

产出变量的直接体现就是收益,互联网企业规模大小不同,收益也不尽相同,企业的净利润反映了企业扣除一切成本费用及其他开支后的经营成果,是企业绩效的最佳表现。企业的营业收入是企业经营状况的直接反映,它体现的是企业主要业务的收入总额,针对我国互联网企业,选用此指标作为以互联网业务为主要收入的企业的产出变量,具有相当好的代表性。DEA模型在产出变量的选择上,选择各互联网企业的净利润和营业收入这两个变量。

DEA的一个基本功能就是对同类样本间的相对有效性进行评价,尤其是多个同类样本间的评价,所以要选取具有同质性的DMU。我国不同类型互联网企业约有几千家,但是由于对一些小型企业来说数据收集是不可能的,另一方面规模大的互联网企业能代表整个互联网企业的主要特征,因此基于DMU的选择要求,以在我国深交所、上交所上市的互联网企业作为样本,从中挑选了网宿科技、乐视网、顺网科技、拓尔思、三六五网、掌趣科技、人民网、二六五网、大唐电信、海虹控股、中兴通信、生意宝、焦点科技、三五互联、拓维信息、高鸿股份、北绅通信、国脉科技、世纪鼎利、天源迪科、阿里巴巴、腾讯控股、网易、百度、当当网、巨人网络等27家互联网企业作为决策单元来进行实证分析,这27家互联网企业可按经营模式分为几种类型:提供网络接入服务型,提供内容与信息服务型,提供电子商务交易型。根据市场中不同类型互联网企业所占的比例,选取的样本中提供网络接入服务型互联网企业有7家,提供内容与信息服务型互联网企业有17家,提供电子商务交易型互联网企业有3家,样本的选取保证了对每种类型互联网企业的选择都具有代表性。

15.3　运营效率的分类对比

(1) 不同类型互联网企业运营效率截面数据分析。从总体效率来看,2014年27家互联网企业中达到DEA有效的企业分类情况见表15-2。

表15-2　DEA有效的互联网企业分类情况

互联网企业类型	数量	占所选类型比例
内容与信息服务供应商	4	23.53%
通信设备供应商	2	28.57%
电子商务	1	33.33%

7家DEA相对有效的互联网企业中,电子商务类型的互联网企业DEA有效性最高,通信设备供应商类型互联网企业DEA有效性次之,而内容与信息服务供应商类型互联网企业DEA有效性最低。这表明,不同类型互联网企业的投入产出效率有明显差异。

从纯技术效率来看,2014年27家样本互联网企业中纯技术有效的互联网企业共有14家,分类型具体情况见表15-3。

表15-3　纯技术有效的互联网企业分类情况

互联网企业类型	数量	占所选类型比例
内容与信息服务供应商	9	52.94%
通信设备供应商	3	42.86%
电子商务	2	66.67%

从表 15-3 中可看出,大多数电子商务类型互联网企业的纯技术效率处于最佳状态,当投入量既定时,生产活动能获得最大的产出。纯技术无效的 13 家样本互联网企业中,通信设备供应商类型的互联网企业占比最多,说明这一类型互联网企业的生产技术在企业的产出中未得到充分发挥,各种投入没有完全被利用。

从投入产出冗余率看,资产投入冗余额和产出不足额均为 0 的样本互联网企业共有 14 家,具体情况见表 15-4。

表 15-4   资产投入冗余额和产出不足额均为 0 的互联网企业分类情况

互联网企业类型	数量	占所选类型比例
内容与信息服务供应商	9	52.94%
通信设备供应商	3	42.86%
电子商务	2	66.67%

表 15-4 说明电子商务类型互联网企业绝大多数是规模和技术 DEA 相对有效的。在 14 家存在资产投入冗余额或产出不足额的互联网企业中,有 12 家样本互联网企业是属于资产产出不足额。这些企业在不同程度上存在资源投入浪费现象,资源使用成本较高,没有对现有资源进行有效的优化配置。同时,其产出也没有达到最大值。具体分类情况见表 15-5。

表 15-5   资源投入冗余额或产出不足额的互联网企业分类情况

互联网企业类型	数量	占所选类型比例
内容与信息服务供应商	7	41.18%
通信设备供应商	4	57.14%
电子商务	1	33.33%

这说明大多数通信设备供应商类型互联网企业在资源投入方面的效率较低,其产出有待进一步增加。如大唐电信在现有投入不变的情况下,其净利润/税后盈利还可以增加 152 716.27 万元。以属于内容与信息服务供应商类型的互联网企业阿里巴巴公司为例,2014 年如果将其管理/销售及分销费用由原来的 1 038 214.2 万元减少 51 358.274 万元,员工人数由原来的 46 391 人减少 17 717 人,在阿里巴巴公司的产出中,净利润将在 1 224 337.1 万元的基础上再增加 35 727.714 万元。此时,阿里巴巴公司的资源利用和产出率将达到 DEA 有效,综合运营效率可得到进一步提高。

从纯规模效率来看,2014 年 27 家样本互联网企业中纯规模有效的互联网企业共有 7 家,具体情况见表 15-6。

表 15-6   纯规模有效的互联网企业分类情况

互联网企业类型	数量	占所选类型比例
内容与信息服务供应商	4	23.53%
通信设备供应商	2	28.57%
电子商务	1	33.33%

表 15-6 说明内容与信息服务供应商类型的互联网企业规模无效率最多。这一类型互联网企业的投入规模不合理,投入产出没有达到最佳比例。因此,有必要增加或减少一定比例的资产投入。

20 家纯规模无效的样本互联网企业中,规模经济递减的互联网企业有 6 家,具体情况见表 15-7。

表 15-7　规模经济递减的互联网公司分类状况

互联网企业类型	数量	占所选类型比例
内容与信息服务供应商	4	23.53%
通信设备供应商	1	14.29%
电子商务	1	33.33%

表 15-7 说明规模经济递减的电子商务类型互联网企业占比最大。运营类型互联网企业的投入规模已经达到饱和状态,增加投入量不可能带来更多的产出,因此没有必要再增加投入。对于处于规模效益递减状态的互联网企业来说,当务之急是减少资产规模,以来提高投入产出效率。

20 家纯规模无效的样本互联网企业中,纯技术有效的互联网企业共有 7 家,具体情况见表 15-8。其中电子商务类型互联网企业占比最大,说明该类型互联网企业技术的利用率是最高的,其技术转化为产出的比例也是最高的。

表 15-8　纯技术有效、纯规模无效的互联网公司分类情况

公司类型	数量	所占选类型的比例
内容与信息服务供应商	5	18.52%
通信设备供应商	1	14.29%
电子商务	1	33.33%

(2) 不同类型互联网企业运营效率时空格局差异分析。

下面对不同类型互联网企业 2009—2014 年的运营效率进行动态分析,借此揭示六年来不同类型互联网企业效率变化的时空格局及各影响因素。

按照前面关于互联网企业运营效率优、良、中和低 4 种效率区的划分,2009—2014 年效率为优、良、中、低的 4 种所选类型互联网企业所占的比例见表 15-9(用类型 1、类型 2、类型 3 分别表示内容与信息服务供应商,通信设备供应商以及电子商务类型互联网企业)。

表 15-9　2009—2014 年三种类型互联网企业优、良、低效率所占比例

年份		2009 年			2010 年			2011 年		
企业		类型 1	类型 2	类型 3	类型 1	类型 2	类型 3	类型 1	类型 2	类型 3
效率	优秀	29.41%	28.57%	33.33%	41.18%	28.57%	66.67%	52.94%	42.86%	66.67%
	良好	17.65%	0	0	11.76%	14.29%	0	0	0	0
	中等	23.53%	42.86%	33.33%	11.76%	0	0	5.88%	0	0
	低	29.41%	42.86%	33.33%	35.29%	57.14%	33.33%	41.18%	57.14%	33.33%
合计		100%	100%	100%	100%	100%	100%	100%	100%	100%

续表

年份		2012 年			2013 年			2014 年		
企业		类型 1	类型 2	类型 3	类型 1	类型 2	类型 3	类型 1	类型 2	类型 3
效率	优秀	29.41%	0	33.33%	23.53%	28.57%	33.33%	23.53%	28.57%	33.33%
	良好	5.88%	0	0	11.76%	0	33.33%	11.76%	0	33.33%
	中等	23.53%	0	0	23.53%	0	0	5.88%	0	0
	低	41.18%	100%	66.67%	41.18%	71.43%	33.33%	58.82%	71.43%	33.33%
合计		100%	100%	100%	100%	100%	100%	100%	100%	100%

从表 15-9 中 2009—2014 年运营效率变化来看,各类型互联网企业的整体效率变化非常大。2011 年是整体效率变差的转折点,从 2011 年开始互联网企业运营效率的两极分化逐渐拉大,尤其是通信设备供应商类型互联网企业的运营效率下降最快。4 种类型互联网企业的运营效率差异在逐渐扩大,相比较而言电子商务类型互联网企业发展较稳定。

从企业总体效率看,2009—2014 年达 DEA 有效的互联网企业分别为 6 家。其中属于内容与信息服务供应商类型的互联网企业分别占 62.5%、63.64%、64.28%、83.33%、57.14%、57.14%;属于通信设备供应商类型的互联网企业分别占 25%、18.18%、21.43%、0、28.57%、28.57%;属于电子商务类型互联网企业分别占 12.5%、18.18%、14.7%、16.67%、14.29%、14.29%。

按照前面关于互联网企业运营效率的变化幅度划分方法,三种类型互联网企业运营效率的变化幅度情况见表 15-10。

表 15-10　2013—2014 年三种类型互联网企业运营效率变化表

效率类型	显著上升型	缓慢上升型	效率不变型	缓慢下降型	显著下降型	合计
内容与信息服务供应商	1(5.88%)	3(17.65%)	3(17.65%)	7(41.18%)	3(17.65%)	17
通信设备供应商	1(14.29%)	0(0%)	2(28.57%)	2(28.57%)	2(28.57%)	7
电子商务	0(0)	1(33.33%)	0(0%)	1(33.33%)	1(33.33%)	3
合计	2	4	5	10	6	27

由表 15-9 和表 15-10 可看出,2013 年到 2014 年互联网企业运营效率总体下降了 2.8%。显著上升型互联网企业中,有一家内容与信息服务供应商类型的互联网企业从 2013 年的低效率区转为 2014 年的优效率区。显著下降型的互联网企业有 6 家,其中有一家内容与信息服务供应商类型和一家电子商务类型互联网企业从 2013 年的 DEA 有效变成了 2014 年的非 DEA 有效,主要是由于纯规模效率下降引起的。由于显著下降类型的互联网企业比显著上升类型的互联网企业多,从而使得 2014 年互联网企业的整体运营效率呈下降趋势。

15.4　运营决策建议

本节总结我国互联网企业发展的规律,为政府监管部门的监管和扶持政策的出台起到了科学的论证,根据实证分析和案例研究得到的结论,提出以下对策建议。

1. 加强互联网企业核心能力的开发和利用

通过实证分析,发现互联网企业的人力资本、网站运营能力和融资能力是影响互联网企业绩效的三个关键要素。并且根据统计分析结果发现:

(1) 领导能力对互联网企业绩效的贡献最大,而员工才能和人才开发能力对互联网企业绩效的贡献相对较小。这是因为互联网企业的核心竞争力是具有独特创意的商业模式,所以对于互联网企业领导层的战略定制和变革管理能力要求很高,必须要带领员工在瞬息万变的外部环境中寻找机会,开拓自己的市场;而相对于领导能力而言,员工才能和人才开发能力对于互联网企业绩效的贡献就不太高,因为员工才能以及人才开发能力属于运营层面,在互联网企业战略方向定好之后。只要互联网企业领导层的战略方向把握好,再通过开发和利用员工的才能,互联网企业绩效肯定会有显著的提升。

(2) 能力对互联网企业绩效的贡献最大,而战略灵活性和信任建立能力对互联网企业绩效的贡献相对较小。互联网企业的能力是必不可少的,因为在互联网上提供服务处理信息以及保证这些信息与活动的安全,必然需要信息技术的强有力支持,而战略灵活性保证了互联网企业能够在动态变化的环境中灵活使用资源,调整战略方向,集中优势发展目标市场,因此至关重要。另外,在互联网上建立起服务提供者和使用者交易双方的信任,对于提升网站的信誉,吸引住更多的客户流量也是尤为重要的。

(3) 融资能力对互联网企业绩效的贡献也很大。由于互联网企业商业模式的形成需要较长的一段时期,大多数的互联网企业是通过网站吸引流量,再到产生收入,最后才能实现稳定的现金流。因此,在网站初期只有靠外部融资来维持企业的运营。作为一个风险投资者,当他在面对一个互联网投资项目时,由于项目本身的高风险性,他必须要寻找一些指标来验证这些风险是可控的,收益波动率、盈利能力和成长潜力这些因素作为评价一个互联网投资项目的关键指标,只有收益波动率较低、企业的盈利能力可观以及具有较大的成长潜力时,该项目才是值得投资的。

因此,国内互联网企业在发展过程中要重视人力资本、网站运营能力和融资能力这三个核心能力,不断通过培训和招聘提升员工的能力和素质,并且通过明确企业文化来规范和约束员工行为,企业的领导层应该具备丰富的互联网行业经验,时刻把握住互联网行业的发展趋势,能够将企业的资源根据外部环境的变化进行灵活地调整。另外,互联网企业的发展离不开资本市场的扶持,因此,企业应该跟国内外有实力的风险投资者建立起良好的社会网络关系,为今后开拓新兴市场提供必要的资金保证。

2. 抓住外部环境的变化为互联网企业带来的历史机遇

通过统计分析结果,发现环境动态性对于互联网企业人力资本、互联网企业网站运营能力与互联网企业融资能力同互联网企业绩效关系的调节效应成立。即市场动态性与领导能力、员工才能、战略灵活性、融资能力这些变量的交互效应是显著的,而对人才开发能力、信任建立能力这两个维度没有调节效应;技术动态性与领导能力、员工才能、战略灵活性这个维度的交互效应是显著的,而对人才开发能力、信任建立能力和融资能力这三个维度没有调节效应。根据这些研究结论,互联网企业在保持提升领导能力和员工才能这些具体技能和知识的同时,关注人才开发能力,通过建立起良好的企业文化和公司章程保证员工的知识和能力能够最大效用地为企业服务。另外,在互联网企业的实际运营过程中,务必要坚持自主创新,提升自己的能力,制定灵活的战略应对来自市场和技术方面的变化,抓住其中的机遇,开拓新市场,提高自己的市场占有率,关注网站的品牌效用和诚信建设,这是任何一个网站运营的基本要求,只有加强网站品牌和客户信任感的建设,才能增加网站的流量以及人气,才有可能带来收入和现金流。最后,如果互联网企业处于初创期或者快速发展期,务必要重视外部投资者的资本投入,并且多从投资方的角度进行考虑,不仅从投资方手中获得必要的资金支持,也可以引入战略投资者把握企业发展的重大战略方向。

习题

一、选择题

1. 对不同类型互联网企业的运营效率进行评价,可以(　　)。
   - A. 帮助管理者发现问题与不足　　　　B. 引导投资者的投资行为
   - C. 比较不同类型互联网企业的优劣　　D. 改善其经营管理方式
2. 对企业运营效率评价的研究主要从(　　)两个方面展开。
   - A. 企业运营效率评价指标体系的构建　B. 企业运营效率数据收集
   - C. 企业运营效率评价方法的选择　　　D. 企业运营效率评价工具的选择
3. 下面不属于互联网公司的是(　　)。
   - A. 内容与信息服务供应商　　　　　　B. 通信设备供应商
   - C. ERP 系统开发公司　　　　　　　　D. 电子商务

二、判断题

1. 领导能力对互联网企业绩效的贡献最大,而员工才能和人才开发能力对互联网企业绩效的贡献相对较小。(　　)
2. 能力对互联网企业绩效的贡献最大,而战略灵活性和信任建立能力对互联网企业绩效的贡献相对较小。(　　)
3. 融资能力对互联网企业绩效的贡献不是很大。(　　)

三、简答题

1. 本书为政府监管部门的监管和扶持政策的出台进行了科学的论证,根据实证分析和案例研究得出了结论,提出了哪些对策建议?
2. 什么是数据包络分析方法?

第16章

互联网企业市场支配地位

16.1　滥用市场支配地位概念

与传统企业不同,互联网企业是一种技术密集型的轻资产企业,在商品经营过程中具有显著的规模效应、网络效应和双边市场效应。因而,在开展互联网企业滥用市场支配地位的法规研究之前,首先需要了解互联网企业滥用市场支配地位的内涵及其对经济社会发展造成的影响。从字面上解读,互联网企业滥用市场支配地位是指互联网企业过度使用或不合理使用市场支配地位的行为。在反垄断法规语境中,互联网企业滥用市场支配地位是一个较为复杂的法律概念,具体包含以下三个层面的内容。

(1) 构成滥用市场支配地位需要清晰界定互联网相关市场的范畴。

(2) 构成滥用市场支配地位需要准确认定互联网企业的市场支配力量。

(3) 构成滥用市场支配地位需要准确认定互联网企业滥用了市场支配力量,这就需要考察互联网企业在相关市场上实施的市场支配地位行为是否对经济社会发展造成实质性损害。

如果互联网企业的市场支配地位行为能够促进经济繁荣、社会进步,则可以认定该行为不构成反垄断法语境中的滥用支配地位行为。

以上是互联网企业滥用市场支配地位的概念介绍,接下来,简要分析互联网企业滥用市场支配地位行为产生的危害。

(1) 互联网企业的滥用支配地位行为将会限制或排除市场竞争、扰乱市场秩序。

(2) 互联网企业的滥用支配地位行为将会阻碍包括自己在内的所有同类经营者的产品创新、技术创新、企业组织创新、市场创新、资源配置效率创新。

(3) 互联网企业的滥用支配地位行为将会限制要素自由流动、推高交易成本、降低资源配置效率。互联网企业利用市场控制力量,若设置了有碍于商品自由交易的经营制度,这将会导致商品的流动性枯竭,增加经营者和消费者的交易成本,如搜索成本、信息成本及议价成本等,进而影响到经济运行效率和资源配置效率。

(4)互联网企业的滥用支配地位行为将会降低整个社会的福利水平,损害到相关经营者和消费者的福利水平。

综上所述,在互联网相关市场上,互联网企业的市场支配地位行为对市场竞争、创新能力、资源配置效率及社会福利已造成实质性损害,即可认定互联网企业滥用市场支配地位。考虑到以软件及服务为代表的互联网商品具有浓厚的科学技术成分、没有固定外形,再加上互联网企业的商品创新和经营模式创新层出不穷,因而互联网企业滥用支配地位具有较强的隐蔽性,而且还具有一定的正当性,因为规模效应、网络效应和双边市场效应能为其行为提供合理的解释依据。故而,互联网企业实施的市场支配地位行为是否具有社会危害性,需要客观准确地分析和评价,避免发生滥用市场支配地位的认定错误,阻碍我国互联网行业的繁荣发展。

16.2 滥用市场支配地位的法规基础

互联网企业滥用市场支配地位,既是经济现象又是法律现象,随着网络现代化程度加深,两种现象有深度融合之势。透过现象探求本质,需要有成熟理论作为支撑,这样的研究结论才会更科学和更准确。按照法经济学理论的判断,哪个市场竞争激烈,哪个市场充满效率,因而考察互联网企业的市场支配行为是否违规的重要标准是经济效益。

16.2.1 反垄断法规理论

1. 政府规制之于反垄断法规理论

政府规制是指政府为了实现社会公共利益最大化,确立市场竞争秩序,促进市场经济健康发展,依据法律、法规纠正市场失灵,以行政、法律和经济等手段限制和规范市场中特定市场主体行为而采取的国家干预措施。政府规制的法律特征:

(1)政府规制主体。政府规制是政府采取的干预措施。

(2)政府规制对象。政府规制一般分为经济性规制、社会性规制和反垄断法规制三类,除了经济性规制的对象是特定的行业或企业外,后两类的规制对象是不特定的市场主体。

(3)政府规制目的。政府规制目的在于克服市场失灵,保护、恢复和促进正常、有效、公平的市场竞争秩序,弥补市场的功能性缺陷,促进市场功能的正常发挥等。

(4)政府规制功能。由于政府规制可以分为事前规制和事后规制,前者可以防止危害市场后果的出现,后者有救济功能,对已经发生危害后果的,给予民事、刑事和行政救济,恢复遭到破坏的市场秩序。

2. 反垄断法规之于政府规制的特殊性

公共规制分为直接规制和间接规制,按照规制的内容又将直接规制分为经济性规制和社会性规制,间接规制指反垄断规制。经济性规制、社会性规制与反垄断规制都属于政府规制,是政府为应对市场失灵的制度安排。直接规制指的是由政府部门以认可或许可等手段直接介入经济主体决策而实施的政府干预。间接规制指的是政府不直接介入经济主体的决策,而是根据反垄断法等法律制度对阻碍市场机制发挥职能作用的垄断行为、不正当竞争行为等实行间接制约,以维护公平的市场竞争秩序。反垄断法规之于政府规制的特殊性集中体现于作为间接规制手段的反垄断法规制与经济性规制和社会性规制两类直接规制的区别。主要体现在规制内容不同、规制性质不同和规制机构不同。

16.2.2　有关竞争的法规理论

依据竞争激烈程度,法经济学理论把竞争划分为四种类型:完全竞争、垄断竞争、寡头垄断和完全垄断,它们的经济效率依次递减。为简化分析,后三种竞争称为不完全竞争。与传统的工业和农业不同,互联网经济具有显著的规模效应和外部效应,互联网企业在完全竞争和不完全竞争环境中,是促进了还是阻碍了经济运行效率,需要从互联网经济角度做出合理的解释和分析。

1) 完全竞争

完全竞争又称为纯粹竞争,是指在市场可选择和可替代的同类商品非常多,需求者可以自由选择不同的供给者。各国经济发展进程已经证明了,接近于完全竞争的市场能促进经济增长,能提供充裕的物质文化商品满足人们的需求。

2) 不完全竞争

不完全竞争可分为完全垄断、寡头垄断和垄断竞争三种类型,每种市场竞争状况将对市场结构、企业行为、经营绩效产生不同的影响,也将面临不同的反垄断规制。

16.3　滥用价格行为的法规研究

反垄断法规的目标均包括限制违法垄断行为,促进市场竞争,提升资源配置效率,增进社会福利。价格竞争机制是市场经济运行的基础,也是实现资源有效配置的方式。换言之,商品价格是一种敏感的显性信息,既反映企业经营状况的变化,又反映整个市场结构的调整。故而在市场交易中,商品价格受到消费者、相关经营者以及政府监管部门的广泛关注。在相关市场内占据支配地位的互联网企业,通常利用不正当价格手段谋取超额利润或排挤其他经营者,扰乱市场竞争秩序。

依据滥用市场支配地位行为是否与商品价格有关,又考虑到反垄断执法实践的需要,可将互联网企业滥用行为划分为滥用价格行为、滥用非价格行为。

16.3.1　滥用价格行为的认定

占据市场支配地位本身不是违法行为,只有滥用了市场支配地位才是违法行为,并将受到反垄断法的规制和处罚。滥用市场支配地位是指超出合理范围、过度使用所控制的市场力量,破坏了市场竞争秩序、损害到消费者和其他经营者的合法利益,降低了整个社会的福利水平。本节依据中国《反垄断法》第十七条第一款的规定和《反价格垄断规定》的相关内容,详细论述了如何认定互联网企业的滥用价格行为。

1. 垄断定价行为的认定

垄断定价是指垄断企业在销售商品或购买商品时,凭借垄断地位所采取的旨在保证利益最大化的定价行为。垄断可分为经济性垄断和行政性垄断,在取得市场垄断地位后,若企业实施垄断定价,只要不能合理解释垄断定价行为,不论企业是经济性垄断还是行政性垄断,都将面临价格反垄断制裁。在认定滥用垄断定价行为时,需要考察以下几方面的因素。

(1) 以不公平的高价出售商品时,该价格是否显著高于其他同类经营者的售价,或者提价幅度是否显著超越自身平均成本增长幅度。如果平均成本基本稳定,企业提价幅度显著超越正常的涨价幅度,它就有可能被认定具有垄断定价行为。

(2) 以不公平的低价购入商品时,该价格是否明显低于其他同类经营者的买入价,或者降价幅度是否明显超越卖方的成本降低幅度。如果卖方成本基本稳定,将考察降价幅度是否明显超越正常的降价幅度。

(3) 其他相关因素。

考虑到互联网市场独有的特性,互联网企业的垄断定价行为与其他企业有显著差别。因为互联网企业具有显著的双边市场效应,在免费商品市场上互联网企业无法实施垄断定价,但是在收费商品市场上,互联网企业或能实施垄断定价以谋取不正当利润。

2. 价格歧视行为的认定

价格歧视是指经营者在提供相同商品时,对不同的交易相对人收取不同价格的行为。价格歧视分为一级价格歧视、二级价格歧视、三级价格歧视。一级价格歧视是指,经营者按照每一个交易相对人所愿意支付的最高价格销售商品,在这种情况下经营者获取的利润最多,但引发的争议较大;二级价格歧视是指,经营者依据不同交易数量制定不同的销售价格,也就是通常所说的量大价优。在这种情况下经营者获取的利润较多,引发争议较少;三级价格歧视是指,经营者在不同市场制定不同的销售价格,也就是通常所说的因人而异。在这种情况下经营者获取的利润较多,但引发争议最大。为获取超额利润,垄断企业通常会结合不同市场的特性,采用不同类型的价格歧视行为。

如果不能给出合理的解释理由,垄断企业不论实施哪种价格歧视行为都将面临反垄断法律的规制和处罚。价格歧视行为的认定需要考虑两方面因素:①价格歧视行为是否具有正当理由,是否排除、限制市场竞争;②价格歧视行为是否针对交易条件相同的交易相对人,而交易条件包括交易时间、交易地点、支付结算方式、交易相对人的资产规模、信用登记以及经营状况等。同样考虑到互联网市场独有的特性,在相关市场内占据支配地位的互联网企业很难在免费提供的商品上实施价格歧视行为,因而需要将认定焦点转移到收费一侧的商品定价上。

3. 掠夺性定价行为的认定

掠夺性定价是指企业将商品价格降至平均成本之下,旨在将其他经营者驱逐出市场或者阻止潜在竞争者进入市场的行为。掠夺性定价是一种不公平的低价销售行为,实施该行为的企业通常在相关市场内占有支配地位,具有资产雄厚、生产规模大、经营能力强等竞争优势,因而有能力承担暂时压低价格造成的利润减少甚至亏损,而一般的中小企业实力单薄,无力承担这种牺牲。在其他经营者退出市场后,实施掠夺性定价的企业将会逐步提高商品价格,以弥补掠夺期的利润损失并最终实现自身利润增长。掠夺性定价行为的认定需要考虑以下几方面的因素。

（1）企业采取非临时性的降价措施来销售商品，且价格低于平均成本。

（2）降价目的是排除和限制竞争，并不是因为企业的经营状况出现巨大危机。

（3）降价商品是企业常规商品，而不是那些具有明显时效性的鲜活商品、季节性商品、积压商品和促销商品。

（4）降价企业在相关市场内占据支配地位，财务实力和技术能力强。

（5）掠夺性定价行为具有主观故意性和社会危害性。在传统行业，若企业实施掠夺性定价行为，争夺用户、抢占市场、排除限制竞争、追求垄断利润，那么依据上述四项认定因素将很容易识别其滥用市场支配地位行为。

在互联网商品免费模式日益盛行的环境中，如何准确和科学地认定互联网企业掠夺性定价的问题，将关系到互联网行业的健康发展，甚至对我国政府提出的网络强国战略及"互联网＋"行动计划产生根本性影响，同时对我国反垄断执法和反垄断理论研究也有所助益。

16.3.2　滥用价格行为的法规研究

在不完全竞争市场上，具有市场支配地位的企业攫取超额利润的一种常用手段，就是对商品实施垄断定价和价格歧视，具有独立特性的互联网企业也不例外。价格信号是竞争性市场调节资源配置、影响供求关系的有效方式。如果价格机制失灵，将对整个市场的公平竞争及交易成本产生实质性损害。因此，有必要对互联网企业的垄断定价和价格歧视行为进行合理的反垄断研究。而对于互联网企业掠夺性定价行为是否应该受到严厉的反垄断规制，还需要具体分析。

1. 有关垄断定价的反垄断法规

互联网企业垄断定价行为，对市场公平竞争和资源配置效率同时产生正面和负面的效应。正面效应包括在垄断高价和超额利润的引导下，推动相关经营者展开激烈的市场竞争，吸引更多优秀资源配置到互联网领域中。这样看来，互联网企业垄断定价既促进了市场竞争，又提高了资源配置效率和社会福利。负面效应包括为维护市场支配地位，垄断企业抑制市场竞争，阻碍技术进步，影响资源最优化配置，造成社会福利净损失。从这个角度看，应该对互联网企业滥用市场支配地位的垄断定价实施反垄断规制。综合起来看，具有市场支配地位的互联网企业垄断定价本身并没有触犯反垄断法的相关规定，相反，垄断高价和超额利润或许既是市场公平竞争的结果，又是经济效率的体现，既可以刺激自己和其他经营者进行竞争，又可以激励潜在竞争者进入相关市场。

综上，对于互联网企业垄断定价行为需要反垄断规制的是，互联网企业为了实现垄断定价而采取的排除或限制竞争的行为。例如，为阻止其他潜在经营者进入相关市场，互联网企业将努力推行或设置技术壁垒、资金壁垒、贸易壁垒以及政策壁垒等行为。考虑到互联网企业采用廉价甚至零价销售商品已成为通行的经营模式，对其实施反垄断价格规制的空间已经被大大压缩。不过，若发现具有市场支配地位的互联网企业利用双边市场效应，在收费商品市场上实施垄断定价行为，并产生了反竞争的实质性损害，那么应该对其垄断定价行为进行合理的反垄断规制。

2. 有关价格歧视的反垄断法规

互联网企业价格歧视行为,对市场公平竞争和交易成本同时产生负面影响,几乎没有正面促进效果。一方面,在商品价格等交易条件上实行差别待遇,将会加剧相关经营者和消费者在市场中的不公平竞争;另一方面将对相关经营者和消费者的交易成本造成实质性损害,推高了搜寻成本、信息成本、议价成本、决策成本、监督成本以及维权成本。如此一来,具有市场支配地位的互联网企业实施价格歧视,将破坏相关市场竞争秩序,增加其他经营者和消费者的交易成本,进而阻碍经济效率提升、影响到社会福利改善。互联网企业滥用支配地位,实施价格歧视,只是为了增加自身利益,对经济增长和社会进步没有起到积极推动作用,反而产生明显的社会危害性。因此,对于互联网企业滥用支配地位价格歧视行为,若该企业不能提供充足的正当理由,应当按照反垄断法的相关规定进行必要的反垄断规制。

3. 有关掠夺性定价的反垄断法规

互联网企业利用市场支配地位实施掠夺性定价,是否应当受到反垄断法律的规制,将取决于这种掠夺性定价行为是否损害到市场公平竞争、经济运行效率、消费者福利和社会福利。如果互联网企业掠夺性定价有利于促进市场竞争,降低交易成本,提高经济效益和改善民生,即使其他同类经营者受到排挤,也应当得到反垄断法律的支持。反之,互联网企业掠夺性定价产生了社会危害性,即使其他同类经营者没有受到排挤,也应当遭到反垄断法律的规制。

互联网企业实施掠夺性定价,长期使用超低价或零价提供商品,将对相关市场和其他市场的活跃度以及交易成本产生显著的正反馈效应。一方面,互联网企业长期使用超低价或零价提供商品,将要求所有同业经营者不断进行技术创新和商品创新,持续提高商品质量和用户体验,避免被市场淘汰出局。而且互联网相关市场内激烈的竞争降低了市场进入壁垒,同时又通过溢出效应传导到其他商品市场上,于是在全国范围内爆发一场意义深远的互联网革命;另一方面,互联网企业长期使用超低价或零价提供商品,既扩大了商品的服务范围,又给其他普通经营者和消费者带来了多项交易便利,从而显著地降低了包括搜寻成本在内的多项交易成本。由此看出,占据市场领先地位的互联网企业实施掠夺性定价,将产生积极的社会效果,掠夺性定价行为具有合理性和正当性,也符合经济效率标准。从另外一个角度观察,互联网企业实施掠夺性定价,长期使用超低价或零价提供商品,符合国家提出的网络强国战略和"互联网+"行动计划的需要,在反垄断实践中也得到调查机构和审理法院的首肯。综合上述多方面的因素,认为互联网企业的掠夺性定价不应该受到反垄断规制,相反应得到反垄断法律的合理保护。

16.4   滥用非价格行为的法规研究

互联网企业滥用非价格行为,通常具有较强的隐蔽性和复杂性,对经济社会发展具有重大影响。首先依据中国《反垄断法》的相关法规对滥用非价格行为进行认定,其次从法经济学角度考察互联网企业搭售商品、拒绝交易和限定交易等滥用非价格行为对市场公平竞争和交易成本造成的影响,在此基础上研究是否应该对这些行为进行反垄断法规制。

16.4.1　滥用非价格行为的认定

互联网企业滥用市场支配地位的非价格行为,主要包括搭售商品、拒绝交易和限定交易三种类型。考虑到互联网市场独有的特性,搭售、拒绝交易和限定交易等行为不容易被准确认定,从过去司法案例审结情况来看,非价格行为是否属于违法本身尚存争议。

1. 搭售行为的认定

搭售是指经营者销售商品时附带交易条件,即经营者在交易相对人购买其某商品的同时,也要求对方购买另一种商品,而且将购买后一种商品作为整个交易不可或缺的组成部分。根据中国《反垄断法》和国家工商行政管理部门相关行政规章的规定,经营者不得利用市场控制力在相关市场上,搭配销售其他商品和捆绑其他交易条件,除非能够提供合理的解释理由。在认定占据市场支配地位的企业滥用搭售行为时,需要考虑下面这几种影响因素。

(1) 搭配销售是否有悖于交易相对人的意思表示;

(2) 搭配销售是否脱离了商业惯例和消费传统;

(3) 捆绑的其他交易条件是否增加了交易相对人的不合理负担,如限制了资金支付方式和货物交付方式、指定了销售对象和减少售后服务等。

在传统行业,若占据市场支配地位的企业滥用搭售行为,争夺用户,抢占市场,排除或限制竞争,追求垄断利润,依据上述几项认定因素,其滥用行为较容易被识别或被反垄断规制。

在互联网市场上,考虑到以软件及服务为代表的互联网商品具有浓厚的科学技术成分、没有固定外形,因而互联网企业在提供商品时滥用搭配行为将具有较强的隐蔽性和复杂性,不容易被发现识别,给反垄断执法和理论研究带来不少困难。从反垄断实践中可以看出,认定互联网企业是否存在滥用市场支配地位的搭售行为,反垄断调查机构和审理法院的认定标准基本相似,但认定结果却存在一定差异。在认定标准上,除了考虑前面论述的几项影响因素外,应更多关注搭配销售是否能提高互联网商品的应用功能和使用效率,是否对其他经营者产生排除、限制竞争的消极效果,是否对消费者福利产生实质性损害。另外,应特别注意实行商品组合销售的互联网企业,是否借此将某个市场的领先地位优势或垄断优势延伸到另一个市场,进而控制另一个商品市场的交易条件和准入条件。倘若控制了市场支配力量的互联网企业,在实行商品组合销售后,降低了商品使用效率、阻碍了市场竞争,损害到消费者福利,且将支配地位优势扩张到新的市场,它将被认定为搭售行为。反之,实行商品组合销售能促进市场竞争、提高经济效益、改善消费者福利,它可能不会被认定为搭售行为。考虑到互联网市场和互联网企业独有的特性,可预期未来还将发生大量类似的反垄断调查和诉讼案件,使用上述认定标准将能够对滥用市场支配地位的搭售行为形成有效规制。

2. 拒绝交易行为的认定

拒绝交易是指取得市场控制力的垄断者缺乏正当理由,阻碍与交易相对人正在进行或即将进行的交易活动,使交易相对人受到实质性损害的行为。例如,垄断者可能减少交易,甚至暂停或终止交易,可能附加其他不合理条件使得交易难以持续,也可能拒绝他人合理使用其生产设施和生产设备。从这项规定的内容可以看出,认定反垄断语境中的拒绝交易行为需要考察以下几方面的因素。

（1）实施拒绝交易行为的主体，必须是在相关市场内已占据市场支配地位优势的经营者。

（2）经营者实施拒绝交易行为，却没有正当理由。

（3）拒绝交易的内容包括削减现有交易数量、拖延或中断现有交易、拒绝新交易、设置限制性条件、拒绝使用必需设施等。

（4）被拒绝交易的对象是交易相对人，交易相对人是指与经营者有实际交易关系或潜在交易关系的其他经营者和消费者。

（5）考量经营者拒绝交易相对人使用其必要设施时，应该注意两方面的情况。一是交易相对人是否有能力自行提供其生产所需的设施和设备，而不需要过度依赖该经营者的供给；二是供应交易相对人生产所需的设施和设备是否超越该经营者的能力范围，是否对该经营者正常的商业活动形成负面影响。

从法经济学角度看，普通经营者从事交易活动的最终目的是实现自身利润最大化，实施字面意义上的拒绝交易会使自身的商业利益受损，因为拒绝客户从某种程度上讲就是拒绝生意和拒绝盈利，所以普通经营者大概率不会采取这种损人不利己的行为。与此不同，在相关市场占据市场支配地位的经营者，实施字面意义上的拒绝交易行为，本质上就是实施了反垄断规制视域下的拒绝交易行为。除非能够提供正当理由，否则该经营者排除、限制竞争的行为将会面临反垄断法的规制。结合上文，对互联网企业拒绝交易行为的认定主要依据是：该经营者是否通过拒绝包括上下游企业和消费者在内的用户，以间接方式排除、限制同类经营者的竞争，进而提升自己在其他相关服务市场的控制力，最终谋取不正当的商业利益。另外，可以从拒绝交易行为的结果上判断，其是否对经济体系造成了实质性损害，如抑制公平竞争、损害消费选择权、降低经济效率、牺牲社会福利等。

3. 限定交易行为的认定

限定交易是指取得市场控制力的垄断者缺乏正当理由，将交易相对人的交易对象限定为他本人或他本人指定的第三方，同时还禁止交易相对人与他的同业竞争者开展交易的行为。互联网企业限定交易行为的认定，需要考察以下几个方面。

（1）实施限定交易行为的主体，必须是在相关市场内已占据市场支配地位优势的经营者。

（2）经营者实施限定交易行为，缺乏正当理由。

（3）交易相对人的交易对象仅限于经营者或经营者指定的第三方。

16.4.2 滥用非价格行为的法规研究

在不完全竞争市场上，具有市场支配地位的企业排除同业竞争、攫取超额利润的一种常用手段，就是对商品实施搭配销售、拒绝交易和限定交易，具有独立特性的互联网企业也不例外。互联网企业利用市场支配地位搭售商品、拒绝交易或者限定交易，将对市场公平竞争和交易成本产生显著影响。因而，有必要对具有市场支配地位的互联网企业搭售行为，进行详细的反垄断规制研究。

1. 有关搭售行为的反垄断法规

互联网企业的搭售行为主要分为强制性搭售和非强制性搭售。强制性搭售行为，同时在市场公平竞争和交易成本两个方面对相关经营者、消费者产生明显的实质性损害。一方面，强制搭售的互联网企业将结卖品市场上的支配优势渗透到搭卖品市场,排挤同类商品的其他经营者,抑制市场竞争,降低商品质量,同时减少了消费者的自由选择权,减轻搭售者面临的市场竞争压力;另一方面,强制搭售的互联网企业将推高其他经营者和消费者的搜索成本、信息成本、议价成本、决策成本、监督和维权成本等多项交易成本,降低经济运行效率和减少消费者福利。因此,对于互联网企业的强制搭售行为具有明显的社会危害性,应当受到反垄断法的严厉规制。

互联网企业的非强制性搭售行为,将在市场公平竞争和交易成本两个方面对相关经营者、消费者产生较为明显的实质性利好。一方面,非强制性搭售商品通常是为了整合不同商品之间的用途和功能,目的是提高商品的使用价值、增加商品的市场竞争力,对抑制市场竞争的效果不明显,除非搭卖品既不可卸载又不可兼容才会显著限制竞争;另一方面,在互联网商品零价格供给已成为通行商业模式的背景下,非强制搭售行为能够大幅减少普通消费者的搜索成本、信息成本、议价成本及决策成本,对监督成本和维权成本产生的负面影响也甚小。由此可见,互联网企业的非强制搭售行为将起到促进市场竞争,减少交易成本,提高经济效益,增进社会福利的积极效果。因此,对互联网企业的非强制搭售行为,在采取反垄断规制措施时应当格外谨慎。

2. 有关拒绝交易和限定交易行为的反垄断法规

对互联网企业的拒绝交易和限定交易行为主要从行为合理原则和经济效率标准两方面进行分析。在市场竞争和交易成本方面,互联网企业的拒绝交易行为将对交易相对人产生不同程度的影响。一方面,在已经扼杀市场竞争并设置市场进入壁垒的前提下,拒绝交易行为具有明显的反竞争效果。然而,考虑到以互联网软件及服务为代表的互联网商品免费提供已成为通行的商业模式,再加上互联网市场准入条件日趋宽松,互联网企业的拒绝交易行为对排除或限制市场竞争的效果将大大减小。相反,其拒绝交易行为或许还能激活市场竞争,推动潜在经营者加快进入相关市场的步伐;另一方面,互联网企业的拒绝交易行为将明显提高交易相对人的各项交易成本,尤其是在转移成本(学习成本、机会成本及转换商品面临的交易风险和交易费用等)方面。由于软件及服务等互联网商品具有较高的技术含量,交易相对人被拒绝交易而转向新的替代商品后,将需要耗费额外时间和精力来学习新商品的使用方法,甚至还要支付学习培训费。另外,转向新商品还将损失交易相对人在购买原有商品得到的优惠待遇及网络效应下产生的消费满足感。

综上所述,在互联网商品零价格提供已成为通行模式的背景下,具有市场支配地位的互联网企业实施拒绝交易,对市场竞争不会起到明显的抑制效果,或许还将加剧其他经营者的竞争。然而,拒绝交易行为将明显加剧交易相对人的交易成本,降低经济运行效率,损害交易相对人的福利,给社会造成实质性损害。鉴于此,对互联网企业利用市场支配地位实施的拒绝交易行为,应当受到反垄断法的适度限制。考虑到互联网企业的限定交易行为对市场竞争和交易成本的影响,与拒绝交易行为产生的影响基本相同。因此,在反垄断法规制方面,限定交易也应当受到适度限制。

16.5　滥用市场支配地位的法规完善建议

我国作为法治国家,对于一切违法行为的认定和处罚都必须有法可依。然而,目前我国《反垄断法》关于滥用市场支配地位的立法原则性较强、缺乏可操作性,同时,鉴于互联网企业不同于传统企业的诸多特点,基于传统工业经济时代特点制定的反垄断法律、法规,无法适用于互联网企业的反垄断法规制,反垄断法应用遭遇诸多挑战。基于此,建议在现有《反垄断法》基础上,建立或完善相关法律、法规和规章。完善互联网企业滥用市场支配地位的反垄断法规制的相关立法。

16.5.1　滥用市场支配地位的法规原则的确立

互联网企业滥用市场支配地位反垄断法规的基本原则,是指在互联网企业滥用市场支配地位的执法和认定过程中所应遵循的指导性原则。互联网企业滥用市场支配地位的反垄断法规基本原则主要分两类:一是反垄断执法机构在对互联网企业滥用行为的执法过程中,应该遵循的指导性原则,即执法原则;二是在认定互联网企业行为是否构成违反《反垄断法》的滥用行为时,应该遵循的指导性原则,即违法认定原则。

1. 执法原则:审慎原则

互联网市场创新速度快、动态性强的特点,使得产生并发展于传统经济的反垄断法规在适用于互联网行业时面临诸多挑战。因此,在互联网行业秉承严厉的执法态度并不合适,反垄断执法机构在禁止或纠正互联网企业滥用市场支配地位行为时,应该尽力保持克制、谨慎的态度。有学者认为:“执法谦抑应当是互联网行业反垄断执法方式的理性选择,执法谦抑不仅是一种执法方式,也是一种执法态度、执法原则。”换言之,“执法谦抑应该成为反垄断执法机构对于互联网企业滥用市场支配地位行为的一项首要执法原则。”也有学者认为:“对互联网企业滥用行为的管制,必须坚守‘审慎管制’的原则。”从实质来看,执法谦抑原则等同于审慎管制原则,结合二者的观点,执法原则适用“审慎原则”的措辞更为合理。

审慎原则的含义主要从以下三个方面理解:首先,执法的前提是必要性,即反垄断法干预互联网行业以必要为前提;其次,执法过程中应秉持周密而谨慎的理念,事实调查应全面而具体,收集证据应充分而翔实;再次,当不得不适用反垄断法规制互联网企业的滥用市场支配地位行为时,尽量采用温和的执法方式。

2. 违法认定原则:合理原则

行为的违法认定原则,也就是以何种原则来判断特定的反竞争行为是否违背反垄断法规,这是反垄断法中一个重大理论问题。对于互联网企业滥用市场支配地位的行为应该秉持适度、谨慎干预的态度,审慎干预的原则。由于互联网企业具有网络性、双边性、创新性、动态性等特殊性,相比本身违法原则,适用合理原则规制互联网企业滥用市场支配地位的行为,可以比较客观地分析企业行为的效率合理性和反竞争效果的大小,能够达到比较有效的规制效果。例如,互联网企业对市场的一边实行补贴或免费策略,以传统的规制眼光来看,该行为是限制竞争的违法的掠夺性定价行为,相反,该行为却能促进互联网市场的竞争。因此,分析互联网企业滥用市场支配地位行为一概适用本身违法原则,无疑会不合理地加大国家对互联网行业的干预,反垄断政策过严,不利于互联网行业的发展壮大,阻碍其国际竞争力的实现。但是,运用合理原则并不排除本身违法原则的适用,却能减少反垄断滥诉现象,也是对互联网行业滥用市场支配地位行为放松规制的一种手段。也就是说,如果反垄断法的目标是经济效率,经济效率最终指向消费者福利,则对所谓的互联网垄断现象就不能过于严厉,也不能将其与传统经济领域的垄断现象等量齐观。对案件的分析应针对具体经济环境按照合理原则进行判断。由于本身违法原则有可能背离反垄断法的终极目标,基于审慎干预的考量,建议对于互联网企业滥用市场支配地位行为的反垄断法规制,采用合理原则作为违法认定原则。

16.5.2 完善滥用市场支配地位的法规程序性规范

1. 集中界定制度的建立

考虑互联网产业政策和反垄断政策的协调问题,由于我国互联网产业还未发展到独占阶段,应该鼓励其进一步发展,而反垄断法"危机"对策的性质决定了在互联网产业还没有出现发展危机的情况下,尽量采取谨慎干预的态度。但是,在未来需要干预的情况下,原告的举证责任过高也不利于干预效果的实现,只有建立更为科学的举证责任分配制度,才更有利于取得更好的诉讼社会效果,以及更好地保护社会公共利益。原告提起反垄断民事诉讼,有两种方式:一是在反垄断执法机构对垄断行为查处发生法律效力后起诉;二是不需要以反垄断执法机构的行政执法为前置程序,可以直接起诉。对于前者来说,应该解决反垄断执法体制与司法体制的衔接问题,可直接利用反垄断执法机构在认定反垄断行为时使用的证据或对反垄断行为的认定结果,使原告避开取证难的问题。后者原告需要进行举证,巨大的专业性、技术性难题对于原告来说,这是一个极大的挑战。为了缓解被告举证难的问题,建议成立针对互联网行业反垄断诉讼的司法鉴定组织,由业界专家对涉及互联网行业的相关市场进行界定。这种安排不仅可以统一对一类案件的认识,还有利于形成相关市场界定的技术标准,在此类案件中促进公平正义价值的实现。

2. 承诺制度之限制条件

对于互联网企业适用承诺制度,虽然承诺制度的适用可以提高执法机构的工作效率、降低执法错误的风险,但也存在降低违法成本的可能,不利于保护利害关系人的利益。

从长远角度看,为了确保快速发展的互联网市场竞争的迅速恢复,承诺制度可以作为一种灵活的供替代的选择,但是,必须建立相应的限制条件。建议通过立法建立对互联网企业滥用行为的反垄断法规制中适用承诺制度的限制条件:对于排除、限制竞争不明显的违法行为;对于取证难度大,认定违法困难的行为;承诺内容需具体、明确、充分,承诺措施需与垄断行为的违法性相称且具有可行性;由于互联网行业技术创新速度快的特点,承诺应当具有及时性;确立监督和公示机制,执法机关应该制定日常监督时间和任务表,定期检验承诺企业的承诺内容是否如期完成、是否具有成效,并定时予以公示,使其接受社会媒体或利害关系人的监督,更好地促使承诺内容的完成;如果在规定时间内,承诺者未完成承诺内容或未达成承诺效果,将被处以严厉惩罚。

习题

一、填空题

1. 政府规制分为_____、_____、_____。

2. 互联网企业滥用非价格行为有_____、_____、_____。

3. 依据竞争程度,法经济学理论的竞争类型为_____、_____、_____。

4. 互联网企业滥用价格行为有_____、_____、_____。

5. 依据滥用市场支配地位行为是否与商品价格有关,可将互联网企业滥用行为划分为_____、_____。

二、判断题

1. 占据市场支配地位属于违法行为。(　　)

2. 互联网企业的垄断可以分为经济性垄断和非经济性垄断。(　　)

3. 在法经济学理论中完全竞争、垄断竞争、寡头垄断属于不完全竞争。(　　)

4. 价格竞争机制是市场经济运行的基础,也是实现资源有效配置的方式。(　　)

5. 互联网企业商品经营过程中具有显著的规模效应、网络效应和双边市场效应。(　　)

三、简答题

1. 互联网企业价格歧视行为的认定因素有哪些?

2. 互联网企业限定交易行为的认定因素有哪些?

3. 互联网企业滥用市场支配地位行为可能会产生哪些危害?

4. 互联网企业滥用市场支配地位的反垄断法规基本原则是什么?

5. 互联网企业滥用市场支配地位这一概念,具体包含哪几个层面的内容?

第17章

Project软件的使用

17.1 Project 下载和安装

17.1.1 Project 下载

Project 是国际上最为盛行与通用的项目管理软件,适用于新产品研发、IT、房地产、工程、大型活动等项目类型。Microsoft Project 官方版包含经典的项目管理思想和技术以及全球众多企业项目管理实践。企业内部使用 project 可提升项目管理人员能力,实现项目管理专业化与规范化。可在网上搜索下载所需 Project 版本以及 Project 相关工具。

17.1.2 Project 安装

以 Project 2016 为例讲述安装步骤。

(1) 右击安装包,选择解压,如图 17-1 所示。

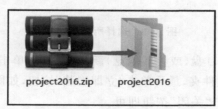

project2016.zip   project2016

图 17-1 解压

(2) 在解压文件中找到 setup 文件,右击,选择"以管理员身份运行"。

(3) 勾选"我接受此协议的条款",单击"继续"按钮,如图 17-2 所示。

2 软件项目管理与案例——微课视频版

图 17-2 接受协议

（4）单击"自定义"按钮，如图 17-3 所示。

图 17-3 选择所需的安装

（5）创建安装目录：在 D 盘（或者其他盘）新建文件夹，单击"文件位置"，然后单击"浏览"按钮，找到刚刚新建的文件夹，最后单击"立即安装"按钮，如图 17-4 所示。

（6）软件安装完成，单击"关闭"按钮即可。

（7）双击打开"破解工具"，右击，选择"以管理员身份运行"。

（8）单击"激活 Project 2010-2019 Pro"，如图 17-5 所示。

（9）如果出现该英文则表示激活成功，单击"确定"按钮即可，如图 17-6 所示。

图 17-4　选择安装位置

图 17-5　激活

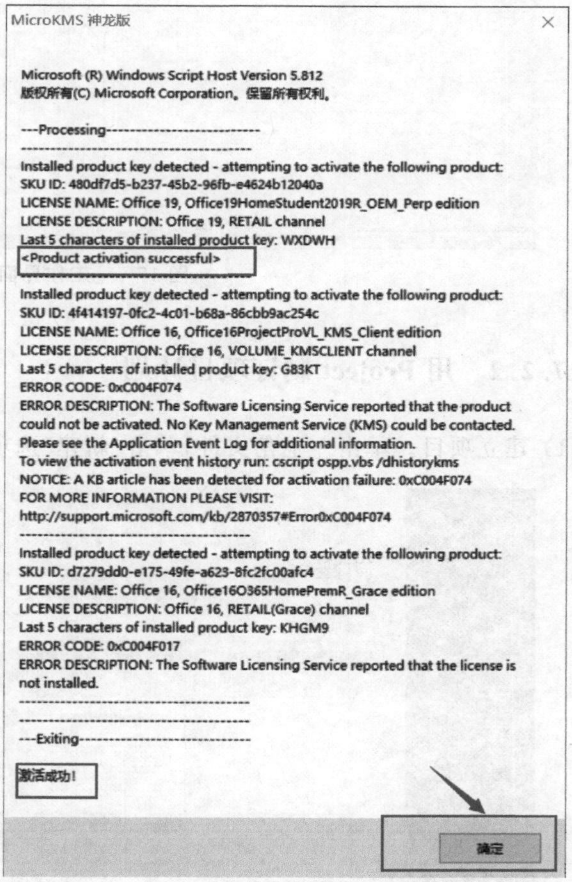

图 17-6　激活成功

17.2 Project 使用介绍

17.2.1 工作界面介绍

启动 Project 2016,其工作界面包括菜单栏、工作区和状态栏等组成。

菜单栏包括"文件""任务""资源"及"报表"等;

工作区一般 Project 2016 默认的工作区为"甘特图"视图,即:左侧用工作表显示任务信息,右侧用条形图显示任务的信息。

工作界面如图 17-7 所示。

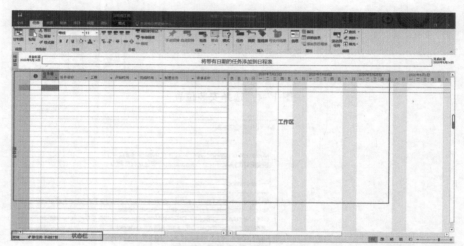

图 17-7 工作界面

17.2.2 用 Project 制订项目计划

(1) 建立项目。单击左上角文件,单击"新建"选项,如图 17-8 所示。

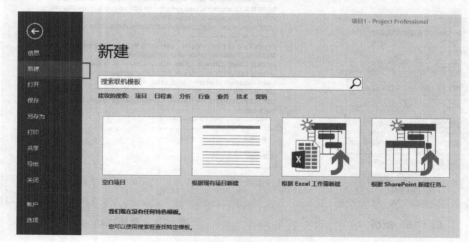

图 17-8 建立项目

（2）设定日历。单击菜单栏中的"项目"选项卡，单击"更改工作时间"选项，如图 17-9 所示。

图 17-9　设定日历

（3）分解并加入项目任务。包括任务名称、工期等，如图 17-10 所示。

图 17-10　分解并加入项目任务

（4）定义任务间的层次。单击"摘要"选项，再单击"任务"选项，如图 17-11 所示。

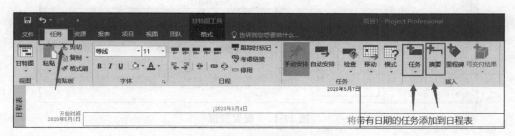

图 17-11　定义任务间的层次

（5）确定任务间的依赖关系。FS(完成-开始)，SS(开始-开始)，FF(完成-完成)，SF(开始-完成)，如图 17-12 所示。

（6）配置资源。单击"视图"选项卡，再单击"资源工作表"选项，设置资源，如图 17-13 所示。

（7）为任务分配资源与工期，如图 17-14 所示。

（8）任务关键路径。单击"格式"选项卡，勾选"关键任务"复选按钮，如图 17-15 所示。

（9）增加任务完成百分比。单击列表中的增加新列，选择完成百分比，如图 17-16 所示。

（10）自动里程碑。甘特图里，显示为菱形的图形为里程碑，如图 17-17 所示。

（11）查看网络图。单击"视图"选项卡，选择网络图，如图 17-18 所示。

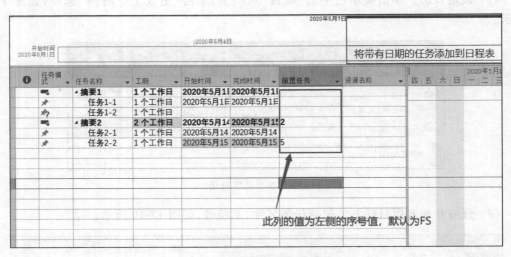

图 17-12　确定任务间的依赖关系

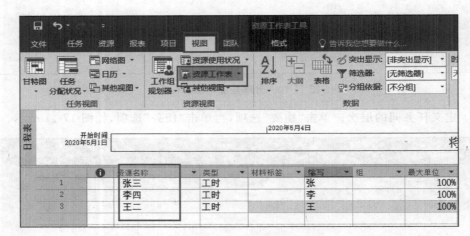

图 17-13　配置资源

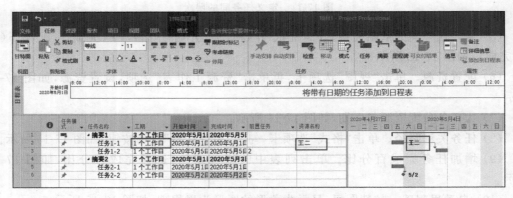

图 17-14　为任务分配资源与工期

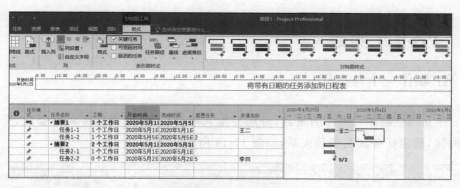

图 17-15　任务关键路径

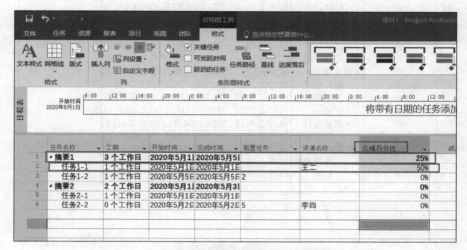

图 17-16　增加任务完成百分比

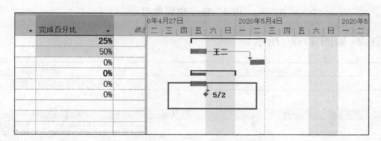

图 17-17　自动里程碑

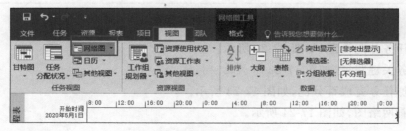

图 17-18　查看网络图

17.3　Project 实践

案例：制作一个马克杯

(1) 建立一个制作马克杯的项目，分解并加入项目任务，定义任务间的层次，分配任务需要的时间，确定任务间的依赖关系，如图 17-19 所示。

		任务模式	任务名称	工期	开始时间	完成时间	前置任务	资源名
1			**马克杯制作**	**13 个工作日**	**2020年4月2日**	**2020年4月20**		
2			打样设计	2 个工作日	2020年4月2日	2020年4月3日		
3			打样到货	4 个工作日	2020年4月6日	2020年4月9日	2	
4			设计修改	2 个工作日	2020年4月10	2020年4月13	3	
5			二次打样	4 个工作日	2020年4月14	2020年4月17	4	
6			领导审核	1 个工作日	2020年4月20	2020年4月20	5	
7			**照片设计**	**15 个工作日**	**2020年4月2日**	**2020年4月22**		
8			照片处理	2 个工作日	2020年4月2日	2020年4月3日	2SS	
9			发送制作	8 个工作日	2020年4月6日	2020年4月15	8	
10			到货	1 个工作日	2020年4月16	2020年4月16	9,4	
11			**包装设计**	**4 个工作日**	**2020年4月6日**	**2020年4月9日**		
12			包装设计	4 个工作日	2020年4月6日	2020年4月9日	2	
13			**审核**	**4 个工作日**	**2020年4月17**	**2020年4月22**		
14			领导审核	1 个工作日	2020年4月17	2020年4月17	10	
15			发放	3 个工作日	2020年4月20	2020年4月22	14	

图 17-19　建立项目

(2) 配置资源，如图 17-20 所示。

	资源名称	类型	材料标签	编写	组	最大单位	标准费率	加班费率	每次使用	成本累算	基准日历
1	张三	工时		张		100%	¥30.00/工时	¥50.00/工时	¥0.00	按比例	标准
2	李四	工时		李		100%	¥30.00/工时	¥50.00/工时	¥0.00	按比例	标准
3	王二	工时		王		100%	¥30.00/工时	¥50.00/工时	¥0.00	按比例	标准

图 17-20　配置资源

(3) 为任务分配资源，如图 17-21 所示。

(4) 任务关键路径，如图 17-22 所示。

(5) 增加任务完成百分比，如图 17-23 所示。

(6) 查看网络图，如图 17-24 所示。

	ⓘ	任务模式	任务名称	工期	开始时间	完成时间	前置任务	资源名称
1		📑	◢ 马克杯制作	**13 个工作日**	**2020年4月2日**	**2020年4月20**		
2		📌	打样设计	2 个工作日	2020年4月2日	2020年4月3日		李四
3		📌	打样到货	4 个工作日	2020年4月6日	2020年4月9日	2	李四
4		📌	设计修改	2 个工作日	2020年4月10	2020年4月13	3	李四
5		📌	二次打样	4 个工作日	2020年4月14	2020年4月17	4	李四
6		📌	领导审核	1 个工作日	2020年4月20	2020年4月20	5	王二
7		📑	◢ 照片设计	**15 个工作日**	**2020年4月2日**	**2020年4月22**		
8		📌	照片处理	2 个工作日	2020年4月2日	2020年4月3日	2SS	张三
9		📌	发送制作	8 个工作日	2020年4月6日	2020年4月15	8	张三
10		📌	到货	1 个工作日	2020年4月16	2020年4月16	9,4	张三
11		📑	◢ 包装设计	**4 个工作日**	**2020年4月6日**	**2020年4月9日**		
12		📌	包装设计	4 个工作日	2020年4月6日	2020年4月9日	2	**王二**
13		📑	◢ 审核	**4 个工作日**	**2020年4月17**	**2020年4月22**		
14		📌	领导审核	1 个工作日	2020年4月17	2020年4月17	10	王二
15		📌	发放	3 个工作日	2020年4月20	2020年4月22	14	张三

图 17-21 为任务分配资源

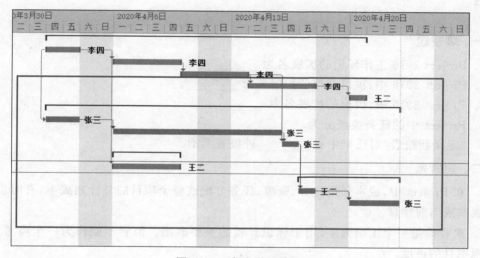

图 17-22 任务关键路径

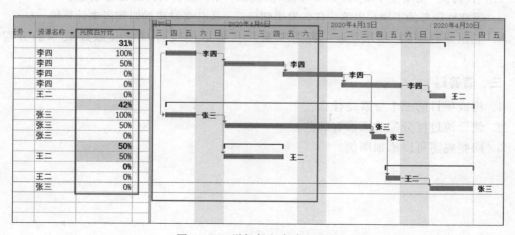

图 17-23 增加任务完成百分比

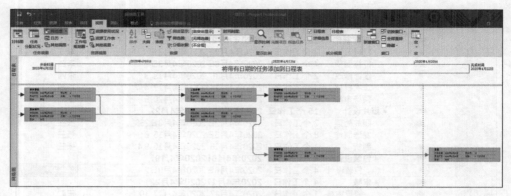

图 17-24　查看网络图

习题

一、填空题

1. Project 2016 工作环境的扩展名为_____。

2. Project 2016 中,项目文档的扩展名为_____。

3. Project 2016 中,模板的扩展名为_____。

4. Project 中的任务类型分为_____。

5. "定义新报表"对话框中有_____种报表类型。

二、判断题

1. 在 Project 中,成本是指任务、资源、任务分配或整个项目的总计划成本,有时也称为当前成本或当前预算。(　　)

2. 里程碑是一个工期为零,用于标识日程的重要事项。但它不能作为一个参考点,用来监视项目的进度。(　　)

3. "甘特图"视图是 Project 2010 的默认视图,用于显示项目的任务信息。(　　)

4. 周期性任务的工期是以第一任务发生到最后一次任务结束的时间段来计算的。(　　)

5. 工作分解结构(WBS)是一种用于组织任务以便报告日程和跟踪成本的分层结构。(　　)

三、简答题

1. 构成项目的三个要素是什么?

2. 使资源过度分配的原因有哪些?

3. 哪些视图可以添加图例?

第18章

SVN代码配置管理器

18.1 SVN 服务端和客户端安装

VisualSVN 对应 SVN 的服务端,而 TortoiseSVN 对应 SVN 的客户端,实践中将它们两个结合起来使用。首先下载 VisualSVN server,下载完成后双击安装文件,安装。

首先需要注意的是版本,在这里我们选择的是标准版,因为企业版是需要收费的,如图 18-1 所示。

图 18-1　版本的选择

其次就是要输入端口,通常默认的是 443,但如果不行的话,可以自行输入,比如 8443 即可通过,如图 18-2 所示。

图 18-2　端口输入

其他地方只要按提示操作,一直单击 next 按钮即可,若能成功打开 VisualSVN Server Manager,说明 SVN 服务端安装成功,如图 18-3 所示。

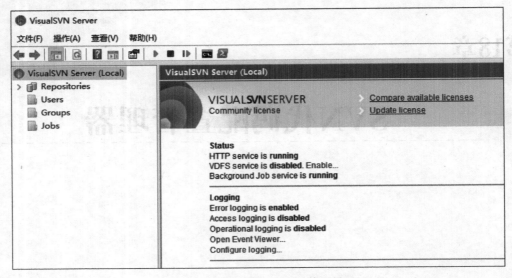

图 18-3　VisualSVN Server 管理界面

接着下载 SVN 客户端，下载完成后安装，一直单击 next 按钮即可，然后打开目录，右击，查看是否存在 SVN 选项。若存在，即安装成功，如图 18-4 所示。

图 18-4　SVN 客户端安装成功界面

18.2　SVN 使用介绍

SVN 全称 Subversion，意为版本控制系统，它是一款版本控制工具，用于团队开发的多人文档操作的更新、处理和合并。既可以通过 SVN 将每个开发者对项目做的增删改查提交到服务器上，也可以从服务器上下载最新的项目代码，恢复已变更过或已删除的代码，确保项目的一致性。与 CVS 一样，SVN 也是一个跨平台的软件，支持大多数常见的操作系统，作为一个开源的版本控制系统，SVN 管理着随时间改变的数据。

SVN＝版本控制＋部分服务器，用户可以把 SVN 当成备份服务器，SVN 还可以帮用户记住每次上传到这个服务器的档案内容，并自动赋予每次的变更一个版本。通常，我们称用来存放上传档案的地方叫作 Repository，相当于一个档案仓库。首次我们需要一个新增档案的操作，将想要备份的档案放到 Repository 上面。后面当用户需要做出任何修改时，都可以上传到 Repository 上面，上传已经存在且修改过的档案叫作 commit，也就是提交修改给 SVN server 的意思，通常 SVN server 都会赋予它一个新的版本。同时，也会把每次上传的时间记录下来。后面若用户需要从 Repository 下载曾经提交的档案，可以直接选取最新版本。

18.3 SVN 实践

首先打开远程桌面,把它当作服务器,然后在远程桌面那一头对 SVN 服务端进行相应的操作,打开 VisualSVN Server Manager,右击 Repositories,选择 Create New Repository(即创建新的版本库),如图 18-5 所示。

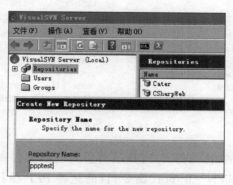

图 18-5 Repository 的创建

然后一直单击 Next 按钮,最后单击 Finish 按钮,即可完成版本库的创建。

接着创建用户和组,并分配权限。右击 Users,选择 Create New User,输入用户的账号和密码即可,如图 18-6 所示。

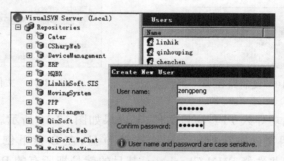

图 18-6 用户的创建

同理,右击 Groups,选择 Create New Group,输入组名,同时可以把之前创建的用户加入该组,如图 18-7 所示。

接着给用户设置权限,右击之前输入的版本库名,选择 Properties,并把有关用户权限设置成读写模式,如图 18-8 所示。

图 18-7 组的创建

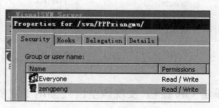

图 18-8 权限设置

接下来，对 SVN 客户端进行操作，同样先打开位于远程桌面下的 VisualSVN Server Manager，在之前创建好的 Repository 名（即版本库名）下创建新的文件夹，然后回到本机，随便找个硬盘（比如 E 盘），在 E 盘下创建新的文件夹并打开它，然后在空白处右击并选择 TortoiseSVN→create repository here 命令来创建新的库，其效果如图 18-9 所示。

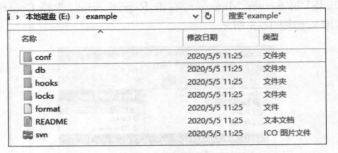

图 18-9　库的创建

然后，以 PPP 项目为例，首先打开 PPP 项目所对应的文件夹，同时在该文件夹下的空白处右击并选择 TortoiseSVN→Import 命令，目的是将 PPP 项目中的所有文件进行导入，并且打开远程桌面下的 VisualSVN Server Manager，在之前创建的文件夹下右击并选择 Copy URL to clipboard 命令，将其路径复制到导入的对话框中，如图 18-10 和图 18-11 所示。

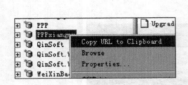

图 18-10　复制路径

图 18-11　文件导入

单击 OK 按钮，成功导入 PPP 项目文件，其效果如图 18-12 所示。

最后，对 PPP 项目文件进行检出。比如选择 D 盘，在 D 盘下创建新的文件夹并打开它，然后在空白处右击并选择 SVN Checkout，其目的就是把所有的 PPP 项目文件导到该文件夹下，关键是要确保此时的路径是否和刚才的路径完全一致，如图 18-13 所示。

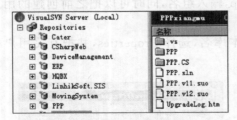

图 18-12　导入成功效果图

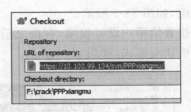

图 18-13　文件导出

单击 OK 按钮，发现该空白处多出了之前导入的所有 PPP 项目文件，效果如图 18-14 所示。

最后，打开 Visual Studio 2017，发现菜单栏多出了 VisualSVN，说明 SVN 插件安装成功，如图 18-15 所示。

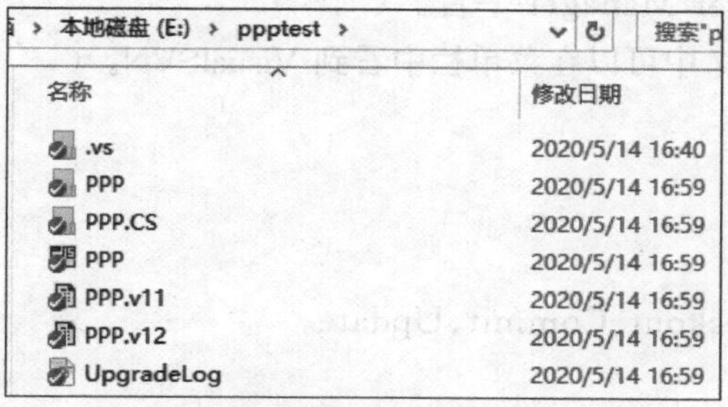

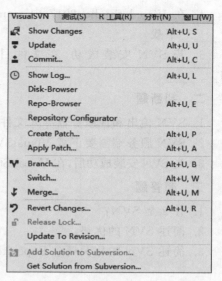

图 18-14　SVN 检出成功

图 18-15　Visual Studio 2017 中的
VisualSVN 菜单界面

首先,要把 PPP 项目上传至远程服务端。单击 Add Solution to Subversion,输入在服务端中创建的文件夹所对应的路径,然后一直单击 Next 按钮,此时项目文件图标前端均有小黄球标识,默认是需要修改的,在项目文件上右击并选择 Commit,之后小黄球就变成了小绿球。此时,在服务端就可以看到 PPP 项目文件了。接着,单击 Get Solution from Subversion,输入服务端对应的路径,并确保和之前提交时的服务端路径一致,同时输入本地的路径,单击 OK 按钮,下方提示"Repository folder has been successfully checked out."说明服务端中的 PPP 项目文件成功下载至本地。当项目开发到某一阶段时,单击 Update 按钮对 PPP 项目中的某个文件进行下传,同样下传至本地。在本案例中,有两个文件夹 PPP 和 PPP. CS,选择 Branch 来创建分支目录/PPP/v1,并勾选 HEAD revision in the repository 和 Switch working copy to new branch 选项,是为了切换工作目录到分支目录,并把相应的代码复制到分支目录,为了验证成功,单击 Repo-browser 选项,发现 v1 下存在对应的 PPP 和 PPP. CS。选择 Switch 命令,把工作目录切换到分支目录。比如在 PPP 下添加一个 html 文件,然后选择 Merge→Merge a range of revisions→all revisions 命令,接着一直单击 Next 按钮直至合并,最后到主目录的 PPP 中查看,发现多出了一个 html 文件,说明合并成功。Show Log 是用来查看工作日志的,比如曾经对文件做过的一些相应操作。

习题

一、填空题

1. SVN＝_____＋_____。
2. SVN 分为_____和_____两个部分。
3. SVN 服务端分为_____、_____和_____三个板块。

4. 在 Visual Studio 2017 中，commit 对应_____上传_____，而 update 对应_____下载_____。

5. 若 SVN 安装成功，在文件目录空白处右击出现两个标志性选项：_____和_____。

二、判断题

1. SVN 检出和往服务器导入文件不需要保持服务端地址一致。（　　）

2. SVN 服务端需要下载 VisualSVN Server Manager 平台。（　　）

3. 当 SVN 安装成功后，在 Visual Studio 2017 中可以在菜单栏中看到 VisualSVN。（　　）

三、简答题

1. 什么是 SVN？

2. 简述 SVN 的优势。

3. 简述 SVN 的相关概念 Repository、Checkout、Commit、Update。

第19章

企业管理成功案例

19.1 华为的企业管理

1. 华为的企业管理思想

华为的管理思想可以用军事化管理来概括。加强企业的管理离不开企业管理的思想，但是在中国企业的管理思想更多的是来源于企业创始人的思想。华为创始人任正非是军人出身，所以在管理思想方面更多的是体现了军事化管理思想，在企业中一直强调狼性的发展文化，提倡军人艰苦奋斗的优良作风。所以华为在发展过程中就采用了许多与军事化管理相同的方法，并且取得了非常大的成功，华为的成功也是任正非将军事化思想引进华为管理的成功实践。

2. 华为的企业文化

华为与狼性有着不解之缘，企业不仅以狼性为象征，还将久受推崇的狼性引入企业的发展之中。任正非说："企业在前进当中就如同一只觅食的野狼。"狼有三大主要优点：一是善于发挥群体的作用；二是在攻击目标当中能做到无畏、奋勇、百折不挠；三是嗅觉不同寻常。同样，企业若想取得好的发展，也需具有狼的这些优点。此外，华为的加班文化，也就是垫子文化亦很受关注。在业界，华为在加班方面要比其他同类企业更加频繁且时间也长，而这正表明企业重视市场，从而可对市场的需求做出及时的反应。最后华为致力于发展电信设备这一主业，而未将主要精力分散于其他相关行业。华为始终不忘引领所在社区的发展，亦不忘为实现祖国的建设、民族的振兴，以及个人的成长价值而奋力拼搏，坚持向产业报国的方向努力前进。华为的使命文化增强了企业的凝聚力，使其在外部获得了广泛的支持。

3. 华为的企业组织架构

企业在战略与经营方面最高的决策部门是董事会，对企业的所有经营活动有权进行监督，对重大事项具有最终决定权。董事会下设四个主要部门来进行各方面的管理，即审计部门、战略与发展部门、财经部门、人力部门。在平时,董事会的日常事务处理由其内部的常务委员会来完成。公司的经营活动涵盖三个方面,分别是消费者方面、企业方面、运营商方面。

19.2　阿里巴巴的企业人力资源管理

1. 体系特征

阿里巴巴的人力资源体系实行政委体系。政委原为军队中一个领导岗位,政委不但需要有实干经验,还需要有组织策划能力,可以说是文武双全。阿里巴巴的政委人员来自一线销售团队,既懂业务也懂人力资源管理,尤其是企业文化宣传和价值观管理的人力资源专员。在政委体系下,每个员工的绩效考核就有了更多的保障。一方面直接上司可以根据下属工作能力和表现直接进行打分,员工工作表现能够得到更充分的体现;另一方面,一旦上司打分不合理,员工可以提出质疑,而上司就需要对员工的打分提出证据说明;另外上司的上司也需要在打分表上签字,这就尽可能避免了上司的主观打分行为,保证员工绩效的客观性和公平性。

2. 人才选拔

在人才选拔的标准上,阿里巴巴可以说是没有标准,但是骨子里又坚持独特的用人准则,阿里巴巴对人才的基本要求是要有业绩更要有团队精神。团队精神是对人才德行的重要考核,是做人做事的行为准则,业绩和工作技能可以通过后天学习加以培养,而人的德行则是长年累月形成的思想行为习惯,短时间内难以改变。因此在人员招聘上,阿里巴巴除了注重传统的技能考核,也对人员价值观等德行进行考核,要求对阿里巴巴的文化和价值观有认同感,践行能力在长期的工作中实现和企业共同成长。

3. 员工培训

阿里巴巴的企业培训实现的是全员培训,上至领导管理层,下至新员工,均需参加企业培训,培训内容是根据培训人员所处的岗位进行分模板培训,包括新员工入职培训,主要进行企业文化和企业组织架构等的介绍;在岗培训,主要分为专业技能培训和通用技能培训,管理人员的管理技能培训,主要根据管理人员在工作中的项目进行不同课程的设计,对于管理人员的培训阿里巴巴还成立自己的培训机构,实行严格的课程教学。

4. 绩效管理

绩效和价值观或者说企业文化是阿里巴巴绩效管理的两大维度,其重要性五五分,阿里巴巴将员工的价值观分成六个,每个再细分为具体的行为准则,每一个都需要进行打分通过,一个业绩突出而不符合阿里价值观的员工会被坚决清除,价值观的考核结果实现和员工工资、奖金、晋升相挂钩,为了避免考核的形式化、主观化和不公平等因素,员工的自我评价和上司对员工的评价评估都需要有实际的案例或者证据做支持,而不能自顾自说,对于上司评价,员工可以查看,对上司评价有质疑或其他工作问题可以通过邮箱、总裁热线等方式进行反馈沟通,此外阿里巴巴还对员工开放高层圆桌会议,员工可以在会议上直接向高层提出问题。

5. 与华为管理模式的对比

(1) 华为采用军事化管理思路,使得团队协作能力得到充分的提升;而阿里巴巴更注重与员工之间,员工与上司之间的交互,通过双方以证据说明为基础的交互来提升员工的积极性。

(2)华为通过军事化管理使得可以集合公司力量来进行科研攻关等内容,再由此带动公司发展;阿里巴巴将员工培训放在很重要的位置,并针对不同项目的员工进行不同的培训以提高员工能力,以此带动公司发展。

(3)华为的企业文化中,国家的建设与振兴等方面是一个很大的比重,通过对国家建设振兴的责任感培养来激发员工积极性;阿里巴巴则致力于培养一个公正、选贤的企业文化,并致力于培养员工的价值观认同感,在果断淘汰不符合阿里价值观的员工的同时,通过制度上的公正保证,来使得员工的利益得到保证,使得员工的积极性得到激发。

19.3　阿里云成功之路研讨

1. 阿里面临的问题

阿里曾经面临一个重大危机——服务器“计算力”快不够用了。用户无论是在淘宝“剁手”,还是在支付宝上转账,这一切都依靠巨大的计算力储存,但随着用户的激增,数据越来越多,服务器使用率最高时飙到 98%,离崩溃只差一步。如果继续使用国外系统也可能面临崩溃,因为国外的系统根本没有经历过服务几亿人这么大的考验。于是,王坚提出一个异想天开的构想:“阿里云计算”。

2. 飞天团队的创建

阿里的云计算系统,被团队定名为“飞天”,只因一切都存在于想象中,再看看下边这些名字,就知道这个计划有多疯狂。分布式存储的系统,就像大地一样承载万物,就叫“盘古”;调度系统,需要“能掐会算”,就用懂得阴阳八卦的“伏羲”命名;结构化存储系统,就用会盖房子的“有巢”;网络通信,就用追日的“夸父”。

起初团队一片斗志昂扬,2009 年阿里云正式立项后,阿里第一步就砍掉了支撑阿里的两条腿:雅虎和 IBM。马云根据相关人员建议,决意破釜沉舟,淘宝要放弃国外云平台,转投自研的数据库架构。为此,马云做了两手准备:①用已有开源软件为基础,研发计算系统,这是“云梯 1 计划”;②让“飞天”纯自研计算系统阿里云,这是“云梯 2 计划”。还有个竞争条件:这两个计划,要想成功肩负起阿里巴巴的底层计算系统,就必须有能力独自调度5000 台服务器,谁先达到目标谁赢,反之就出局。

3. 飞天的梦

身为阿里云负责人的王坚斗志昂扬,眼里满是即将“上天”的兴奋劲儿,他坚定告诉团队:云计算将取代传统 IT 设备,成为互联网世界的底层设备。一切没有先例可循,就好像在黑暗中走路,没有灯却有无数条岔路,只要走错一条,就要重新回到起点。今天费尽心力写好的代码,明天可能就会成为一堆垃圾,每天都会有无数 Bug 产生,每天都要忙到焦头烂额。到了 2012 年,以开源软件为基础的“云梯 1”计划,实现了 4000 台集群调度,而阿里云的“云梯 2”,还在 1500 台集群的数量徘徊。飞天的梦没有起飞,阿里云的噩梦来临了,王坚也从“大神”沦为了“疯子”。

在种种非议中,云计算部门的人,每天都低着头上班,强压下很多成员扛不住了,超过一半的人离职转岗,他们在辞职信中写道:"我觉得再干下去,也看不到任何希望。"慢慢地,团队80%的人都离开了,可王坚仍握紧了拳头,咬牙死命支撑。2012年底,已经被骂了三年的王坚,在阿里云部门的年会上,看着空了大半的那些座位,忍不住失声痛哭。他站在台上哽咽说道:"这两年我挨的骂,甚至比我一辈子挨的骂还多。我上台之前看到几位同事,他们以前在阿里云,现在不在阿里云了……"但最后,这个执拗的男人说了四个字:"我不后悔。"就是这四个字,马云认清了他,就是个撞破南墙都不回头的偏执狂。阿里巴巴高管会议上,马云一锤定音:"我每年给阿里云投10个亿,投个十年,做不出来再说。"马云又对王坚说:"王坚,我对你只有一个要求,不要拍桌子了知道吧。"因为马云这般毫无保留地信任,王坚带着剩下的工程师拿着命去拼,发了疯一样钻研技术,只一年,他们就完成了三年都没有的突破。

2013年,王坚和团队尝试把5000台机器,组成像一台机器一样来用。为了全力配合阿里云,各个部门技术大牛,迅速组成增援大军,有的同事连续几个礼拜连轴转,半夜两三点被叫起来解决问题,早晨八点又出现在工位上,被封为"铁人"。这已经不是阿里云自己的战斗,更是整个阿里集团的破釜沉舟!那时,杭州和北京两个办公室的电话,24小时通着。到了2013年6月底,云计算进入了最后测试:直接拔电源。理由很直接:"如果这种突然暴力断电都能撑住,阿里云还有什么不稳定的呢?"拉电的人反复确认了三遍拉电指示,最后才颤抖着双手拉下了电源,这一刻,时间仿佛停止了。四个小时以后,当系统完全恢复运行,很多同事背后的冷汗一瞬间就下来了,而经过系统自检,数据毫发无损!在场见证的人都哭了。阿里云,曾经虚无缥缈的梦,今天终于实现了!

四年来的委屈和不甘,四年来的被骂和坚持,化作王坚一声长长的叹息。从这一天开始,"阿里云飞天"真正飞上了天。从这一天开始,中国企业的服务器架构,再也不用依赖于国外,我们终于有了中国人自主研发的云计算!2014年,全球19个地域,200多个飞天数据中心点亮。一年时间,阿里云就赚回了超过6.5个亿。2015年,阿里云的计算速度,把之前的纪录缩短了一半,同年,12306选择了阿里云。使用阿里云之前,12306抢票卡顿,崩溃是常事,使用阿里云之后,春运抢票可能还会出现卡顿,但网站一定不会再崩溃。2016年,阿里云为37%的中国网站提供云计算服务。2019年的第一个季度,阿里云营收超过46亿,它的估值也超过了5000亿人民币,马云曾许诺给王坚100亿,而他还给马云的是这个数字的50倍。到今天,阿里云拥有:联通、中石化、中石油、飞利浦、华大基因等大型企业客户,微博、知乎等日常社交软件,也离不开阿里云。阿里云目前在云计算领域,国内排名第一,全球第三,而这项新技术,也改变了我们每个中国人现在的生活。如今,我们享受到的各种便捷:如:12306买票,微博的红包业务,都是建立在阿里云的基础上。

王坚,再也不是别人口中的"骗子",他是"阿里云之父"。在阿里巴巴的云栖小镇,一尊雕像被竖立起来,雕像上只有两个字:"飞天"。上面刻着,以王坚为首的飞天工程师的名字。

19.4　字节跳动公司成功之路研讨

字节跳动是我国一家著名的信息科技公司,总部位于中国北京市海淀区,于2012年由张一鸣所创建,为我国最早将人工智能应用于互联网场景的科技企业之一。2019年6月11日,字节跳动入选"2019 年福布斯中国最具创新企业榜";同年,字节跳动年营业额突破 100 亿人民币大关,这个突破仅仅用了 8 年。

1. 企业文化

字节跳动全称"北京字节跳动科技有限公司",公司主营产品有今日头条、西瓜视频、抖音等;经营范围包括技术开发、技术推广、技术咨询、技术服务等。2012 年,字节跳动从一家微不足道的小公司发展成现在国内知名的大企业,字节跳动在短短的几年能够有如此神速的发展很大程度上离不开字节跳动的企业文化。

企业文化一:字节跳动从成立到今,一直履行着平台治理、内容建设和信息服务这三大社会责任,在发展的过程中不断强化企业创新。

企业文化二:以发展为企业第一要务、以人才为企业第一资源、以创新为企业第一动力。

企业文化三:致力人工智能科技应用到社会,不断推动社会的进步,尽公司最大的努力服务人民。

2. 两大核心产品

字节跳动能够得到飞速发展离不开企业的两大核心产品:今日头条、抖音。

今日头条,于 2012 年 3 月被张一鸣创建,是字节跳动旗下一款基于数据挖掘的推荐引擎产品,主要为用户推荐信息、提供连接人与信息服务。今日头条可以根据用户的爱好、位置等多个维度进行个性化推荐,推荐内容包括电影、音乐、购物、游戏等资讯。另外,今日头条上的头条寻人平台功能更是得到广大人民的认可,头条寻人是今日头条在 2016 年 2 月发起的公益寻人项目,可以帮助千千万万的家属寻找失踪人员;截至 2017 年 8 月 30 日,成立还不到两年的头条寻人已成功找到 3000 位走失者。就是这么一家企业用实际行动向中国千千万万百姓证明了自己。

抖音(国际版名称为 TikTok)由今日头条孵化出来的一款音乐创意短视频社交软件,抖音于 2016 年 9 月正式上线;2019 年抖音入选 2019 年中国品牌强国盛典榜样 100 品牌。据了解,2020 年抖音日均视频播放量过亿,App 下载次数高居榜首,这当然离不开抖音上的两种娱乐方式:为大家提供娱乐和大家动手创造娱乐。抖音凭借着这两种娱乐方式赢得了广大市民的喜爱。

3. 围绕信息流发力

目前头条系产品围绕着信息流产品在三线发力。

一是继续提升信息流产品的活跃用户数。头条系产品今年正在通过一系列的优质内容计划,比如青云计划,来提升活跃用户,同时也在推出更多的 App 产品,比如多闪,字节跳动素有"App 工厂"之称,相信未来还会有更多垂直领域的产品出来,比如金融、教育。

二是头条系产品在强化 ToB 能力。以 B 端营销服务能力为切入口,字节跳动打通了今日头条、抖音短视频、火山小视频、西瓜视频、懂车帝、激萌、穿山甲等产品营销,打造巨量引擎广告平台。

三是加速优质信息流产品的国际化的布局。TikTok 已经是印度、北美等多个重要市场上的头牌产品,是美国、日本等市场下载量最高的,最受欢迎的 APP。

最主要的是,与 BAT 旗下 APP 月活基本稳定相比,字节跳动旗下产品的月活跃用户还在高度增长。衡量互联网公司上市估值,以及发布美股财报数据,投资者最最看重的一项数据不是盈利数据,也不是营收规模数据,而是月活跃用户的数量以及是否还在持续增长。

字节跳动未来有多大,首先取决于它能够在多大程度上拓展信息流,如果最新、最丰富、最有创意的信息流第一时间在头条系产品出现,那么头条系将会成为未来智慧商业的基石产品。因为,小商业的运行靠数据,比如自动驾驶;但大商业的运行靠信息,比如区域经济、垂直市场。

未来云计算、人工智能、5G 基础上的智能商业,仅凭微观层面的数据处理无法指导宏观决策。

以我们人类智能为例,想要生存除了要掌握微观的事物运行,比如耕牛怎么用,水车怎么用,粮食怎么种以外,最主要的还要对宏观天象作出反应,比如天象预报、日月星辰的运行,周边国家的文化地理等。

"信息流"就是人类打开和认识宏观世界的钥匙,人类如果没有信息流将会立刻天下大乱,因为人们的决策系统缺少了必要的依据。这就是信息的"熵"原理。

信息熵原理简单来讲就是:当我们无法对混乱的世界作出正确认知的时候,我们就需要引入新的信息。

比如,当几百年前人类没有办法认识天体运行,不知道怎样把卫星发射升空的时候,这时候牛顿提出了万有引力定律,人类据此就可以推算出第一宇宙速度,那么只需把卫星加速到这一逃逸速度即可。

也就是说,未来头条系提供的信息流越多、越充分、越广泛、越深入,世界的运行就会因为信息熵减少而越有序,那么字节跳动的价值也就越大。

参 考 文 献

[1] 韩万江,姜立新.软件项目管理案例教程[M].3版.北京:机械工业出版社,2015.

[2] 方木云,杭婷婷,刘辉,等.软件工程[M].北京:清华大学出版社,2016.

[3] 杨钊.软件企业知识管理方法和实证研究[D].天津:天津大学,2008.

[4] 巢乃鹏.知识管理:概念,特性的分析[J].学术界,2000(5):14-23.

[5] 林健,杨新华.知识先导型企业的管理与战略[J].经济管理,2001(12):55-60.

[6] 彼得.知识管理[M].北京:中国人民大学出版社,1999.

[7] 保罗.知识管理与组织设计[M].珠海:珠海出版社,1998.

[8] 弗朗西斯.知识管理员工[M].北京:机械工业出版社,2000.

[9] 国佳.软件企业知识管理关键因素研究[D].长春:吉林大学,2012.

[10] 孟坤.组织文化视角下的知识管理与组织绩效关系的研究[D].重庆:重庆大学,2010.

[11] 叶元龄.基于知识共享的软件企业技术创新能力研究[D].北京:北京大学,2013.

[12] 高康康.我国互联网企业融资模式问题研究[D].北京:中国财政科学研究院,2016.

[13] 白骏骄.融资约束与中国互联网式创新:基于互联网上市公司数据[J].经济问题,2014(9):13-19.

[14] 陈秀梅,程晗.众筹融资信用风险分析及管理体系构建[J].财经问题研究,2014(12):47-51.

[15] 邓建鹏.互联网金融时代众筹模式的法律风险分析[J].法学研究,2014(3):115-121.

[16] 刁文卓.互联网众筹融资的《证券法》适用问题研究[J].中国海洋大学学报,2015(3):88-94.

[17] 丁楹.从美国优先股制度发展历程看中国转轨时期优先股制度的建立[J].中央财经大学学报,2013(5):33-37.

[18] 范利民,张辉峰,谢鸿华.关于我国发行优先股融资的相关探讨[J].商业研究,2014(2):138-141.

[19] 樊云慧.股权众筹平台监管的国际比较[J].法学,2015(4):84-91.

[20] 傅赞.电子商务发展与融资模式创新探讨:以义乌为例[J].实务探索,2011(11):67-71.

[21] 傅赵戎.私募股权投资适用优先股的法律路径[J].河北法学,2015(5):167-175.

[22] 娄汇阳.商业模式刚性研究:基于传统企业与互联网企业的比较[D].武汉:武汉大学,2013.

[23] 张田田.初创互联网企业价值评估研究[D].北京:北京交通大学,2018.

[24] 杜鑫.互联网企业价值评估方法探究[J].国际商务财会,2016(6):18-20.

[25] 范声焕.基于齐普夫法则的互联网企业估值研究:以"东方财富"为例的分析[J].湖北经济学院学报(人文社会科学版),2016,13(8):55-56.

[26] 方晓成,李姚矿.CBCV模型在网络企业价值评估中的应用[J].合肥工业大学学报(自然科学版),2016,33(4):584-589.

[27] 高宏,刘巍.梅特卡夫的修正[C].合肥:全国高校电子商务教育与学术研讨大会,2009.

[28] 耿建新,徐港章,张好.市盈率与市净率之间的关系辨析:以沪市新股发行为例[J].审计与经济研究,2013(1):53-59.

[29] 王超.互联网企业跨国并购估值问题研究[D].北京:北京理工大学,2016.

[30] 朱宝宪.中国并购评论(第一册)[M].北京:清华大学出版社,2003.

[31] 陈玉菲.企业并购中目标企业价值评估方法应用研究[D].西安:陕西科技大学,2014.

[32] 赵坤,朱戎.企业价值评估方法体系研究[J].国际商务财会,2010,12:32-35.

[33] 周遊.基于重置成本法的二手车价值评估方法的研究[D].锦州:辽宁工业大学,2014.

[34] 王喜刚,王尔大.基于修正旅行成本法的景区游憩价值评估模型:大连老虎滩海洋公园的实证分析[J].资源科学,2013,8:1693-1700.

[35] 曾龙.中国互联网企业并购研究[D].武汉:武汉大学,2017.

[36] 白云霞,吴联生,徐信忠.资产收购与控制权转移对经营业绩的影响[J].经济研究,2004,12:35-44.

[37] 陈功栋.阿里巴巴网络有限公司发展战略研究[D].上海:复旦大学,2009.

[38]　陈宏民,胥莉.双边市场:企业竞争环境的新视角[M].上海:上海人民出版社,2007.

[39]　曹细玉.企业兼并风险评价与决策研究[J].工业技术经济,2003,22(2):54-56.

[40]　董丛文,吕海霞.对新时期我国零售企业并购策略的探讨[J].商业经济,2006,1:42-43.

[41]　丁宏,梁洪基.互联网平台企业的竞争发展战略:基于双边市场理论[C].世界经济与政治论坛,2014.

[42]　李红.中美互联网企业商业模式创新比较研究[D].北京:中国科学院研究生院,2011.

[43]　李玮.互联网企业运营效率与运营决策研究[D].南昌:江西财经大学,2016.

[44]　谢青,方辉,张雪.互联网企业管理模式研究:以人人公司为例[J].现代商贸工业,2015,10:87-88.

[45]　葛键.我国互联网企业如何实现人本管理分析[J].中国商论,2013,1:89-90.

[46]　黄麟.探析我国互联网企业风险管理模式及内控机制[J].管理观察,2015,586(23):65-67.

[47]　宋新哲.用互联网思维改造传统企业管理模式[J].黑龙江科技信息,2014(22):287.

[48]　袁绍爽.浅谈互联网企业管理中的员工激励[J].现代商业,2013(21):167-168.

[49]　易凌志.面向资源观和环境动态性的互联网企业绩效影响因素研究[D].杭州:浙江大学,2009.

[50]　翁卫国.互联网企业滥用市场支配地位的法经济学研究[D].重庆:西南政法大学,2016.

[51]　刘苓玲,翁卫国,雷国雄.经济学原理[M].北京:经济科学出版社,2013.

[52]　张维迎.博弈论与信息经济学[M].上海:上海人民出版社,2004.

[53]　余劲松,翁卫国.西方经济学[M].北京:中国原子能出版社,2012.

[54]　周昀.反垄断法新论[M].北京:中国政法大学出版社,2006.

[55]　尚芹.互联网企业滥用市场支配地位的反垄断法规制研究[D].沈阳:辽宁大学,2014.

[56]　王传辉.反垄断的经济学分析[M].北京:中国人民大学出版社,2004.

[57]　王磊.市场支配地位的认定与反垄断法规制[M].北京:中国工商出版社,2006.

[58]　王先林.WTO 竞争政策与中国反垄断立法[M].北京:北京大学出版社,2005.

[59]　王先林.知识产权与反垄断法[M].北京:法律出版社,2008.

[60]　王晓晔.反垄断法[M].北京:法律出版社,2011.

[61]　文学国.滥用与规制:反垄断法对企业滥用市场优势地位行为之规制[M].北京:法律出版社,2003.

图书资源支持

感谢您一直以来对清华版图书的支持和爱护。为了配合本书的使用，本书提供配套的资源，有需求的读者请扫描下方的"书圈"微信公众号二维码，在图书专区下载，也可以拨打电话或发送电子邮件咨询。

如果您在使用本书的过程中遇到了什么问题，或者有相关图书出版计划，也请您发邮件告诉我们，以便我们更好地为您服务。

我们的联系方式：

地　　址：北京市海淀区双清路学研大厦 A 座 714

邮　　编：100084

电　　话：010-83470236　010-83470237

客服邮箱：2301891038@qq.com

QQ：2301891038（请写明您的单位和姓名）

资源下载：关注公众号"书圈"下载配套资源。

资源下载、样书申请　　　图书案例

书圈

清华计算机学堂

观看课程直播